鉄道の「鉄」学
テツドウノテツガク

車両と軌道を支える
金属材料のお話

松山 晋作［編］
Shinsaku Matsuyama

Ohmsha

本書に掲載されている会社名・製品名は，一般に各社の登録商標または商標です．

本書を発行するにあたって，内容に誤りのないようできる限りの注意を払いましたが，本書の内容を適用した結果生じたこと，また，適用できなかった結果について，著者，出版社とも一切の責任を負いませんのでご了承ください．

本書は，「著作権法」によって，著作権等の権利が保護されている著作物です．本書の複製権・翻訳権・上映権・譲渡権・公衆送信権（送信可能化権を含む）は著作権者が保有しています．本書の全部または一部につき，無断で転載，複写複製，電子的装置への入力等をされると，著作権等の権利侵害となる場合があります．また，代行業者等の第三者によるスキャンやデジタル化は，たとえ個人や家庭内での利用であっても著作権法上認められておりませんので，ご注意ください．

本書の無断複写は，著作権法上の制限事項を除き，禁じられています．本書の複写複製を希望される場合は，そのつど事前に下記へ連絡して許諾を得てください．

(社)出版者著作権管理機構
(電話 03-3513-6969，FAX 03-3513-6979，e-mail: info@jcopy.or.jp)

JCOPY ＜(社)出版者著作権管理機構 委託出版物＞

序　文

「鉄道」は、ほかの交通システムにはない金属元素名「鉄」が名称に組み込まれています。たしかにレールは鉄の道そのものですが、産業革命の時代、鉄の馬といわれた蒸気機関車が時代を推進する足として登場、さらに、拡大する鉄路が「鉄」の大量消費者になったことなど、「鉄」を通してその誕生の背景が見えてきます。

欧米の先進技術を急速に導入した明治以降の日本でも、鉄道と製鉄所は産業の要でした。車両だけでなく、鉄橋やトンネルなどの土木分野でも鉄道が先進技術の担い手であったのです。そこで、鉄道の主な材料、なかんずく鉄鋼材料の歴史を遡ると、日本の材料技術者の流した汗が染みこんでいることがわかります。それが「鉄学」たる所以です。

いまのように乗用車が普及していなかった頃、ほとんどの男の子は汽車・電車が好きでした。いまではゲームの世界に浸る子供がほとんどですが、それでも大人も含めて鉄道ファンはいます。「乗り鉄」や「撮り鉄」などいろいろあるなかで、材料にこだわる「材鉄？」はいるでしょうか？　そもそも鉄道関係者のなかでも、鉄道材料専門家はマイノリティです。設計、材料製造加工、研究などの一部に生息している程度です。そのうえ、細分化された専門のテリトリーがあり、それ以外の領域まで通暁していないのが普通です。

こういう状況もあって、鉄道材料を概観した本はこれまでありませんでした。鉄道関係者なら、社内教育テキスト、分野ごとの解説本、専門誌や学会誌記事などが情報源として利用されています。

それでも材料の話は断片的です。まして、鉄道ファン向けの本やマガジンではもっと疎遠です。材料自体が日常化して、中身にまでは興味が及ばないのが普通ですから。

設計図の材料表には、JIS記号と熱処理がメモされているだけです。その材料がどうして選択されたのか、どのように製造加工されたのか、特にトラブルが起きたとき以外は、その経緯を問われることはありません。しかし、材料は、失敗や改善の繰り返しで生きてきたのです。材料なくして構造はなく、逆に構造の進歩なくして材料の進歩はありませんでした。

そこで、断片化した材料情報をまとめ、鉄道の発達を支えてきた材料の歴史を語る本があってもよいのでは、と考えていた折、2008年当時の工業調査会、辻 精一 氏から鉄道部品材料本の出版企画の話がありました。これは、車体からつり革のような細部の部品

序　文

まで、という内容でしたが、筆者の狭い専門知識ではそこまで網羅はできないこと、また最新の情報は非公開の壁があり将来の書に期待する、という条件で、すでに公表された記事を参考に執筆することを提案しました。その記事とは、「金属」誌（70巻2号、2000年、アグネ技術センター）の特集記事「鉄道における材料技術の進展」です。その後、工業調査会の解散で企画は中断。当時の編集者、向井 真紀 氏が残り火を暖め今回の刊行に辿り着いたといういきさつがあります。

　「金属」誌のコンテンツと執筆者は以下のとおりです。
　1．レール材質の昔と今（伊藤 篤）
　2．車輪材料の動向（木川 武彦）
　3．ブレーキ材料の変遷と展開（辻村 太郎）
　4．パンタグラフすり板とトロリー線（松山 晋作）
　5．鉄道車両用構体の変遷－速度向上と構体材質の進歩（服部 守成）

　上記「金属」誌の編集主幹・(株)アグネ技術センター 社長だった長崎 誠三 氏は、レールの章を執筆した伊藤 篤 氏の大学の先輩。このつながりから「金属」誌の特集が組まれたのですが、掲載誌発行直前に長崎 氏は亡くなりました。そして本書の発刊を楽しみにしていた伊藤 篤 氏も、その完成を見ることなく、2012年11月に亡くなりました。本書の源流には、お二人の導きがあったことを記して感謝の意に代えます。

　本書では、この記事に書かれていない重要材料である「台車」、「車軸」、「軸受」、「ばね」、「駆動装置」、「レール」の溶接・分岐器、「橋梁」を加えました。「金属」誌は専門誌であり、内容は当然専門的です。本書は、金属専門家以外の読者を対象に考えて執筆を心がけましたが、専門家が書くとどうしても難解になりがちです。向井 真紀 氏が一般読者、編集担当の澁谷 則夫 氏が鉄道ファンの立場から、執筆者とキャッチボール。それでも、それぞれの執筆者の世界にある常套句まで統一することには無理があります。たとえば、「疲労」と「疲れ」など、同じ現象の表記の違いは文化の揺れでもあるからです。また、本文で解説するには冗長になる用語（太字で表示）は付録Aにまとめました。最後に章別の各論をひとつの材料史として俯瞰できるよう年表をつくりました。

　本書が成るには、執筆陣の取材にご協力頂いた多くの企業や関係者の支えがあります。以下に列挙して深甚なる謝意を表します。

　1章「車体」については、元 株式会社総合車両製作所勤務で、現 六浦工業株式会社設計部の内田 博行 氏。2章「台車」、3章「車軸」と4章「車輪」については、新日鐵住金株式

序　文

会社交通産機品カンパニー 岡方 義則 氏。5章「軸受」については、日本工業大学工業技術博物館 五月女 浩樹 氏、元 東日本旅客鉄道株式会社大宮総合車両センター 安田 陽一 氏、渡部 隆明 氏、元 日本精工株式会社産業機械軸受技術センター 川村 栄一 氏、元 日本精工株式会社東京支社 鈴木 寿雄 氏。6章「ばね」については、日本ばね学会、日本発条株式会社研究開発本部基礎技術部 鈴木 健 氏、株式会社スミハツ生産本部産機部製造課 黒子 新一 氏。7章「駆動装置」、9章「集電」については、東洋電機株式会社研究所金属材料研究室 大場 宏明 氏。

　特に、公益財団法人鉄道総合技術研究所では、下記の方々から、資料提供、助言などご協力を頂きました（所属はいずれも原稿執筆時）。

　車両強度研究室 佐藤 康夫 氏、摩擦材料研究室 柿嶋 秀史 氏、宮内 瞳尚 氏、土屋 広志 氏、兼松 義一 氏、佐藤 幸雄 氏、潤滑材料研究室 永友 貴史 氏、鋼-複合構造物研究室 杉本 一朗 氏、元 日本国有鉄道 鉄道技術研究所 大山 一男 氏。

　写真、図の提供に快く応じて頂いた企業、個人の方々は、図キャプションに明記するとともに、別掲して謝意に代えます。

　最後に、企画から編集と、オーム社でこれが最後の仕事となった澁谷 則夫さん、ならびに書籍編集局のみなさまに心よりお礼申し上げます。

　本書が、鉄道関係技術者にとって材料の変遷を辿る一助になれば、また、鉄道ファンには「材鉄」発掘のガイドともなれば、執筆者一同、望外の喜びです。

2015年　戦後70年の盛夏に

執筆者を代表して

松山 晋作

目　次

- 序文 ………………………………………………………………………………… iii

1章　車　体

- 1.1 最高速度と構体材質の変遷 ……………………………………………… 2
  - 1.1.1 技術革新により速度向上が可能に ………………………………… 2
  - 1.1.2 客車の国産化、大型化と速度向上 ………………………………… 4
  - 1.1.3 特急列車の大事故と構体鋼製化の促進 …………………………… 6
  - 1.1.4 全鋼製構体技術の確立 ……………………………………………… 8
  - 1.1.5 戦後の鉄道復興 ……………………………………………………… 10
  - 1.1.6 車両の軽量化 ………………………………………………………… 10
  - 1.1.7 東海道新幹線開業 …………………………………………………… 12
  - 1.1.8 国鉄民営化と「300系新幹線電車」の開発 ……………………… 12
  - 1.1.9 300km/hの世界最速「500系新幹線電車」と今後の高速化 …… 14
- 1.2 鉄道車両用構体の材料に求められる特性 ……………………………… 16
  - 1.2.1 構体構造を取り巻く技術要素 ……………………………………… 16
  - 1.2.2 構体材料に望まれる機能 …………………………………………… 18
  - 1.2.3 リサイクル性とアルミ合金 ………………………………………… 19
- 1.3 アルミ合金製構体の開発経緯 …………………………………………… 20
  - 1.3.1 ジュラルミン構体 …………………………………………………… 21
  - 1.3.2 アルミ合金の溶接技術開発と張殻構造の採用 …………………… 22
  - 1.3.3 新アルミ合金（A6N01）と押出技術の開発 ……………………… 23
  - 1.3.4 アルミ合金（A6N01）による軽量化と高速化の促進 …………… 25
  - 1.3.5 構体設計コンセプトの変化 ………………………………………… 26

- 1.4 ステンレス鋼製構体の開発経緯 ………………………………… 27
  - 1.4.1 技術提携によるオールステンレス鋼製構体技術の導入 …… 29
  - 1.4.2 軽量ステンレス車両の開発と量産 ………………………… 32
  - 1.4.3 さらなる軽量化と平滑化の追究 …………………………… 33
  - 1.4.4 ステンレス鋼製構体開発の概括 …………………………… 35
- 1.5 鉄道車両用構体の今後の動向 …………………………………… 36
  - 1.5.1 シングルスキン構造からダブルスキン構造へ …………… 36
  - 1.5.2 ダブルスキン構造定着の要件 ……………………………… 37
  - Column A 自動連結器への一斉交換 ……………………………… 38

2章　台　車

- 2.1 台車とは ……………………………………………………………… 42
- 2.2 台車枠材料から見た台車の変遷 ………………………………… 47

3章　車　輪

- 3.1 車輪の役割 …………………………………………………………… 60
- 3.2 タイヤ車輪 …………………………………………………………… 61
  - 3.2.1 鉄道開業時の機関車のタイヤ車輪 ………………………… 61
  - 3.2.2 国産のタイヤ車輪 …………………………………………… 62
  - 3.2.3 タイヤフランジの摩耗防止対策と損傷の発生 …………… 65
  - 3.2.4 タイヤ/レール材組合せ摩耗試験 …………………………… 67
  - 3.2.5 耐摩性向上に向けたタイヤ規格の制定 …………………… 68
  - 3.2.6 タイヤ損傷の発生と国鉄仕様書の改訂 …………………… 69
- 3.3 一体圧延車輪 ………………………………………………………… 71
  - 3.3.1 一体圧延車輪の使用 ………………………………………… 71
  - 3.3.2 一体車輪の品質と規格の変遷 ……………………………… 72
  - 3.3.3 新幹線電車用車輪鋼の開発 ………………………………… 76
  - 3.3.4 一体車輪の耐割損性の向上のためのV2鋼 ……………… 78
  - Column B 鐵道院鐵道用品仕様書（1914（大正3）年制定） ……… 80

4章　車軸

- 4.1　車軸材料の変遷 …………………………………………………… 86
- 4.2　新幹線電車車軸 ……………………………………………………… 92
  - 4.2.1　車軸材料 …………………………………………………… 92
  - 4.2.2　高周波焼入車軸 …………………………………………… 94
  - 4.2.3　中ぐり車軸 ………………………………………………… 98
  - 4.2.4　フレッティング疲労 ……………………………………… 100

5章　軸受

- 5.1　車軸軸受について …………………………………………………… 106
- 5.2　すべり軸受 …………………………………………………………… 107
  - 5.2.1　鉄道初期の蒸気機関車の車軸用平軸受 ………………… 107
  - 5.2.2　国産蒸気機関車の車軸用平軸受 ………………………… 111
  - 5.2.3　客貨車の車軸用平軸受 …………………………………… 112
  - 5.2.4　客貨車用平軸受の性能向上に関する研究 ……………… 114
- 5.3　転がり軸受 …………………………………………………………… 116
  - 5.3.1　平軸受から転がり軸受へ ………………………………… 117
  - 5.3.2　軸受鋼の品質と材質改善 ………………………………… 119
  - 5.3.3　浸炭軸受 …………………………………………………… 121

6章　ばね

- 6.1　鉄道用ばねについて ………………………………………………… 128
- 6.2　明治から大正へ ……………………………………………………… 128
- 6.3　昭和時代、終戦まで ………………………………………………… 131
- 6.4　第二次大戦後 ………………………………………………………… 133

7章　駆動装置

- 7.1　駆動装置の方式 ……………………………………………………… 138
- 7.2　歯車 …………………………………………………………………… 140
- 7.3　継手 …………………………………………………………………… 142

- 7.4 歯車箱（ギヤケース） ……………………………………………… 143

8章　ブレーキ

- 8.1 鉄道ブレーキの変遷 …………………………………………… 146
- 8.2 踏面ブレーキ制輪子 …………………………………………… 150
  - 8.2.1 鋳鉄制輪子 ……………………………………………… 151
  - 8.2.2 合成制輪子 ……………………………………………… 154
  - 8.2.3 焼結合金制輪子 ………………………………………… 157
- 8.3 ディスクブレーキの摩擦材 …………………………………… 158
  - 8.3.1 ディスク ………………………………………………… 158
  - 8.3.2 ライニング ……………………………………………… 161

9章　集　電

- 9.1 集電方式の変遷 ………………………………………………… 164
- 9.2 トロリ・ホイール ……………………………………………… 168
- 9.3 ビューゲル ……………………………………………………… 169
- 9.4 パンタグラフ …………………………………………………… 170
  - 9.4.1 菱形パンタグラフ ……………………………………… 170
  - 9.4.2 シングルアーム形パンタグラフ ……………………… 172
- 9.5 すり板 …………………………………………………………… 173
  - 9.5.1 金属系すり板 …………………………………………… 174
  - 9.5.2 新幹線すり板 …………………………………………… 177
  - 9.5.3 カーボンすり板 ………………………………………… 177
  - 9.5.4 潤滑材 …………………………………………………… 179
- 9.6 架線・トロリ線の材質 ………………………………………… 180
  - 9.6.1 ちょう架線・き電線 …………………………………… 181
  - 9.6.2 トロリ線 ………………………………………………… 182
  - 9.6.3 剛体電車線 ……………………………………………… 185
  - Column C 東京駅開業と京浜線の電化 ……………………… 187

目 次

10章　軌 道

- 10.1 レール ··· 190
  - 10.1.1 レール小史　石から鋼へ ··· 190
  - 10.1.2 鋼レールの国産化 ··· 196
  - 10.1.3 戦後のレール材質改善 ··· 198
  - 10.1.4 新幹線用レール ··· 203
  - 10.1.5 熱処理レール ··· 205
  - 10.1.6 合金鋼レール ··· 208
- 10.2 レール溶接 ··· 212
  - 10.2.1 初期のレール溶接 ··· 212
  - 10.2.2 フラッシュバット溶接 ··· 213
  - 10.2.3 ガス圧接 ··· 214
  - 10.2.4 エンクローズアーク溶接 ··· 214
  - 10.2.5 テルミット溶接 ··· 215
- 10.3 分岐器 ··· 216
  - 10.3.1 30K/37K（ASCE）、50K（PS）レール用分岐器（大正14年型－1925年）217
  - 10.3.2 40N/50N/60レール用分岐器 ··· 218
  - 10.3.3 マンガンクロッシング ··· 219
  - 10.3.4 溶接クロッシング ··· 221
  - 10.3.5 圧接クロッシング ··· 221
- 10.4 軌道部品 ··· 222
  - 10.4.1 レール継目 ··· 222
  - 10.4.2 締結装置 ··· 226
  - 10.4.3 鉄まくらぎ ··· 229
  - Column D　戦中から戦後の材料不足 ··· 230
  - Column E　国鉄時代の材料品質管理 ··· 231
  - Column F　レールの生涯－リサイクルの先達 ··· 232

11章　鉄道橋

- 11.1 明治から昭和20年まで ··· 236
- 11.2 終戦から現在まで ··· 241

- ▌ 11.2.1　溶接の導入と高張力鋼 ……………………………………… 241
- ▌ 11.2.2　高力ボルト摩擦接合 ………………………………………… 242
- ▌ 11.2.3　耐候性鋼材による保守コストの低減 …………………… 243
- ●　【付録A】―用語解説 ………………………………………………………… 247
- ●　【付録B】―鉄道材料技術史年表 …………………………………………… 267
- ●　索　引 …………………………………………………………………………… 280

　　写真提供協力 …………………………………………………………………… 293
　　執筆者一覧 ……………………………………………………………………… 294

章扉挿絵：松山 晋作

1章 車体

鉄道専門用語として「車体」といった場合は、そのなかに「構体——骨組み・屋根・床・外板など」、「内装——椅子・棚、内装板など」、「艤装(ぎそう)——電気・空気機器取付け、電気配線・空気配管など」が含まれ、広範囲の技術領域に及ぶのですが、本章では主として金属材料で構成されている「構体」について述べることにします。「構体」とは航空機の機体、自動車のボディー、船舶の船殻に相当するもので「車体」の最外殻を構成し、全体の質量、強度、剛性を支える筒状の構造物です。

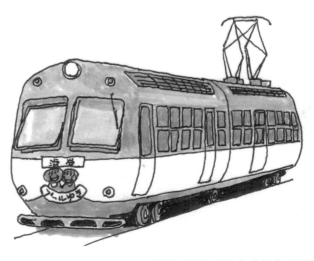

航空機のようなモノコック構造、連接車、低床式、東急デハ200形

1章 車体

1.1 最高速度と構体材質の変遷

1.1.1 技術革新により速度向上が可能に

　日本における鉄道の歴史は、1872(明治5)年10月14日、新橋—横浜間を平均速度約30 km/h、最高速度50 km/h程度で走行したことに始まります。このときに使用した蒸気機関車は完成状態で輸入、客車もイギリスより輸入し、外国人技師の指導により組立作業を新橋工場(現在の大井工場)で行いました。この開業して間もないころの新橋駅に停車中の車両の様子を図1.1に示します。

　これ以降の鉄道では、移動に対する速達性の魅力に目覚めた国民の要請に応えるために、技術者は、絶えず走行速度を向上する努力を続けてきたといえます。

　その歴史を図1.2[1)]に示します。

　これらの歴史からいえることは、営業運転最高速度が向上している背景には何らかの技術革新が行われているということです。また、逆に技術革新を行うことにより速度の壁が突破できたのだともいえます。

　最初の客車の総両数は58両、定員は上等客車18人、中等客車22人、下等客車30人で、その大きさは標準下等客車で見ると、車体長(緩衝器間長さ)5410㎜、車体幅1981㎜、屋根高さ3240㎜の小さな木製構体による車両です(緩衝器とは車両が押し合うときの衝撃を緩和するばね装置—「Column A　自動連結器への一斉交換」参照)。

　各車両にはブレーキ装置がなく、列車の最後部に連結した緩急車(機関車を離したとき、列車が動かないようにする手ブレーキを備えている車両)と、機関車の蒸気ブレーキとで停車しました。車輪・車軸は車体に固定された2軸客車(図1.3)[2)]であり、車輪の輪心には堅木

図1.1　開業間もない頃の新橋駅に停車中の15号機関車(提供：鉄道博物館)

を使った**マンセルホイール**●1（Mansell Wheel）を使用していました3)。このような車輪が使われた理由は、**鋳鉄**●21製では車両が重たくなるうえに破損しやすいこと、当時使さ

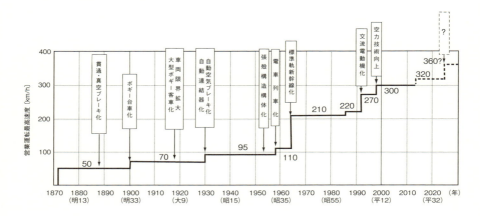

図1.2　主な技術革新と速度向上

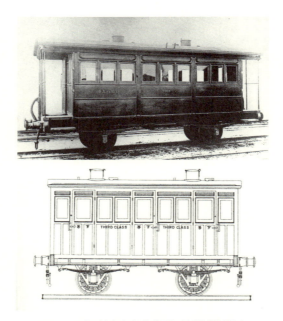

図1.3　固定2軸客車（上）（提供：鉄道博物館）と
初期の2軸客車図面（下）（提供：交友社／『100年の国鉄車両 2』より）

れていた**錬鉄**[●20-1]製レールの長さが約7mと短く車輪がレールの継目を通過するときのガタンという騒音を低減するため、などであったと思われます。しかし、このような構造は時間とともに、輪心のスポークに使用した堅木の圧縮変形によりタイヤが緩み、安全上も好ましくないので間もなく使われなくなりました。

1.1.2　客車の国産化、大型化と速度向上

　小さな木製構体で創業した日本の鉄道も、需要の増加と路線の延長により、客車の大型化と速度向上が求められるようになりました。この要求に応えるために、1875(明治8)年にイギリスから一部の材料を輸入し、日本最初の**ボギー車両**[●2]方式の客車が神戸工場(後の鷹取工場)で組み立てられました。

　一方、固定2軸客車も輪軸や台枠部材などの主要な部品は輸入しましたが、ほかはすべて国産材料とし、同じく1875(明治8)年には神戸工場で国産化が実現しました。その後、固定2軸客車は1910(明治43)年に「将来の客車としては固定2軸車を廃止してボギー車両とする。」[3]という方針が決定されるまで製作が続けられました。図1.4[4]に初期における客車の大型化の変遷を示します。

　1889(明治22)年に東海道線(新橋―神戸間)が全線開通しましたが、この路線の延長により速度向上に対する要求も高まりました。しかし、さきに述べたように、創業以来これまでの列車では、ブレーキ装置は機関車の蒸気ブレーキと列車最後尾の緩急車に付いている手ブレーキしか設けられておらず、その作動も機関車でブレーキを掛けるときに気笛を吹鳴し、その合図で緩急車の車長(現在の車掌)が手ブレーキを締めるという方式でした。

　このような弱いブレーキ力の方式ではブレーキ距離が長くなり、停車には500m以上が必要であったといわれています[5]。現在の鉄道運転規則では、営業運転最高速度130km/hの在来線列車でも非常ブレーキにより600m以内で停車する能力を保持することを義務付けています。当時のブレーキ力がいかに弱かったかがわかります。

　したがって、速度向上のためにはブレーキ方式の変更が不可欠でした。そこで、1887(明治20)年頃から列車全体に作用する貫通ブレーキとして真空ブレーキ方式が採用され、ボギー台車化と併せて車両が改良され、新橋―神戸間の急行列車として長距離運転の実施とともに、速度の向上(平均速度34.5km/h)が実現しました[3]。

　さらに、速度向上のほかに、客車の大型化と列車の編成両数の増加、および機関車の強力化による輸送力の増強が望まれるようになりました。しかし、創業以来、連結器は、緩

衝器・リンク式（「Column A 自動連結器への一斉交換」参照）の構造を使用していました。この方式は現在でも欧州の一部の車両で使用されています。

連結するときは連結手が停車している側の連結器と緩衝器の狭い空間に立ち、近寄って来る車両の緩衝器が衝突する瞬間に、リンクを持ち上げ、相手車両のフックに引っ掛け、すばやくリンクのねじを回して締め上げるという、非能率で非常に危険な作業が必要でした。

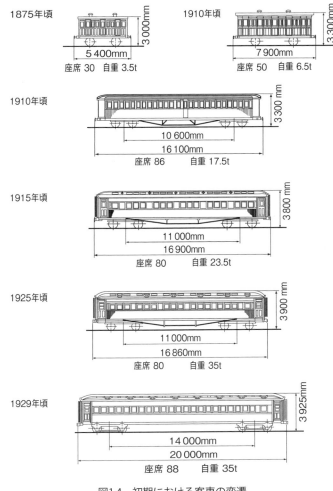

図1.4　初期における客車の変遷

この方式は連結面に遊間がないので車両の乗り心地の点ではよいのですが、人力で持ち上げるためにリンクの大きさが制限されるので、連結器の引張強度には限界が生じます。そのために、運転中に連結器の破断により列車の分離事故も起こるなど、輸送力増強の隘路となっていました。また、連結手の死傷者も多数発生し人道的な問題でもありました。

そこで、これらの隘路を一挙に解決する方策として、1919（大正8）年に自動連結器（「Column A 自動連結器への一斉交換」参照）に取り替えることが決定され、6年間に及ぶ周到な準備を行い、貨車も含めて1925（大正14）年7月に一斉の取り替えを実施しました[3), 5)]。

また同じ1919（大正8）年には輸送力を増強するために**車両限界**●3を拡大することとし、大型ボギー客車を製作するという方針を決定しました。さらに同年、速度向上のために、これまで使用されていた真空ブレーキを廃止し、その後、開発されていた保安度の高い自動空気ブレーキに変更するという方針が立てられ、1931（昭和6）年6月までの約10年間をかけて大改造工事が行われました。

真空ブレーキは、真空と大気圧の差（約$1kg/cm^2$）によりブレーキ力を発生させるために、装置が大型である割にはブレーキ力が弱いという欠点がありました。これに対し、自動空気ブレーキは$5kg/cm^2$程度の圧縮空気を使用するために、ブレーキ力が格段に大きく、制御性も良くて、装置の小型化ができるという利点がありました[3), 5)]。これ以降の速度向上と、安全性の確保、およびサービスの向上を目標として、近代的な輸送機関へと変貌するためには必須の改造工事であったといえます。

もちろん、これらの客車側の改善だけでなく、機関車の強力化、および、運転方式として列車閉塞システム（列車が衝突しないようブレーキ停止距離を考慮して、一定の区間には一列車しか入れないようにする信号システム）を東海道線の全線にわたり確立するなどの努力とあいまって、営業運転最高速度は約70km/hにまで向上しました。

1.1.3　特急列車の大事故と構体鋼製化の促進

その後、順次路線が延長されるとともに、輸送力を増強するために列車編成長の増大と客車の大型化と速度向上が図られました。

しかし、1926（大正15）年9月23日、山陽本線安芸中野―海田市間で特急第一列車が脱線転覆し、木製構体が粉々に破損して死者34名、重傷者39名となる被害甚大な事故が起こりました。原因は天災によるものでしたが、この事故があまりにも悲惨な状態であったため、営業運転最高速度を向上する高速化と、木製構体による大型化に対しては限界

を感じるところとなり、また、世論の厳しい糾弾があり、当時すでに研究を進めていた構体の鋼製化を急がせる転機となりました[6]。その結果、1927（昭和2）年3月31日木製客車の製作を打ち切り、新製客車を鋼製化する方針が決定されました。しかし全鋼製化することは当時の製造技術としては難しいことと、木製の二重屋根には独特の風情があるという理由で鋼板による丸屋根は見送られ、台枠と外板のみを鋼製とし、屋根は鉄垂木と木製垂木を混合した木造二重屋根構造とし、内装を木製とした半鋼製客車とすることが決定されました[3]。

そのほかの技術的理由としては、車体強度が半鋼製でも全鋼製に比較してさして劣らないこと、全鋼製の場合の断熱技術がまだ確立されていないので木材による断熱効果を期待したこと、内装の質感は従来の木肌のほうが乗客に好まれることなどでした[5]。

この構造はいわゆる鋼木合造構体ということができます。このような折衷案的な構造は技術が向上するときに見られる過渡現象であり、その後の戦後における構体の歴史のなかでも見られますが、戦前の場合は、未熟な経済力を反映した木製客車時代の「少ない経費で1両でも多く製作し、輸送量を確保する」という方針からの脱却と、新時代に対応した安全性の確保、サービス向上を目標に、近代的な輸送機関へと変貌を遂げていった時代であったのです[3]。図1.5[1]に開業当初から現在までの構体材質の変遷を示します。

この特急第一列車の事故から得られた構体の設計哲学は、現在でも通用するものがあります。すなわち、構体の鋼製化は強度向上の方策であると同時に、衝突事故などのときに金属が持つ延伸特性により構体が衝突のエネルギーを吸収し、内部の乗客の被害を極力軽減するという働きがあるということです。この哲学を技術者は忘れてはいけないと思います。

近年、国内外で構体に繊維強化プラスチック複合材（以下、FRPという。ちなみに炭素繊維強化はCFRP、ガラス繊維強化は**GFRP**●[46-1]）を使用する研究が進められていますが、縦に繊維の入った年輪のある木材と積層構造のFRPとはよく似た特性があります。FRP構体が

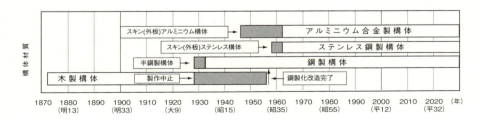

図1.5　構体材質の変遷

1章 車体

木製構体と同様に、衝突時に破損した部材が乗客を襲い被害を拡大する恐れがあり、木製と同様の事故を起こさないよう開発は慎重に行われるべきでしょう。

1.1.4 全鋼製構体技術の確立

1926年は大正15年であると同時に、昭和元年です。この年は構体の歴史上重大な転換点でした。これ以降、敗戦の1945(昭和20)年までの20年間のうち、前半は全鋼製構体の技術が確立し、新形式の客車が増産された充実した時代でした。

1928(昭和3)年から半鋼製車が製作されましたが、まだ、溶接工法が未発達で、外板の取り付けや部材の接合にはリベット接合(丸頭のある丸棒を加熱して、接合する複数枚重ねた板の丸孔に密着して打ち込み、突き出した先端をハンマで潰してかしめる方法。11.2.2項参照)を多く用いていました。その後、溶接技術の確立とともに、技術的に先進していたアメリカにおいて実施されている構体の治具による組立法、側外板の**点熱急冷法**●4による歪み取り技術などを習得し、日本における製造技術として確立しました。このような努力により1931(昭和6)年度設計のスハネ30形式(図1.6)、1932(昭和7)年度設計のスハ32形式(図1.7)から以降の車両は鋼製丸屋根構造の全鋼製構体として製作されました3)。

1930(昭和5)年10月1日、当時、狭軌鉄道では世界最大級といわれたC51形蒸気機関車(図1.8)にけん引されて「特急・燕号」の運転が開始され、平均時速68km/h、営業運転最高速度95km/hが実現しました。その後、全鋼製車の量産が続けられ、1936(昭和11)年度には従来の車両とも合わせて11 193両の客車を保有するに至り、全鋼製構体技術の確立とともに、車両数も戦前におけるピーク値に達しました3)。

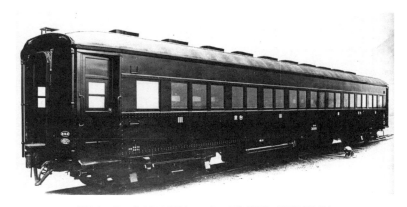

図1.6　スハネ30100形(スハネ31形)(提供:鉄道博物館)

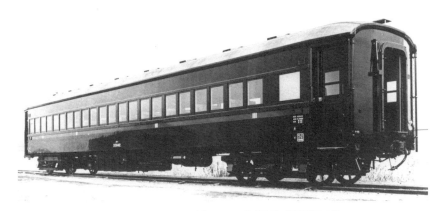

図1.7 スハ32800形（スハ32形）（提供：鉄道博物館）

図1.8 18900形（C51形）蒸気機関車（提供：三品 勝暉 氏）

しかし、その後の1937（昭和12）年以降の後半は、戦時色の強まりにより技術的には停滞、衰退したため、技術史的には見るものがなく、太平洋戦争突入による物資欠乏、軍事輸送の優先化による車両の酷使、戦渦による車両の被災など、鉄道輸送は極端に困窮欠乏の時代となりました。

図1.9　80系電車（一次車）（提供：交友社／『100年の国鉄車両3』より）

1.1.5　戦後の鉄道復興

　終戦後は経済復興のための国策として、少ない予算と資源を重点的に配分するという傾斜生産方式がとられました。まず、エネルギーの確保のために石炭産業に、ついで、その石炭輸送と生産人員の輸送のために、鉄道産業が傾斜生産の対象となりました。終戦のその日には早くも運輸省（現 国土交通省）に復興運輸総本部ができ、同年には車両3 600両が発注され、翌1946（昭和21）年には鉄道電化五ヵ年計画を立て、1947（昭和22）年8月には青函海底トンネルの地質調査にも着手しています[7]。このように客車・貨車の修繕、改造、新製を精力的に進めていき、1950（昭和25）年3月1日には新しい発想による新設計の湘南電車（80系電車：わが国初の中距離電車）が完成し、東京—沼津間の営業運転を開始しました（図1.9）。このような新型電車が運転されたことは、人々に明るい希望を与え、戦後の鉄道復興が一段落したことを告げるものでした[7]。しかし、構体の変遷という見方で、本当に戦争による荒廃を清算したといえるのは、そのさらに5年後、木製客車の鋼製構体化改造が完了した1956（昭和31）年です。

1.1.6　車両の軽量化

　1953（昭和28）年、国鉄は「車両の軽量化」を重要技術課題に取り上げ、2年間の検討を経て1955（昭和30）年10月に軽量3等客車8両を試作し、1956（昭和31）年3月に最初の軽量客車、10系客車（ナハ10）を製作しました（図1.10）。この車両の構体は鋼製ですが、従来とは設計思想を変えて、骨部材とともに外板も強度を分担する、いわゆる**張殻構造**●5の考え方を取り入れて軽量化を図ったものです。

1.1　最高速度と構体材質の変遷

図1.10　10系客車（ナハ10形）（提供：手塚 一之 氏）

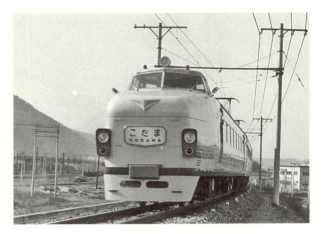

図1.11　特急こだま151系電車（提供：三品 勝暉 氏）

　このときの試作車両の軽量化実績は、「従来のスハ43形式に比べ、車体27％（9.0t→6.6t）、台車33％（12.0t→8.0t）、艤装26％（12.5 t→8.4 t）、全体の重量で31％（33.5 t→23.0 t）の軽量化」[8]となりました。張殻構造は航空機構造として発達した技術で、鉄道車両に初めて取り入れて車両の技術として消化したことは、以降の車両の発展、特にアルミニウム合金（以下、アルミ合金）製構体とステンレス鋼製構体による軽量化、無塗装化による保守費低減など、高速化にとって重大な意味を持つものでした。こうした構体は、1960（昭和35）年以降、私鉄において発展していきますが、そのいきさつは後述します。

1957(昭和32)年以降、続々と製作される電車、気動車、客車はすべて張殻構造が採用され、軽量化と高速化に貢献しました。特に、電車の場合は推進制御技術の進歩と空気ばね付き台車と構体の軽量化により、営業運転の長距離化と高速化が進み、1958(昭和33)年特急こだま(151系電車:図1.11)が営業運転最高速度110km/hを達成するとともに、東京―大阪間を6時間50分での運転を開始し、電車列車の長距離運転に対する自信を深めることとなりました。

この特急こだまにより得られた実績と自信は、以下で述べる新幹線電車の開発に生かされました。

1.1.7　東海道新幹線開業

1964(昭和39)年10月1日、東海道新幹線が開業。これにより日本の鉄道の営業運転最高速度は210km/hとなりました。当時の在来線電車の営業運転最高速度が110km/hでありましたので、一気に100km/hも速度が向上したことになり、それは過去の速度向上の歴史から見ても画期的なことです。当然、当時の世界最高記録です。

この背景にある技術的革新は何でしょうか。新幹線開発の詳細な経緯については多くの文献で紹介されています。要約すれば、技術的革新の基本事項は、狭軌の在来線と隔絶された標準軌の新幹線構築にあります。それにより、在来の線路・道路とは立体交差とし、線路の曲線半径を大きくし、駅構内の線路の配線を簡素にし、在来線の既成技術にとらわれることなく各所に新技術を採用することができたのです。画期的な速度向上が可能になるとともに、開業以来50年近くにわたり、運転中の人身事故ゼロの世界で最も安全で安定した大量輸送を享受できているのは先見の明ある先達のお陰です。

1.1.8　国鉄民営化と「300系新幹線電車」の開発

その後、日本の社会情勢を反映して、速度向上を抑制する期間が約30年間にわたり続きました。その間に、わずか10km/hの速度向上を見ましたが、マイナーチェンジの範囲内です。この間、日本の成功により高速鉄道に対し将来性を見いだした欧州各国の急追が始まり、フランスがTGV(図1.12)で300km/h、ドイツがICE(図1.13)で250km/hの営業運転に成功しました。

このような情勢のなか、1987(昭和62)年4月1日に旧国鉄が民営化されてJRグループの各社が誕生しました。各JRはそれぞれ独自の経営を考えましたが、東海道新幹線を運

1.1 最高速度と構体材質の変遷

図1.12　フランスTGV（撮影：服部）

図1.13　ドイツICE（撮影：服部）

営する東海旅客鉄道株式会社では、効率のよい経営には新幹線の速度向上が必須であると考え「300系新幹線電車」(図1.14)の開発を決意しました。

各種の研究・試作・開発の結果、1992(平成4)年3月14日に営業運転最高速度270km/hで運行を開始しましたが、この速度向上に最も寄与した技術的革新は、旧国鉄時代より

1章　車　体

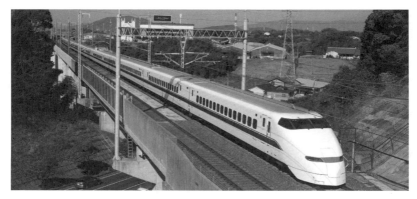

図1.14　300系新幹線電車（提供：与野 正樹 氏）

始まっていた交流電動機の**VVVF制御装置**●7の開発です。同時に、後述する構体構造としてのアルミ合金製による軽量化、駆動系など**ばね下質量**●6の軽量化もあります。

こうした開発の結果、50km/hと歴代2位の速度向上に成功し、新幹線史上、開業に次ぐ中興の業績となりました。

1.1.9　300km/hの世界最速「500系新幹線電車」と今後の高速化

さらに、西日本旅客鉄道株式会社が運営する山陽新幹線では、自動車や航空機との競合が激しく、特に新大阪—博多間の航空機とのシェアは鉄道6対航空機4であり、山陽新幹線の競争力の強化が必須でした。そのために、社内に「高速化推進プロジェクト」を設け、

図1.15　500系新幹線電車（提供：辻 精一 氏）

研究・開発を進めた結果、1997（平成9）年11月29日から東京―博多間に、営業運転最高速度300km/hの「500系新幹線電車」（図1.15）が登場しました。

　この速度向上に最も寄与した革新的技術は空気力学です。この時期、コンピュータの計算能力が向上するとともに、空力シミュレーションの計算技術が進化していました。**空力問題**●8として顕在化してきた微気圧波、空力騒音などには強い速度依存性があり、最高速度向上の大きな壁となっていました。この課題に対しシミュレーション技術と模型試験から、その時点における最善の解決策を求め、30km/h（歴代3位）の速度向上に成功、当時の世界最速の新幹線電車が誕生したのです。

図1.16　E5系新幹線電車（提供：辻 精一 氏）

図1.17　フランス 東ヨーロッパ線 TGV POS（提供：半田 康紀 氏）

1章　車体

以後の高速化としては、東日本旅客鉄道株式会社が運営する東北新幹線において、2012(平成24)年度末からE5系新幹線電車(図1.16)が最高320km/hで走行を始めました。これにより20km/h(歴代4位)の速度向上となり、フランス東ヨーロッパ線のTGV POS(図1.17)と肩を並べることになりました。

さらに、今後の速度向上はどのような技術革新により達成されるのか、期待されるところです。

1.2　鉄道車両用構体の材料に求められる特性

1.2.1　構体構造を取り巻く技術要素

鉄道車両は各種分野の技術を集大成したシステム製品です。最近では、このシステムの優劣を判定する指標として、LCA(Life Cycle Assessment)やLCE(Life Cycle Energy)、および、LCC(Life Cycle Cost)などが考えられています。

いずれの指標でも、構体の材料に求められる特性を追究する場合には、まず、構体構造を取り巻く技術要素と、その技術要素相互の相関性を明確にする必要があります。つぎに、それら技術要素間でバランスの取れた構体構造を構成するには、必要となる材料の特性を明確にするという手順が必要です。

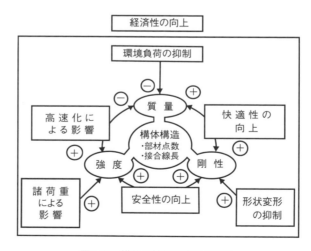

図1.18　構体の技術要素の相関性

そこで、まず図1.18[9]に鉄道車両構体構造を取り巻く技術要素の相関図を示します。まず、構体構造のコストを支配する要素としては、構体の「部材点数」と、溶接などの「接合線長」の総合計があります。これらは、いずれも少ない数値であるほどよい構造であるといえます。一方、「構体構造」の基本的な特性を表す、〈基本機能〉としては「質量」、「強度」、「剛性」の3要素があります。「質量」は軽く、「強度」は強く、「剛性」は堅く、というのが理想です。

しかし、これらの構体の〈基本機能〉は、車両を取り巻く〈環境要素〉から受ける制約を満足することが必要です。〈環境要素〉としては「環境負荷の抑制」、「形状変形の抑制」、「諸荷重による影響」などがあります。

まず、〈環境要素〉の「環境負荷の抑制」をするためには〈基本機能〉の「質量」が低減する（−）ように設計をする必要があります。また、車両の外形形状および寸法は**車両限界**●3を超えないように設計・製作する必要がありますが、そのためには車両の「形状変形の抑制」が必要で〈基本機能〉の「剛性」を増大する（＋）必要があります。さらに、車両の「諸荷重（垂直荷重・圧力荷重・捻り荷重・車端荷重）による影響」は〈基本機能〉の「強度」を増大する（＋）方向に作用します。

また、高性能な車両を実現するために必要となる〈車両要素〉からの制約も満足するように設計する必要があります。〈車両要素〉としては「高速化による影響」、「快適性（静かさ・低振動・乗り心地）の向上」、「安全性（金属疲労破壊・衝突時破壊しない）の向上」があります。

まず、〈車両要素〉の「高速化による影響」は〈基本機能〉の「質量」を低減する（−）とともに、「強度」を増大する（＋）方向に作用します。また、「快適性の向上」のためには〈基本機能〉の「質量」と「剛性」をともに増大する（＋）必要があります。さらに、車両の「安全性の向上」のためにも〈基本機能〉の「剛性」と「強度」をともに増大する（＋）必要があります。

さらに、「構体構造」の総合的な指標である「経済性の向上」を実現するためには〈基本機能〉に作用する〈環境要素〉と〈車両要素〉の影響が調和するように設計・製作する必要があります。特に、「質量」に関係する要素の作用には矛盾の関係があります。「経済性の向上」をさせた車両を実現するためには、この相反する関係をうまく解決する構体材料を準備するとともに、それを生かした構体設計・製作をしなければなりません。よい「構体構造」であるためには、構体の「質量」を軽く、「強度」を大きく、「剛性」を高くできること、さらに、「構体構造」の「部材点数」を低減し、「接合線長」を短縮し、接合線を単純化し、自動接合ができることです。そのための構体材料の開発と構造設計を行い、それを可能にする構体の生産技術を確立する必要があります。

1.2.2　構体材料に望まれる機能

　前述のように、よい構体設計を実現するためには、適切な構体材料が必要です。この適切な構体材料に望まれる機能について図1.19[1]にまとめて示します。以前の車両では、構体の材料に対しては「質量」、「強度」、「剛性」などの〈基本機能〉と、〈加工性〉、および、〈イニシャルコスト〉に関する機能を主体に、その有用性が考えられてきました。

　まず、〈加工性〉としてはアルミ合金の場合は押出性(薄肉形材・中空形材など)を、鉄鋼とステンレス鋼の場合は成形性として圧延成形・切断成形・プレス成形・鋳造成形・鍛造成形などの可能性を検討し、さらに、それらの方法で成形した部材相互の接合性(溶接接合・摩擦撹拌接合など)を検討します。

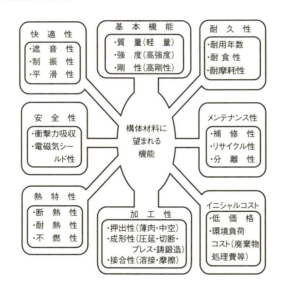

図1.19　構体材料に望まれる機能

　つぎに、〈イニシャルコスト〉としては、以前は初期の材料価格が低いことが重要でしたが、現在では構体を廃棄するときの廃棄物処理費などの環境負荷コストも含めて〈イニシャルコスト〉と考えることが必要となりました。

　また、鉄道の運営コストとしては〈イニシャルコスト〉のほかに〈ランニングコスト〉も重要ですが、この〈ランニングコスト〉を支配する機能としては〈耐久性〉として耐用年数・耐食性・耐摩耗性を、〈メンテナンス性〉としては補修性・リサイクル性・分離性(材質ごと

に分離が容易であること)を検討することが重要です。

　現在においても、それらの機能の重要性には変わりがないのですが、設計思想としてLCAや、乗客に対する安全性や、車内環境を重視するという考え方が拡大して、それ以外の機能も同じレベルで重要視されるようになり、それらのバランスの上で有用性が判定されるようになってきました。

　車内環境を重視するという設計思想により〈快適性〉として遮音性・制振性・平滑性(車体外面を平滑にすることにより騒音の発生を低減する)を検討することが重要になりました。

　また、金属以外のFRPを構体用材料として採用することも考えるようになってきましたが、その場合は、1.1.3項でも述べたように、金属材料としては当たり前に具備しているために、技術検討の要素として格別に取り上げていなかった機能も、FRPに対しては十分に検討することが必要になります。その機能とは〈熱特性〉と〈安全性〉です。〈熱特性〉としては断熱性・耐熱性・不燃性がありますが、FRPの場合は特に耐熱性と不燃性が問題となります。さらに、〈安全性〉の問題としてFRPは一般的に金属に比べて延伸性が乏しいために、材料自体に衝撃力の吸収性が少ないこと。また、FRPは、繊維網を骨格とした熱硬化性樹脂(エポキシなど)の薄いシート(プリプレグという)を貼り合わせた積層構造であるために、面と垂直方向の衝撃力により層間ではく離が起こるという問題があります。

　また、架線断線地絡や屋根上機器の絶縁破壊や落雷などに対する電磁気シールド性(高電圧が加わった場合に構体内部の乗客を防護する能力)がないので、乗客の感電事故を防止するためには、別途の対策を追加する必要があります。これは〈イニシャルコスト〉を増加させることになるので、FRPの有用性は総合的に判断すべきです。

1.2.3　リサイクル性とアルミ合金

　リサイクル性の重要視という観点から、アルミ合金の例を示します。

　強度的には圧倒的に優位にあるA7N01合金(Al-Zn-Mg系)は、再溶解したときにZnなど用途が限られる元素が含まれています。一方、強度は落ちますがこのような制限元素のないA6N01合金(Al-Mg-Si系)はリサイクル性に優れます。強度的に劣るA6N01合金でも構体構造を工夫することによりA7N01合金と同等に活用できるようになりました。

　従来は、縦通材と横断材を組み合わせた骨組みの上に外板を取り付ける**シングルスキン構造**●9-1で、薄肉形材(=ソリッド材)が用いられてきました。これに対して、内外両面に外板(表皮材)を持ち、内部にせん断力に耐える心材を持つ**ダブルスキン構造**●9-2にすると、構体内面側の荷重を広い面積の平面で負担することができて、局部**応力**●14-2集中が緩和

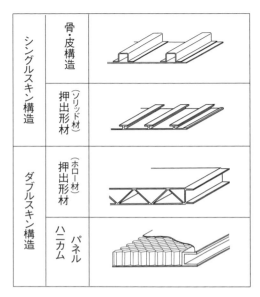

図1.20　構体パネルのイメージ図

されます。アルミ合金では大型の押出機により内外面と心材を一体化した中空形材(＝ホロー材)を製造でき、A6N01合金でも問題なく構体が構成できるようになりました。

　ダブルスキン構造は、強度の低い材料でも構体用材料として使用することが可能となりますので、構体用材料としてはFRPへも道を開くものです。しかし、1.2.2項で述べたように、FRPは金属材料に比べて延伸性が乏しいので、衝突事故などの〈安全性〉に対する検討は慎重に行われるべきでしょう。

　図1.20[1)]にシングルスキン構造とダブルスキン構造のイメージを示します。

1.3　アルミ合金製構体の開発経緯

　日本のアルミ合金製車両の開発は在来線車両で誕生し、私鉄・地下鉄車両で育ち、より荷重条件の厳しい新幹線車両にまで進化したとみることができます。言い換えれば、さきに図1.18[9)]で述べたような構体の構造は車両を取り巻く技術要素の要請に応じて、材料技術や車両の生産技術の発展と深く関連して変遷してきたのです。

　アルミ合金製車両の技術分野では、材料技術としてアルミ合金の開発と材料の成形、

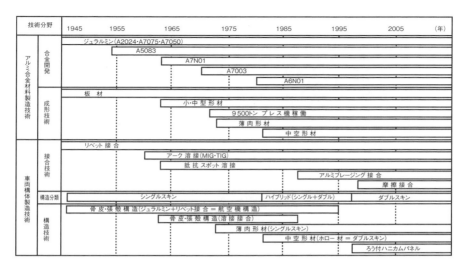

図1.21　アルミ合金製構体構造の変遷

および車両構体の製造技術として接合、構造とその種別に分けて考えることができます。図1.21[9]にこれらの各技術分野が時系列的に相互に関連して開発された経緯を示します。

1.3.1　ジュラルミン構体

　日本で最初にアルミ合金を使用した車両は、1946（昭和21）年に経済復興のための傾斜生産方式の一環として生産されました。当時、鋼材不足を補うために、使い道のなくなった航空機用ジュラルミン2万トンを鉄道車両用に振り向け、これを受けて運輸省は車両メーカに対してジュラルミン車両の開発と製造を指示し、在来線電車6両、客車5両などが製造されました。

　ジュラルミンとは、熱処理で鋼並みに強化されるアルミ合金です。したがって、最終熱処理温度以上に加熱すると強度が下がるので溶接が使用できません。そこで鋼製の骨組みにリベットで組み立てる構造としました。アルミ合金スキン・鋼製構体です。しかし、ジュラルミンを無塗装で使用したために腐食に弱く、短期間の使用で鋼板に置き換えられ短命に終わりました。ジュラルミンをリベットにより組み立てる構造は、本家の航空機産業で発展しましたが、最近、各種の高速試験車両、および、超電導磁気浮上車両（リニアモータカー）の「構体構造」として再び採用されました。これはシングルスキン構造の特

21

1章 車体

徴である軽量性の極致としての航空機構造を評価した結果です。

1.3.2　アルミ合金の溶接技術開発と張殻構造の採用

　本来、シングルスキン構造は、軽量性という特徴のほかに「部材点数」が多いという宿命を持っています。鉄道車両の技術としては多少軽量性を犠牲にしてもコストを重視し、「部材点数」を縮減するために溶接構造の鋼製構体が開発され実用化されてきました。その後、本格的にアルミ合金製車両の開発に取り組むに当たっては、アルミ合金の小・中型の形材の**押出**●29-6技術（加熱で軟らかくした金属を製品断面形状の孔（ダイス）に押込み、トコロテン式に成形する方法。角管のような中空材はダイスの中で隅が再接合されてできる。アルミサッシが代表例）とアーク溶接技術の完成を待って、構体構造としては鋼製構体の考え方を受け継ぎ、材料のみをアルミ合金に置き換える形で、溶接による張殻構造を採用しました。

　このときに使用されたアルミ合金は、当時船舶などの溶接構造用材として実績のあったA5052、A5083合金（非熱処理型Al-Mg系）とA6061合金（熱処理型Al-Mg-Si系）が主に使用されました。この考えのもとに1962（昭和37）年に山陽電鉄2000系電車（図1.22）が、日本で最初の溶接構造によるアルミ合金製車両として製造されました。図1.23[10]に同車両の構体構造を示します。

図1.22　山陽電鉄2000系電車（提供：川崎重工業）

1.3 アルミ合金製構体の開発経緯

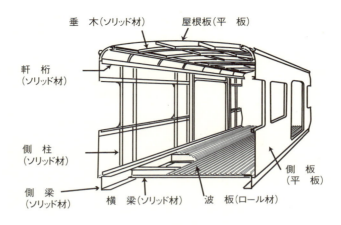

図1.23　山陽電鉄2000系電車の構体構造

1.3.3　新アルミ合金（A6N01）と押出技術の開発

　しかし、アルミ合金の母材強度と溶接部強度が普通鋼材に比べて低く、剛性も弾性係数の関係で低くなります。そこで、当時の鋼製構体の相当曲げ剛性値の標準である$9.8×10^8 \mathrm{N \cdot m^2}[1×10^{14}\mathrm{kgf \cdot mm^2}]$に近づけるように努力されました。その後の開発努力は、構体の〈基本機能〉のうち「強度」と「剛性」に注目して行われ、特に「強度」の向上は新しいアルミ合金の開発を促すこととなり、1962（昭和37）年にはA7N01合金（Al-Zn-Mg系）を生み出しました。

　「剛性」の向上は「経済性の向上」とともに構体構造を工夫することにより行われ、その手段として大型押出形材を生み出しました。しかし、これらの努力にもかかわらずアルミ合金製車両は、鋼製車両に比べて素材価格のみならず製造加工費が高く、イニシャルコストが高いという状況が続いていました。これらの状況が開発の推進力となり、さらに「構体構造」を簡素化し、「部材点数」の低減と「溶接線長」を短縮し、また、溶接線の単純化により溶接の自動化率を向上するための努力が続けられました。

　1969（昭和44）年、大手アルミ圧延会社が出資して軽金属押出開発株式会社を設立、世界最大級の9 500トン大型押出機を設置（稼働は1971年）。大型の薄肉押出形材（以下薄肉形材という）や薄肉中空押出形材（以下中空形材という）が製造可能になりました。さらに、1980（昭和55）年、A6N01合金（Al-Mg-Si系）が開発され、アルミ合金製構体に新しい展開が生じました。

1章 車 体

図1.24　山陽電鉄3050系電車（提供：川崎重工業）

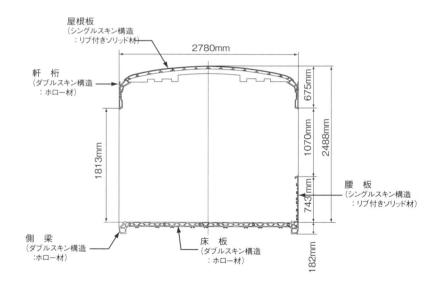

図1.25　山陽電鉄3050系電車の構体断面図

この新しい合金A6N01は欧州の動きに刺激されたものです。欧州では1970（昭和45）年代の労働費の急激な上昇により、構体構造の抜本的な改革が必要となり、押出性の良好な合金の開発が推進されました。この合金はAA6005A合金（DIN AlMgSi0.7）として実現し、この情報がわが国にも伝わり、さらに**溶接性**●15-2も改良したA6N01合金となったのです。1981（昭和56）年、この合金をわが国で最初に適用した車両として山陽電鉄3050系電車（図1.24、図1.25[11]）が完成し、中空形材時代の幕開けとなりました。ただし、シングルスキン構造とダブルスキン構造との融合である**ハイブリッド構造**●9-3でした。

前述のように、ダブルスキン構造の特徴は面の曲げ剛性が高いという特性により、シングルスキン構造では必要であった補剛材としての縦通材や横断材などを省略して、「部材点数」の低減からコスト低減に適した構造ですが、本質的に重くなる構造でもあります。したがって、限られた許容質量のなかではハイブリッド構造にせざるを得ない事情があったのですが、中空形材に対してはいっそうの薄肉化が要求されました。

1.3.4　アルミ合金（A6N01）による軽量化と高速化の促進

JR東海の「300系新幹線電車」は、1989（平成元）年3月に先行試作編成が完成しましたが、速度向上のために厳しい軽量化要請があり、車両の全装置にわたり抜本的な改革が図られました。構体についても軽量化とコスト低減の両立が求められ、ハイブリッド構造の採用は軽量化の点で不可能であり、オール・シングルスキン構造とせざるを得ませんでした。この相反する条件の矛盾を解く鍵は押出性の良好なA6N01合金にありました。薄肉形材に、面の曲げ方向補剛のためにT字形リブ形状の縦通材を外板と一体で24.5mにわたり押出成形し、薄肉形材相互の接合線は車両長手方向のみに単純化しました。横断材は、薄肉形材（＝リブ付きソリッド材）のリブとの交差部分を短い隅肉アーク溶接で接合。いずれの溶接も車両内面側の一方向からのアプローチによる自動溶接が可能な構造（＝ワンサイド工法）とすることにより、コストの低減が図られました。

このようにシングルスキン構造でありながらA6N01合金の特性を最大限に利用することにより、「質量」と「部材点数」とコストを極小とした構造は、欧州でも開発されておらず、わが国独自のニーズに基づく発想です。図1.26[12]にA6N01合金を主要材料とした300系新幹線電車の構体構造を示します。

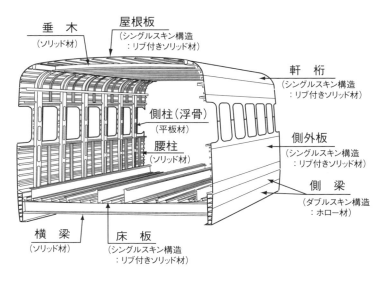

図1.26　300系新幹線電車の構体構造

1.3.5　構体設計コンセプトの変化

　その後、構体の軽量化とコスト低減の両立を優先して新型車両の構体を開発する方針が、新幹線の高速化に伴い見直しされる動きが出てきました。すなわち、車内環境の「快適性(静かな室内など)の向上」を重視し、そのためには構体の「質量」は多少重くなってもよいというコンセプトです。ただし、車両全体の「質量」は〈環境要素〉の「環境負荷の抑制」の規制を受けています。

　したがって、このコンセプトは構体以外の装置、たとえば1997(平成9)年9月に完成した700系新幹線電車(図1.27)の場合はVVVF制御装置の軽量化によって可能となりました。この軽量化分の「質量」で屋根構体と側構体に中空形材によるダブルスキン構造を使用することができました。このような「快適性の向上」を重視するコンセプトは、今後の高速車両の構体構造と材料、および、生産技術に重大な影響を与えます。図1.28[13]にA6N01合金を主要材料とした700系新幹線電車の構体構造を示します。

1.4 ステンレス鋼製構体の開発経緯

図1.27　700系新幹線電車（提供：辻 精一 氏）

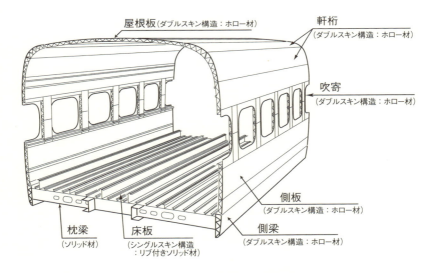

図1.28　700系新幹線電車の構体構造

1.4　ステンレス鋼製構体の開発経緯

　日本における本格的な軽量構体としてアルミ合金とともにステンレス鋼を使用した構体もほぼ同時期に開発が進められていました。くしくもオールアルミ合金製構体とオールステンレス鋼製構体を実用化した車両が完成したのは、ともに1962（昭和37）年です。

1章　車体

図1.5[1]においてアミカケした期間は、スキン（外板）のみをアルミ合金またはステンレス鋼とした過渡期の構体の期間を示しています。

その後、ともに約20年間にわたり需要の伸び悩む時期が続き、その期間は普通鋼製構体が主に製作されました。振り返って見ると、この期間はアルミ合金製、ステンレス鋼製ともにコスト低減と品質向上の実力を研鑽する雌伏の期間であったと総括できます。現在ではそれぞれの特徴が発揮される車両の分野として、大きく分けて高速車はアルミ合金製、在来線はステンレス鋼製、地下鉄は路線ごとの特性により使い分けるというように棲み分けができてきました。

ステンレス車両の技術分野を、アルミ車両の場合と同様に分類して、それぞれが時系列的に相互に関連して開発された経緯を図1.29[9]に示します。

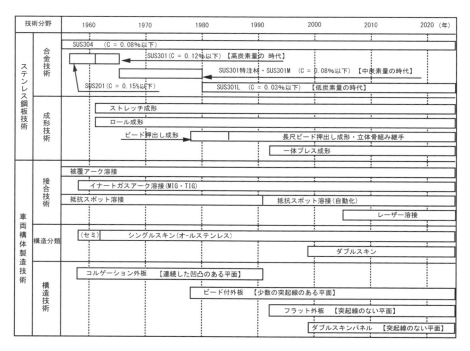

図1.29　ステンレス鋼製構体構造の変遷

1.4 ステンレス鋼製構体の開発経緯

1.4.1 技術提携によるオールステンレス鋼製構体技術の導入

わが国における最初のステンレス鋼製車両は1958(昭和33)年に製作された東急電鉄5200系電車(図1.30)です。このステンレス鋼製構体は外板にステンレス鋼板(家庭などでも普及している18%Cr-8%NiのSUS304など)を使用し、台枠や構体骨組みを普通鋼製とした、いわゆるスキン(外板)ステンレス(セミステンレス)構造です。この構造の構体は外板の腐食防止と無塗装化による保守費低減が目的で、東急電鉄6000系電車(図1.31)ほかにも採用され、1988年当時までに約1800両が製作されています[14]。

図1.30 東急電鉄5200系電車(提供:東急電鉄)

図1.31 東急電鉄6000系電車(提供:総合車両製作所)

しかし、この構造では大幅な軽量化は達成できず、また、使用しているうちに内部の普通鋼が腐食して構体の補修が必要になるなど、耐食性と軽量化の点で不十分でした。このような状況からオールステンレス鋼製車両の優位性が考えられましたが、当時、オールステンレス鋼製車両の製造技術はアメリカのバッド社（The Budd Co. 現Tyssenkrupp Budd）が独占していました。そこで1959（昭和34）年末に東急車輛製造はバッド社と技術提携契約を結び、構体の主要構造をステンレス鋼としたオールステンレス鋼製車両の生産を開始しました。

しかし、当時、構造用ステンレス鋼としては適当なものがなく、アメリカでもメーカ独自の規格によるステンレス鋼（現在のSUS201に近い材料）を使用していました。そこで、国

図1.32　東急電鉄7000系電車（提供：東急電鉄）

図1.33　南海電鉄6000系電車（提供：総合車両製作所）

1.4　ステンレス鋼製構体の開発経緯

図1.34　東急電鉄8000系電車（提供：東急電鉄）

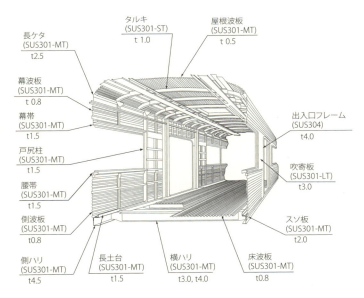

図1.35　東急電鉄8000系電車の構体構造（提供：総合車両製作所）

内のステンレスメーカと協力し高抗張力ステンレス鋼(SUS301)の開発が行われました。また、それらのステンレス鋼板を構体の部材に加工する成形技術として、ロール成形とストレッチ成形の研究とともに、接合技術としてアーク溶接法だけでなく抵抗スポット溶接法(溶接する板に両側から電極で加圧し、接触部に通電加熱し接合する方法)を開発し、高抗張力ステンレス鋼の特性を生かした構造設計が検討されました。

31

その結果、1962（昭和37）年、台枠の一部（端台枠）を除き、他の構造部材や外板などのすべてをステンレス鋼とした、わが国独自のオールステンレス鋼製車両、東急電鉄7000系電車（図1.32）が完成しました。その後、南海電鉄6000系電車（図1.33）、東急電鉄8000系電車（図1.34）などの車両も製作されました。これらの車両はこれまでの普通鋼製の車両よりも約2tの軽量化が実現し、保守費低減の効果も大きく、約20年間にわたり約1000両が生産されました[14]。

図1.35に東急電鉄8000系電車の構体構造を示します。

1.4.2　軽量ステンレス車両の開発と量産

1973（昭和48）年の中東戦争に端を発した「石油ショック」は、あらゆる分野での省エネルギーの方策を推進する大きな契機となりました。鉄道車両の分野では車両の省エネルギー＝軽量化という形で要望が強くなり、ステンレス鋼製構体に対してもさらなる軽量化（アルミ合金製構体並みの質量）と、コスト低減（普通鋼製構体並みの価格）が求められました。

以来、約10年にわたりこれらの努力が続けられましたが、この開発推進に大きく貢献したのがコンピュータの進化と有限要素法（FEMと呼ばれる応力解析コンピュータシミュレーション、複雑な形状の部材を細分、Finite Elementsとして応力を計算する方法）による立体モデル強度解析の発展です。この解析により信頼性の高い計算結果が得られ、設計者は軽量化を強力に推進することができるようになりました。構体構造の設計には新しい構想の立体骨組継手や長尺ビード加工外板などの開発と応用が図られ、いっそうの軽量化技術が充実しました。

このような状況のなか、日本国有鉄道でも軽量ステンレス鋼製車両の研究が行われ、1981（昭和56）年、社団法人日本鉄道車両工業会の主催で「ステンレス鋼製車両製作技術委員会」が国鉄と車両製造業者7社の構成で発足し、材料・溶接・塑性加工・検査基準の各専門委員会で討議を重ねました。これらの検討の結果を反映して1985（昭和60）年に205系軽量ステンレス鋼製電車（図1.36）が完成しました[14]。

これは国鉄最後の新製電車で、1987（昭和62）年民営分割による各JR会社へ引き継がれました。これ以降、各JRのステンレス鋼製車両は気動車も含めて飛躍的に増加し、本格的なステンレス鋼製車両の時代を迎えました。図1.37に国鉄の205系電車の構体構造を示します。

1.4 ステンレス鋼製構体の開発経緯

図1.36　205系電車（提供：辻 精一 氏）

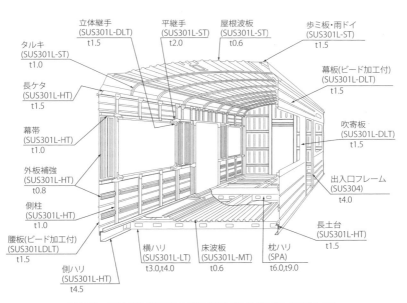

図1.37　国鉄205系電車の構体構造（提供：総合車両製作所）

1.4.3　さらなる軽量化と平滑化の追究

　1990（平成2）年、JR東日本は東京圏の輸送の改善を図るために205系電車の後継車となる次世代ステンレス鋼製車両、901系電車（後の209系の試作車）の新製を計画、2方式の構体構造を採用しました。

33

1つは、外板に従来どおりのSUS301L材(Lは低炭素の意味)を使用して外板補強の形状と配置を改良、外板のビード出し成形を廃止してフラットな外面に、板厚も薄くして軽量化を図るとともに、部材点数を約2/3に減少、コストを低減しました[15]。

図1.38　209系電車（撮影：松山）

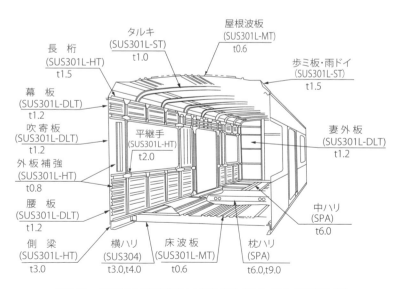

図1.39　JR東日本209系電車の構体構造（提供：総合車両製作所）

他の方式は、外板のステンレス鋼材にSUS304材を使用して材料コストを低減、面の補剛のために従来の骨組みに代わって一体プレス成形により補剛のための突起部を形成した内板と、平外板とをスポット溶接で接合した構造（2シート工法）とすることにより、「部材点数」の大幅削減と組立工数の低減を図った構造です。これらの方法が1993（平成5）年1月に完成した量産形の209系電車（図1.38）に採用されました。図1.39に前者方式によるJR東日本209系電車の構体構造を示します。

1.4.4　ステンレス鋼製構体開発の概括

図1.29[9)]を再度ご覧ください。ステンレス鋼製構体の開発の歴史を概括すると、ステンレス合金の開発と、外板形状の平滑化の歴史であったといえます。

SUS304のような**オーステナイト**[●25-7]**系ステンレス鋼**を溶接などにより高温で加熱すると、過飽和の炭素がCr炭化物として**結晶粒界**[●10]に析出し、粒界付近のCr量が減少してその部分の耐食性が低下、**残留応力**[●11]も加わって粒界だけが選択的に腐食する粒界腐食割れや、引張応力で局部腐食を加速して粒界が割れる**応力腐食割れ**[●49-3]を起こしやすいという性質があります。車両用ステンレス合金の開発史は、これらの損傷を防止するために、いかに低炭素の合金を開発するかという歴史であったといえます。

まず、高炭素量の時代としては、1960（昭和35）年以前のSUS201（C=0.15％以下）、ついで、1961（昭和36）年～1965（昭和40）年のSUS301（C=0.12％以下）、さらに、中炭素量の時代としては、1966（昭和41）年～1980（昭和55）年のSUS301特注材・SUS301M（C=0.08％以下）、低炭素量の時代としては1980（昭和55）年以降現在に続くSUS301L（C=0.03％以下）と分けられます。

また、構体構造の面から見ると、初期のコルゲーション外板（連続した凹凸のある平面、図1.30）の時代が1958（昭和33）年～1991（平成3）年、ビード付き外板（少数の突起線がある平面）の時代として1978（昭和53）年以降、フラット外板（突起線のない平面）の時代としては1992（平成4）年以降に分類できます。外板の平滑化は、車両の洗車のしやすさや、デザイン的にスッキリとした外観にしたいという欲求が原動力となり進展したと考えます。

1章　車体

1.5　鉄道車両用構体の今後の動向

　現在、量産されている車両の構体構造は、アルミ合金製構体ではダブルスキン構造が、ステンレス鋼製構体ではシングルスキン構造が大勢を占めています。

　さらに、今後の構体構造はどのように進化していくのでしょうか。さきに述べたように構体を取り巻く技術要素と材料に望まれる機能との相互作用により進化し、LCA・LCE・LCCによりその優劣が判定されて、将来の構造が選定されていくはずです。その兆候は先進的に開発された車両の「構体構造」のなかに見いだすことができます。なぜならば、その構造は単にそのときの技術レベルのみで判断されているのではなく、将来性も見据えて開発されているからです。

1.5.1　シングルスキン構造からダブルスキン構造へ

　図1.40[16]に1996（平成8）年1月に完成したJR西日本の500系新幹線電車の構体構造を示します。ダブルスキン構造の一種である30mm厚さの、ろう付けアルミハニカムパネル（Brazed Aluminum Honeycomb Panel：BAHP）[16]を側構体と床構造に使用し、屋根構体にはA6N01合金の薄肉形材（リブ付きソリッド材）によるシングルスキン構造を採用しています[16]。

　側構体と床パネルにBAHPを採用したのは、BAHPの遮音性を生かして車内騒音を効

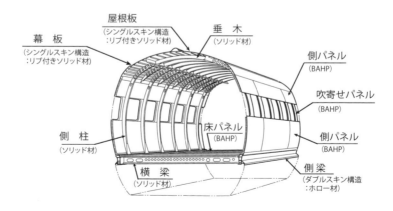

図1.40　500系新幹線電車の構体構造

率よく低減するためです。また空調効率を向上するために空調装置を室外機と室内機に分割し室外機を床下に、室内機を天井内に分散配置しました。これらの天井内のスペースを確保するために屋根板にリブ付きソリッド材を採用し、冷媒配管を通すスペースを確保するために側構体構造としてBAHPを側柱により補剛する構造を採用しました。さらに車内環境の「快適性の向上」と、「構体構造」の簡素化を考えると全断面をBAHPによるダブルスキン構造とするほうが理想的であり、今後の方向性でしょう。

1999(平成11)年7月14日付の日刊工業新聞によると、JR東日本、新日本製鐵、東急車輛製造の3社は、共同で「ステンレス鋼ダブルスキンパネルによる試作構体」を製作しました。この開発の目的とするところは、アルミ合金製のダブルスキン構造と同じく、「部材点数」と溶接工数の削減によるコスト低減と平滑性の向上などによる品質の向上です。

先進的な、これらのアルミ合金製構体とステンレス鋼製構体の開発の事例から考えて、将来の構体構造のトレンドとしてはシングルスキン構造からダブルスキン構造へ変革することを示していると思われます。

1.5.2　ダブルスキン構造定着の要件

今後、この動きが加速され、アルミ合金製にしろ、ステンレス鋼製にしろ、ダブルスキン構造が定着するためには、ダブルスキンパネルの材料コストの増加分が、「構体構造」の簡素化によるコスト低減分により相殺される程度まで、パネルの製作コストの低減が必要です。現在のところ、この条件を満足しているのはアルミ合金製の中空形材(＝ホロー材)のみです。したがって、アルミ合金製構体の場合は中空形材によるダブルスキン構造が大勢を占めているのです。

それ以外の材料はまだ開発途上にあると考えられます。また、ダブルスキン構造は「部材点数」の低減と、接合線の簡素化・直線化による接合作業の自動化を促進しますが、マイナス面としては接合線が表裏二重となり「接合線長」が倍増するため、従来の接合技術ではコスト低減の目減りが生じます。したがって、表裏二重の接合線を同時に**1パス**[12-3]で接合できるような技術の開発が望まれます。アルミ合金の場合は**摩擦撹拌接合法**[13](FSW：Friction Stir Welding)の進化が、ステンレス鋼の場合は抵抗スポット溶接法の自動化や、レーザー溶接法(レーザー光線を溶接部に収斂照射し溶融して接合する方法)の改良などが有力な候補として考えられます。これらの技術開発が完成し、ダブルスキンパネルの生産技術が進展すれば、アルミ合金製構体、およびステンレス鋼製構体ともにダブルスキン構造が将来の構体構造技術として全面的に定着することになると思われます。

1章　車　体

◤◤◤◤ Column A　自動連結器への一斉交換 ◢◢◢◢

　明治の鉄道車両輸入時代の連結器は、伊予鉄道(愛媛県松山市)の坊っちゃん列車に使用されています。この装置はいろいろな名称で呼ばれますが、本書では「緩衝器・リンク式連結器」と呼ぶことにします。それは車両間の圧縮力と引張力をそれぞれ別の装置が受け持つからです。図1.41で説明しましょう。緩衝器[バッファー]は、車両が押し合う力を受け持ち、筒の中にあるばねで衝撃を緩和します。通常は車両左右に二対ありますが、坊っちゃん列車では中央に一対しかありません。機関車のけん引力はフックに引っ掛けたリンクが受け持ち、たるまないようにねじで長さを調整します。

上にあるのが緩衝器、下はリンク式けん引装置。連結作業は、右図のフックからリンクを外し、相手の車両のフックに掛け、調整ねじを回して長さを調整、けん引始動時のショックがないようにする（撮影：松山）

**図1.41　伊予鉄道(愛媛県松山市)坊っちゃん列車の
緩衝器・リンク式連結器：(左)連結状態、(右)開放状態**

　大正時代(1910年代)には機関車のけん引力も向上。イギリスから導入したままの連結器では強度不足になってきました。そこで、圧縮とけん引を同時に受け持つ優れた性能、迅速な連結解放、(連結作業員)事故防止、など、アメリカや北海道で実績のある自動連結器(自連)に交換を計画。自連はアメリカで考案されたものを一部輸入(シャロン式、アライアンス式)しましたが、さらに国産で改良した柴田式を用いました。1919(大正8)年から準備し、車両改造など6年に及ぶ周到な計画を進めました。特に問題なのは全国に多数運行されている貨車です。9.4.1項に触れたように、電車はパンタグラフへの移行が先行。運行区間も限られていることからあらかじめ自連化も早く取り組まれました。その後、客車、機関車と進み、大正14(1925)年7月17日、全国のほとんどの貨物列車を1日運休して、貨車の自連化が成ったのです。当時の鉄道大臣仙石貢曰く、「本作業ハ数万ノ車両ニ対シ而モ一日ヲ限リコレヲ遂行スルモノナルニ

因リ諸子ノ異常ナル努力ニ待ツコト大ナルモノアリ、…(中略)…コノ鐵道界空前ノ大事業ヲ違算ナク完了セシムコトヲ望ム」。かくして全車両数6万両を超える自連化が完了し、車両分離事故、作業員の死傷数は1/3以下になりました。

図1.42　自連一斉交換日の掲示(鉄道博物館展示物／撮影：松山)

その後、1931～1933(昭和6～8)年、省線電車の自動連結器を密着連結器に交換。それ以降省線電車はすべて密着連結器になりました。

自連の材質は鋳鋼で、1970(昭和45)年代頃までは、炭素鋼鋳鋼品SC46(JIS G 5101)、低マンガン鋳鋼SCMn2(JIS G 5111)が主力でしたが、摩耗部分の溶接補修が容易なSCC60(JRS、1966-昭和41制定、日本鉄道車両工業会規格　E4201-2003「鉄道車両-自動連結器」)「C:0.13-0.20、Mn:0.6-1.20」に代わりました。現在は主に機関車、貨車の自動連結器、新幹線密着連結器の本体およびナックル(先端の開閉可動部分)に用いられています。

(栗原、松山)

◆「1章 車体」参考文献

1) 日本鉄道車両輸出組合：「鉄道車両の構造と車両技術の進化」，『鉄道車両輸出組合報』通巻246号，日本鉄道車両輸出組合 pp.7-8, pp.12-13（2011）
2) 日本国有鉄道工作局・車両設計事務所 編：『100年の国鉄車両2』p.173，交友社（1974）
3) （社）車両電気協会創立30周年記念史編集委員会：『客貨車・車電変遷史』（社）車両電気協会，pp.23-37.105-130（1981）
4) K.Zen：『A COLLECTION OF PAPERS BY SPECIALISTS ON VARIOUS BRANCHES OF INDUSTRY IN JAPAN』PUBLICATIONS COMMITTEE World Engineering Congress Fig15b（1929）
5) 久保田博：『日本の鉄道車両史』p.20, pp.72-73, p.75, p.104, グランプリ出版（2001）
6) 佐々木冨泰・網谷りょういち：『事故の鉄道史：疑問への挑戦』日本経済評論社，p.122, pp.141-142（1993）
7) 碇義朗：『超高速に挑む：新幹線開発に賭けた男たち』文芸春秋，p.21, p.29（1993）
8) 原田勝正：『日本鉄道史：技術と人間（刀水歴史全書53）』刀水書房，p.411（2001）
9) 服部守成：「鉄道車両用構体の変遷」，『鉄道車両輸出組合報』通巻222号，日本鉄道車両輸出組合，p.9, p.11, p.14（2005）
10) 軽金属車両委員会：「2. 車両用アルミニウム合金の使用基準作成に関する研究」，『軽金属車両委員会報告書No.2（昭和47-48）』（社）軽金属協会，p.17（1974）
11) 軽金属車両委員会：「4. 山陽電気鉄道3050系車両」，『軽金属車両委員会報告書』No.4（昭和53-58），（社）軽金属協会，p.174（1984）
12) 石川栄・伊藤順一・小峰輝男：「JR東海300系新幹線電車の概要」，『車両技術』通巻191号，日本鉄道車両工業会，p.18（1990）
13) M.Kimata, J.Ito, S.Bando, K.Oida, M.Hattori：「Study on Body Structure of Shinkansen Using Aluminum Alloy Large Extrusion Hollow Panel」『Proceedings of the Fifth Japan International SAMPE Symposium』JAPAN CHAPTER OF SAMPE, p.1250（1997）
14) 木村耕・笠井靖夫：「車両構体の軽量化の方策（ステンレス鋼製）」，『車両技術』通巻182号，日本鉄道車両工業会，p.39（1988）
15) 内田博行・平井俊江：「軽量ステンレス車両の構造と最近のトレンド」，『鉄道ジャーナル：特集・新型電車の構造と設計』第34巻 第9号, pp.39-41, 鉄道ジャーナル社（2000）
16) 石丸靖男・服部守成：「ろう付アルミハニカムパネルとその加工・高速鉄道車両への適用」，『溶接技術：社団法人日本溶接協会誌』第45巻 第11号, p.122, 産報出版（1997）

2章 台車

鉄道車両の台車は車体を支えるとともに、安全走行を司る重要な走行装置です。台車の主要な構成品として、台車枠、車輪、車軸、ブレーキ装置、また種類によっては、主電動機、駆動装置などがあります。特に台車枠は、ブレーキ装置、主電動機、駆動装置などの構成品が取り付けられたり、輪軸（車輪と車軸を組み立てたもの）を、車軸軸受を介して一定の位置に保持するというような重要な役割を果たしています。台車枠は構造上フェイルセーフとすることができないため、十分な安全を見込んだ設計により慎重に製造され、さらに使用中には定期的な検査が行われています。

台車性能試験

2.1 台車とは

ここでいう台車はボギー台車のことです。

鉄道車両は、1章に述べられた車体と、その下のレールの間にあり、車両の走行を司る台車に分けられます。台車はさらに、動力発生装置や動力伝達装置が取り付けられている動台車と、これらの装置が取り付けられていない従台車に分けられます。

図2.1は電車用の動台車を示します。台車枠は車体荷重を支え、主電動機、駆動装置、ブレーキ装置などが取り付けられたりするため、鋼板を用いた溶接構造あるいは鋳鋼を用いた一体構造となっており、高い変動荷重の下で長年の使用に耐えるように、**疲労強度**[37]を考慮した設計が行われます。台車枠は基本的には図2.2に示すように、2本の側ばりとそれらを繋ぐ1～2本の横ばりで構成され、両端に端ばりが設けられることもあります。2本の横ばりが設けられる場合には、それらを繋ぐつなぎばりも設けられます。

台車には、次のような性能が要求されます。
①車体を支える
②車体に駆動力やブレーキ力を伝える
③レール上を信号などに従って車両を安全に走行させる(左右レールが信号回路になっている場合、車両の位置を知らせる)
④高速で乗り心地よく車両を走行させる

図2.1　電動台車(鉄道博物館展示物／撮影:石塚)

2.1 台車とは

　ここでは、以上の性能を保ちながら車両を走行させるために、台車がどのような構造になっているかをボルスタ付き台車とボルスタレス台車に分けて見てみます。
　ボルスタとは、まくらばり（枕梁）のことで、図2.3に示す揺れまくら吊り（スイングハンガー）方式の台車では、上・下揺れまくらとそれらを繋ぐ揺れまくら吊りなどで構成されます。まくらばりのある台車がボルスタ付き台車、ない台車が図2.4に示したボルスタレス台車です。

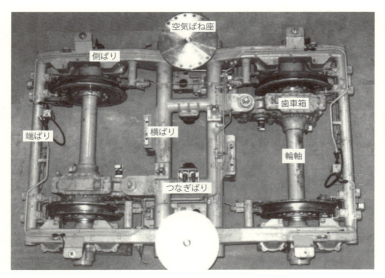

図2.2　台車枠の基本構造（提供：榎本 衛氏）

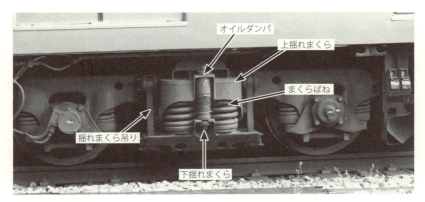

図2.3　スイングハンガー方式台車（103系電車用DT33形台車／撮影：石塚）

43

2章 台車

　まくらばりは、下心皿（したしんざら）、まくらばねなどとともに揺れまくら装置を構成しますが、この揺れまくら装置は単に車体荷重を支えるだけではなく、軌道からの車体に伝わる上下振動や左右振動を逃がす役割も担っています。また、下心皿とは、車体の荷重を負担して前後左右の水平力を伝達するとともに台車の回転中心となる心皿機構のうち、台車側に設けられる装置のことで、車体側には上心皿が設けられます。なお、ボルスタ付き台車には、スイングハンガー方式のほかに、揺れまくらなどを廃してまくら装置を簡素化し、空気ばねを車体とまくらばりの間に配置した図2.5に示すダイレクトマウント方式、および空

図2.4　ボルスタレス台車（E233系電車用DT71B形台車／撮影：石塚）

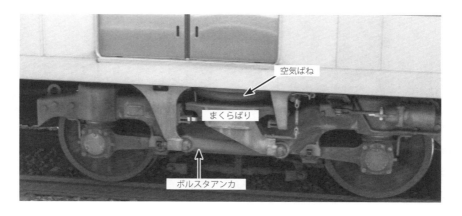

図2.5　ダイレクトマウント方式台車（山陽電鉄5000系電車用KW-93形台車／撮影：石塚）

44

気ばねをまくらばりと台車枠の間に配置したインダイレクトマウント方式があります。

車体荷重は、図2.6[1]のように車体から台車枠を介して車輪にまで伝わっていきます。

ボルスタ付き台車の場合には、それぞれの方式ごとに、車体荷重の伝わり方は以下のようになります。

①スイングハンガー方式

　　車体→心皿・側受→上揺れまくら→まくらばね（板ばね、コイルばね、空気ばね）→下揺れまくら→揺れまくら吊り→台車枠→軸ばね→軸箱→車軸軸受→車軸→車輪

②ダイレクトマウント方式

　　車体→まくらばね（空気ばね）→まくらばり→心皿・側受→台車枠→軸ばね→軸箱→車軸軸受→車軸→車輪

③インダイレクトマウント方式

　　車体→心皿・側受→まくらばり→まくらばね（空気ばね）→台車枠→軸ばね→軸箱→車軸軸受→車軸→車輪

ボルスタレス台車の場合は、車体荷重の伝わり方は以下のようになります。

　　車体→まくらばね（空気ばね）→台車枠→軸ばね→軸箱→車軸軸受→車軸→車輪

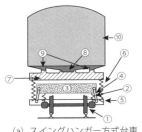

（a）スイングハンガー方式台車

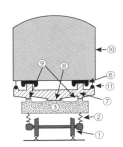

（b）ダイレクトマウント方式台車

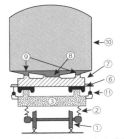

（c）インダイレクトマウント方式台車

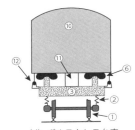

（d）ボルスタレス台車

①輪軸
②軸ばね
③台車枠
④揺れまくら吊り
⑤下揺れまくら
⑥まくらばね
⑦まくらばり or 上揺れまくら
⑧心皿
⑨側受
⑩車体
⑪ボルスタアンカ or けん引装置（ボルスタレス台車）
⑫ヨーダンパ

図2.6　車体荷重の伝達機構

ちなみに、前記いずれの方式でも、軸ばねから先にある質量は、走行中軌道に直接変動負荷を与えるため**ばね下質量**●6と呼ばれ、軌道保守の立場からは軽減が求められます。「ばね上」はばねの伸縮によって荷重変動が緩和されます。

ボルスタ付き台車では、車体荷重は心皿と側受により台車に伝えられますが、台車によっては、車体荷重はすべて側受で受け、心皿は台車回転中心機能のみを果たすものもあります。一方、ボルスタレス台車には、車体荷重を支えながら車体との摩擦によって台車の左右動を抑制する機能を持つ側受や心皿機構、さらには台車で発生した駆動力やブレーキ力をまくらばりから車体に伝達するボルスタアンカなどもなく、低横剛性空気ばねがまくらばりとして車体の全荷重を支え、けん引装置（図2.6参照）が台車に発生した前後力を車体に伝えます。

ボルスタレス台車は、わが国では台車構造の簡素化と軽量化を目的として、1980（昭和55）年に東京の帝都高速度交通営団（現在の東京地下鉄）8000系電車（図2.7）に初めて実用化、以来、300系新幹線電車にも採用されるなど旧国鉄・JRを中心に急速に普及していきました。

図2.7　帝都高速度交通営団（現在の東京地下鉄）8000系電車（提供：東京地下鉄）

2.2 台車枠材料から見た台車の変遷

1872(明治5)年、新橋―横浜間に日本で初めて鉄道が開設されてから40年ほどの間、台車は輸入に依存していましたが、1912(明治45)年頃より、使用部品や部材のほとんどを国産品とする本格的な国産化が始まりました。図2.8[2)]に、初期の国産化台車の例として鉄道省の電車用DT10形台車を示します。釣り合いばり(イコライザー、図2.8の30)と呼ばれる梁を前後の軸箱上に渡した構造の台車で、それまで輸入していた欧米の台車構造を模倣したものでした。

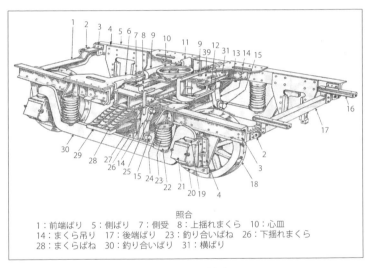

照合
1：前端ばり　5：側ばり　7：側受　8：上揺れまくら　10：心皿
14：まくら吊り　17：後端ばり　23：釣り合いばね　26：下揺れまくら
28：まくらばね　30：釣り合いばり　31：横ばり

図2.8　DT10形台車

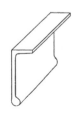

図2.9　球山形鋼

2章 台 車

　この台車の枠（台車枠）は、球山形鋼によって製造された側ばり（図2.8の5）、溝形鋼による横ばりおよびL形鋼による端ばりをリベットによって接合して組み立てられました。球山形鋼は図2.9に示すように先端が球状に膨らんだ断面を持ち、主として船舶構体用の材料として使用されていましたが、第一次世界大戦が終わると船舶需要が大幅に減ったために製鉄所では製造中止となり、側ばりに平鋼やI形鋼などを使用した台車枠が製造されるようになりました。

　台車枠に鋳鋼を用いると、部品点数を減らすことができる、リベット・ボルト・溶接などによる接合箇所が減るため信頼性の向上を図ることができ、かつメンテナンスの工数を減らすことができる、剛性の向上を図ることができる、などの利点があります。側ばり、横ばり、端ばりなどを完全に一体化した一体鋳鋼台車枠は、昭和初期にアメリカのペ

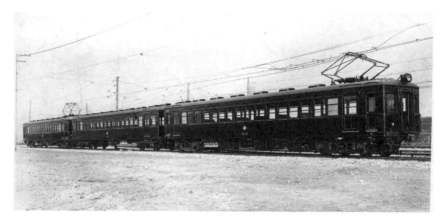

図2.10　参宮急行電鉄2200系電車（提供：近畿日本鉄道）

図2.11　KS-76L形台車（提供：新日鐵住金）

48

ンシルバニア鉄道ではすでに実用化されていましたが、当時の国内事情から鉄道省では、I形鋼製側ばり、鋳鋼製軸箱もり(軸箱は、ばねを介して車体の重さ受け、車軸軸受を防塵と潤滑するための外箱、図5.3参照)、鋳鋼製横ばりおよび鋳鋼製端ばりをリベット接合により組み立てたDT12形電動台車およびTR23形付随台車などが製造されました。鋳鋼とは**鋳鉄**●21より炭素量が少なく融点の高い鋼を鋳造したものです。なお、1928(昭和3)年から南満州鉄道(満鉄)向けに住友製鋼場製の一体鋳鋼製台車枠が製造・納入され、また1930年には私鉄の参宮急行電鉄(現在の近畿日本鉄道、図2.10)向けに一体鋳鋼製台車が製造・納入されていました3)。図2.11は、参宮急行電鉄2200系電車付随車向けのKS-76L形一体鋳鋼製台車を示します。

　国鉄初の一体鋳鋼製台車は、1952(昭和27)年に80系電車や70系電車用などに、DT17形電動台車(図2.124))およびTR48形付随台車として製造されました(DT:電動台車、TR:付随台車)。80系電車は、1950(昭和25)年に湘南電車として登場したのですが、これに用いられた当初のDT16形およびTR43形台車は、軸箱もりを一体とした鋳鋼側ばり、鋳鋼横ばりおよび鋳鋼端ばりをボルト接合して組み立てられました。図2.135)はDT16形台車の台車枠図を示します。図中、○で囲った側ばりと横ばりの接合部、および側ばりと端ばりの接合部にボルトを見ることができます。なお、DT16形台車の側ばりと横ばりの材料は、JIS G 5101「炭素鋼鋳鋼品」の3種 SC46、端ばりの材料は2種 SC42であり、DT17形台車の台車枠はSC46の一体品です。表2.1に、1924(大正13)年に制定されたJES 6「鋳鋼品」(戦前:日本標準規格、戦後:日本規格)以降の、SC42およびSC46に関連する規格の主な変遷を示します。

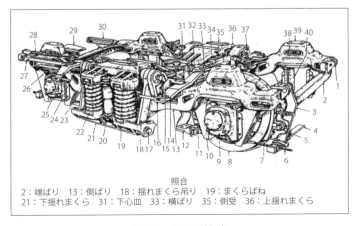

図2.12　DT17形台車

2章 台車

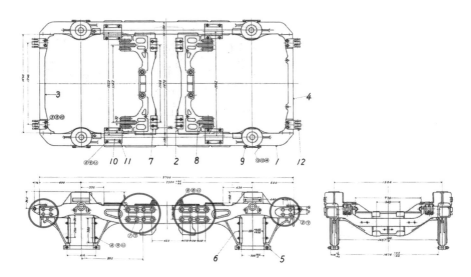

図2.13　DT16形台車の台車枠

表2.1　鋳鋼品SC42およびSC46に関する規格の変遷

規格		種類	記号	化学成分規格値〔%〕					機械的性質規格値				曲げ試験
				C	P		S		降伏点 kg/mm² [MPa]	引張強度 kg/mm² [MPa]	伸び 〔%〕	絞り 〔%〕	
					酸性炉	塩基性炉	酸性炉	塩基性炉					
JES 6「鋳鋼品」	1924年3月制定 ※1	第一種	—	—	≦0.065	≦0.055	≦0.060	≦0.060	—	41〜55	≧20	—	有
		第二種	—						—	45〜57	≧15	—	
新JES金属5101「鋳鋼品」	1947年4月制定	鋳鋼品1種	SC41	—	≦0.065	≦0.055	≦0.060	≦0.060	—	41〜57	≧20	—	有
		鋳鋼品2種	SC45						—	45〜57	≧15	—	
JIS G 5101「炭素鋼鋳鋼品」	1954年3月制定	炭素鋼鋳鋼品2種	SC42	—	≦0.050		≦0.050		—	≧42	≧24	≧35	有
		炭素鋼鋳鋼品3種	SC46	—					—	≧46	≧22	≧30	
	1969年2月改正 ※2	2種	SC42	—	≦0.050		≦0.050		≧21	≧42	≧24	≧35	無
		3種	SC46	—					≧23	≧46	≧22	≧30	
	1991年3月改正 ※3	—	SC410	≦0.30	≦0.040		≦0.040		[≧205]	[≧400]	≧21	≧35	無
		—	SC450	≦0.35					[≧225]	[≧450]	≧19	≧30	

※1　1932年12月記号制定（第一種→SC41、第二種→SC45）。
※2　1984年10月改正時に炭素量の規定を追加（SC42：C≦0.30、SC46：C≦0.35）。
※3　SI単位化。

2.2 台車枠材料から見た台車の変遷

ところで、80系電車のモハ80013には、1946(昭和21)年に始まった高速台車振動研究会の成果に基づく、川崎車両(現 川崎重工)製の軸はり式軸箱支持機構を持つOK-4形電動台車が試用されています。この台車は一体鋳鋼製ではありませんが、台車枠、軸はり、上揺れまくらには2%のマンガン(Mn)を含有するマンガン鋳鋼が使用されました。これは、台車枠を軽量かつ強靭にするためで、**機械的性質**●14として**引張強さ**●14-6 77kg/mm², **伸び**●14-7 19%を示し、SC46のような普通鋳鋼の約2倍の強度がありました[6]。OK-4形電動台車はモハ80013で試用されたのち、架線試験車モヤ4700(のちのクモヤ93000、図2.14)に転用され、同車は1960(昭和35)年11月に、当時の世界最高速度である175km/hを達成しました。

鋳鋼製台車枠は長所も多かったのですが、はりの厚さの制御が難しく台車が重くなるなどの問題があり、鋼板溶接技術の進歩と相まって、上述のDT20形や1956(昭和31)年に製造された80系電車用DT20A形(図2.15[7])では、厚さ12mmの一般構造用圧延鋼材SS41による溶接構造となりました。ただし、付随台車は最後の製造(1958年)までTR48形でした。表2.2に、SS41に関する規格の主な変遷を、1925(大正14)年に制定されたJES 23「鉄道車両用圧延鋼材」に遡って示します。

1956(昭和31)年に米原―京都間の電化が完成したことにより、東京―神戸間の東海道本線全線での電化が達成され、国鉄は、東京―大阪間を7時間半で結ぶ特急列車「つばめ」

図2.14 モヤ4700形架線試験電車(提供:鉄道博物館)

2章 台車

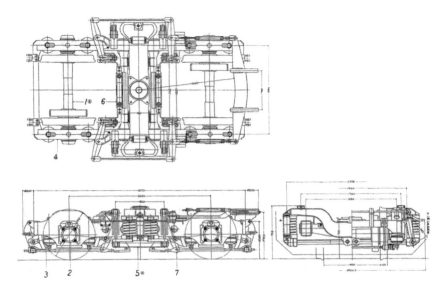

図2.15　DT20A形台車

表2.2　一般構造用圧延鋼材SS41に関する規格の変遷

規格 ※1		記号	化学成分規格値〔%〕				機械的性質規格値				左記適用板厚〔mm〕
			P		S		降伏点または耐力 kg/mm² [MPa]	引張強度 kg/mm² [MPa]	伸び〔%〕	曲げ試験	
			平炉または電気炉	転炉	平炉または電気炉	転炉					
JES 23	1925年3月制定	R39 ※2	≦0.060		≦0.060		—	39～47	≧21	有	9≦t
JES 430 ※3	1938年12月制定	SS41 ※4	≦0.060	≦0.080	≦0.060	≦0.060	—	41～50	≧17	有	9≦t
新JES 金属3101	1948年6月制定	SS41	≦0.060	≦0.080	≦0.060	≦0.060	—	41～50	≧17	有	9≦t
JIS G 3101	1952年3月制定	SC41	≦0.060	≦0.080	≦0.060	≦0.060	≧23	41～50	≧20	有	9≦t
	1966年7月改正	SC41	≦0.050		≦0.050		≧25	41～52	≧17	有	5<t≦16
	1995年11月改正 ※5	SC400	≦0.050		≦0.050		[≧245]	[400～510]	≧17	有	5<t≦16

※1　・JES 23：鉄道車両用圧延鋼材
　　・JES 430、JES 金属3101、JIS G 3101：一般構造用圧延鋼材
※2　1925年の制定時は第二種とのみ記載されていたが、1927年頃に記号が付された。1932年、記号をSR39に改訂。
※3　戦時下であるため臨JES 280が1942年6月に制定され、1944年には改正されて臨JES 281となって1948年6月制定のJES 金属3101まで用いられた。臨JES 281では、P、Sの規格値が0.010%緩められ、引張強度の範囲が拡げられるとともに伸びの下限が1%引き下げられた[8]。
※4　従来の「SS」材「SM」材、「SB」材、「SR」材を統合して「SS」材に一本化。
※5　SI単位化。

2.2 台車枠材料から見た台車の変遷

図2.16　151系特急電車（乗車記念絵はがきより（1958年））

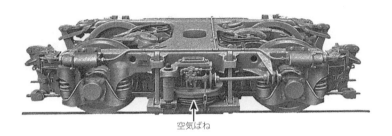

図2.17　DT23形台車

の運行を開始しました。当初、この列車は電気機関車けん引の客車列車でした。1957（昭和32）年に国鉄新製能電車の嚆矢となった90系電車（車両称号規程改正により101系電車に改称）の成功を受けて、東京―大阪間を6時間半で結ぶ電車特急の運行が計画され、90系電車の基本システムを踏襲した20系電車（車両称号規程改正により151系電車に改称）による特急「こだま」が1958（昭和33）年より営業運転を開始しました（図2.16）。

この151系電車に使用された台車は、新性能電車用新型台車の嚆矢とされ、101系電車に採用されたDT21形台車をベースとして、図2.17[9]に示すように、まくらばねに空気ばねを使用したインダイレクトマウント方式のボルスタ付きDT23形台車でした。この台車には、空気ばね採用以外にも、それまでの台車にはなかった新しい試みがなされていました。DT21形台車では、台車枠は側ばり・横ばりとも板厚9mmのSS41でしたが、側ばりおよび横ばりの鋼板厚さ6mmに低減、横ばりは従来のSS41、側ばりには自動車構造

53

表2.3　協定規格「自動車構造用熱間圧延鋼板」のうち4種APH45の規格値

種類	記号	化学成分〔%〕					機械的性質			
		C	Si	Mn	P	S	降伏点 kg/mm²	引張強度 kg/mm²	伸び〔%〕	曲げ試験
4種	APH45	—	—	—	≤ 0.04	≤ 0.04	≥ 31	≥ 45	≥ 34	有

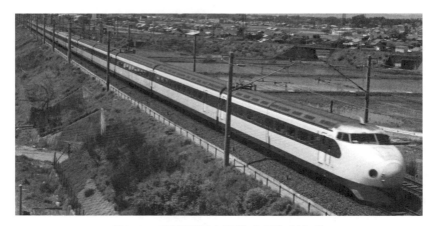

図2.18　0系新幹線電車（提供：久須美 康博 氏）

用熱間圧延鋼板APH45を適用。さらに、中空車軸（4.2.3項参照）も使用して軽量化を狙ったのです。APHは、自動車工業会と鉄鋼業界による協定規格として「自動車構造用熱間圧延鋼板」が1961年に制定されてからの種類記号で、それ以前はFAPと呼ばれていました。

表2.3は協定規格「自動車構造用熱間圧延鋼板」のうち、第4種 APH45の化学成分および機械的性質の規格値を示します。1970（昭和45）年1月には、この協定規格をもとにしてJIS G 3113「自動車構造用熱間圧延鋼板および鋼帯」が制定されました。

APH45の適用は、軽量化のために高強度で加工性に富む材料として自動車用鋼板での実績を踏まえたものでした。ところが、1963（昭和38）年に、このような台車の改良版であるDT23A形台車の台車枠の溶接部に疲労き裂が発見されました。き裂は走行距離が100万kmを超えた台車枠の多くに発生し、溶接の**熱影響部**[12-7]の脆化や**残留応力**[11]の存在、さらには走行中の動荷重などが発生原因とされました[10]。そこで、すでに使用されていたDT23形台車の置き換え用として、さらに以降の新車用として新製されたDT23形台車の側ばりは、板厚9mmのSS41に戻されました。

1964（昭和39）年に開業した東海道新幹線の0系電車（図2.18）の台車は、当初DT200と

図2.19　DT201形台車（鉄道博物館展示物／撮影：石塚）

図2.20　200系新幹線電車（提供：鉄道博物館）

称され、台車枠の主要構造である側ばりと横ばりには板厚9mm、端ばりには板厚6mmのいずれもSS41が使用されました。約10年の使用実績を踏まえて、1976（昭和51）年に投入された0系新幹線電車第22次車以降の台車はDT200Aとなり、台車枠の材料には**溶接性**[15-2]に優れる溶接構造用圧延鋼材SM41Bが使用されることになりました。その際、端ばりの板厚は9mmです。図2.19に、1982（昭和57）年に営業運転を開始した東北新幹線の200系電車（図2.20）用DT201形台車を示します。

　この台車はDT200Aとほぼ同等のもので、台車枠にはSM41Bが使用されましたが、端ばりの板厚は6mmに戻され、まくらばりにはアルミニウム合金押出形材のA7N01-T5（T5は熱処理記号）が使用されました。

溶接構造用圧延鋼材は、もともと船舶構造用に開発された材料で、炭素(C)、ケイ素(Si)、マンガン(Mn)の含有量と、種類によっては**炭素当量**●16を規定している点が一般構造用圧延鋼材とは異なります。一般に、鋼は炭素量が多くなると焼きが入りやすくなり強度は増しますが、**靭性**●17(ねばさ)がなくなります。溶接**熱影響部**●12-7が硬くなり過ぎると脆くなるので、溶接構造用圧延鋼材SM○○A、B、C材が開発されました(○○は数字)。ここで、MはMarine(海洋)を意味し、A、B、Cは靭性の保証程度を表します。A材、B材、C材の順に炭素の含有量が低く規定され、厚さ12mmを超えるB材とC材については靭性の指標となる**シャルピー衝撃値**●18が規定されています。

鉄道車両用台車の設計・製造方法や台車枠に使用する材料に関する規格は、国家規格であるJESおよびJIS、日本国有鉄道規格であるJRSともに長い間存在せず、1974(昭和49)年8月に制定されたJIS E 4047「鉄道車両用アーク溶接継手設計方法」が最初となるものでした。この規格は台車枠だけではなく、構体やその他の溶接構造物全般に適用されましたが、本文中に原則として使用する材料の一覧表が掲載されています。同表を見ると、台車枠用の母材として、当時のJIS番号と名称で、G 3101「一般構造用圧延鋼材」のSS41、G 3106「溶接構造用圧延鋼材」のSM41A、G 3114「溶接構造用耐候性熱間圧延鋼材」のSMA41A、G 5101「炭素鋼鋳鋼品」のSC46などがあげられています。

1984(昭和59)年1月に台車枠設計に関する初めての規格として、JIS E 4207「鉄道車両用台車枠の設計通則」が制定され、そこでは、材料としてJIS E 4047とほぼ同様の、G 3101「一般構造用圧延鋼材」のSS41、SS50(新たに追加された)、G 3106「溶接構造用圧延鋼材」のSM41、G 3114「溶接構造用耐候性熱間圧延鋼材」のSMA41、G 5101「炭素鋼鋳鋼品」のSC46、さらに新たにG 5102「溶接構造用鋳鋼品」のSCW49などが記されています(耐候性鋼材については、11.2.3項参照)。

JIS E 4207は、1992(平成4)年のSI単位導入に伴う改正などを経て、2004(平成16)年には大きな改正が行われ、名称は「鉄道車両-台車-台車枠設計通則」となりました。この規格では、材料はJIS G 3106「溶接構造用圧延鋼材」のSM400・SM490・SM520、JIS G 3114「溶接構造用耐候性熱間圧延鋼材」のSMA400・SMA490・SMA520(ただし、2008年に改正されたG 3114にSMA520はなく、代わりにSMA570が記載されている)、JIS G 5102「溶接構造用鋳鋼品」のSCW410、SCW450、SCW480となり、「一般構造用圧延鋼材・SS材」が消えました。ただし、JIS E 4207に記載されていない材料は使用できないわけではなく、たとえば図2.2に示した台車枠の横ばりには、JIS G 3445「機械構造用炭素鋼鋼管」のSKTM円管が使用されています。

◆「2章 台車」参考文献

1) 宮本昌幸：『鉄道車両の科学 : 蒸気機関車から新幹線まで車両の秘密を解き明かす』ソフトバンククリエイティブ，p.75（2012）
2) 伊藤正治：『最も新しい図解電車』交友社，p.603（1953）
3) 永島菊三郎：「台車の設計製造並に之に関する研究の歴史」，『扶桑金属』3巻3号，pp.112-121（1951）
4) 工作局修車課 監修：『車両検修技術台車・輪軸編〔Ⅰ〕』日本国有鉄道工作局，p.112（1977）
5) 日本国有鉄道臨時車両設計事務所（電気車）編集：『電車用台車図面』，p.10（1958）
6) 堀内茂：「新しい電車の知識（28）」，『電気車の科学』5巻9号，pp.27-29（1952）
7) 日本国有鉄道臨時車両設計事務所（電気車）編集：『電車用台車図面』p.93（1958）
8) 大和久重雄：「JIS鉄鋼の変遷（2）」，『熱処理』25巻3号，pp.170-171（1985）
9) 日本国有鉄道「ビジネス特急電車パンフレット」p.18（1958）
10) 川崎之宏：「特急「こだま」形電車の台車きず入りと対策」，『電気車の科学』17巻1号，pp.7-11（1964）

3章
車輪

車輪には、その構成の違いからタイヤ車輪と一体車輪があります。タイヤ車輪は一種の組立て車輪で、1872（明治5）年、鉄道開業時には機関車をはじめ車両にはタイヤ車輪が使われていました。当時は、木材を使ったタイヤ車輪も一部にありましたが、使用条件が厳しくなるにつれて、特にタイヤは鋳鉄から鋳鋼、鋼と材料の高強度化が進んできました。タイヤ車輪の時代は永く続きましたが、1950年代になって摩耗、強度ならびに扱いなど性能面での優位性から鋼製の一体車輪が多く使われるようになりました。本章では、鉄道開業以来の車輪材料の進展について使用条件の変遷に触れながら述べることにします。

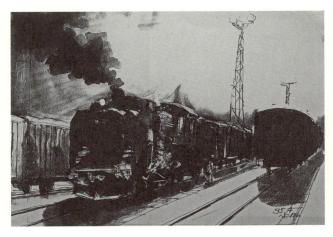

D51けん引夜行貨物列車の出発前打合せ

3章　車　輪

3.1　車輪の役割

　車輪には、その構成の違いからタイヤ車輪と一体車輪がありますが、図3.1の一体車輪のカット図で車輪各部の名称を示し、車輪の役割について述べます。

　車輪は踏面で、レールに車両重量による垂直方向の力(**輪重**[●6])を加えながら走行時には駆動力やブレーキ力などの**接線力**[●32-1]を伝達します。フランジは曲線部で車両をレールに沿って案内する役目を果たします。また、特に踏面ブレーキ方式(8.2節参照)の車両では、制輪子(ブレーキ時に車輪踏面に押し付け、発生する摩擦力を用いて車輪の回転を減速させる部品)との摺動によって発生する多量の摩擦熱を吸収、拡散する役目も兼ねています。

　一体車輪は、踏面やフランジを含むリム部、車軸と組み立てられるボス部、リム部とボス部を繋ぐ板部などからなる構造になっています。車輪材料には車両重量を支えながらレール上を転動することによって引き起こされる疲労、ならびに摩耗や擦傷、制輪子の摺動による熱的損傷など、強度と耐摩耗性に加え、耐熱性、靭性など多面的な性質が要求されます。

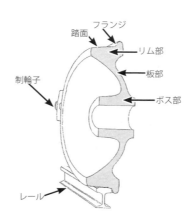

図3.1　一体車輪のカット図

3.2 タイヤ車輪

3.2.1 鉄道開業時の機関車のタイヤ車輪

　国鉄では、1952（昭和27）年になって**鍛造**[29-4]、**圧延**[29-3]によって造られる一体圧延車輪が使われるようになりましたが、それ以前は古くからタイヤ車輪が多く使われていました。

　鉄道開業の後にイギリスから輸入された2120形蒸気機関車（図3.2）には、タイヤ車輪が使われていました（ただし、客車には1章で触れたマンセルホイールが使われていました）。図3.3に、タイヤ車輪と一体車輪の形状を示します。

図3.2　スポーク輪心のタイヤ車輪を装備した2120形蒸気機関車（提供：三竿 喜正 氏）

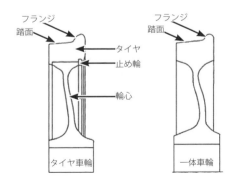

図3.3　タイヤ車輪と一体車輪

タイヤ車輪は、一体車輪のリム部に相当するタイヤと、板部からボス部に至る輪心と称する部品とにより構成されています。走行中にタイヤの輪心からの脱出を防ぐためにタイヤと輪心の間に図3.3に見られるような止め輪を「かしめる」(タイヤと輪心を組み立てた後、タイヤ内径面に設けた溝に止め輪を挿入し、加圧加工によりタイヤ/止め輪/輪心間を密着させる)方法、あるいは近年ではあまり使われなくなりましたが、タイヤと輪心をねじで締結する方法などが用いられています。輪心は、タイヤとは後述する「焼ばめ」、車軸とは輪心のボス部で「圧入」によって組み立てられます。輪心の形状にはいくつかの種類があり、客貨車など多くの車両のタイヤ車輪には図3.2に見られるようなスポーク(ボスからタイヤに向かって放射状に出ている細長い棒)輪心が使われていました。なお図3.3で示した輪心は近年になって用いられるようになった圧延加工によって作られた圧延輪心です。

19世紀中頃のイギリスでは、タイヤ車輪の輪心には**鋳鉄**[21]または**鋳鋼**[21-0]が、タイヤには**錬鉄**[20-1]が使われていました。1865年には、機関車のタイヤは錬鉄に替わり1856年にイギリスで発明された**ベッセマー鋼**[20-3]が使われるようになりました[1]。鋼の持つ高い強度や、硬さのためタイヤの耐久性がそれまでより向上したと記録されています。その後欧州では、良質の鋼を能率的に製造できるさまざまな製鋼法が発明され鋼の時代に突入しますが、わが国で鉄道が開業された1872(明治5)年ごろにイギリスから輸入された機関車タイヤには、このような趨勢の中で改良が進められた鋼が使われていたのです。

タイヤと輪心の「焼ばめ」では、タイヤの内径と輪心の外径との間に「締めしろ」(タイヤ内径が輪心外径よりわずかに小さい状態)を与え、タイヤを適当な温度に加熱して内径が拡大した状態で輪心にはめ込みます。タイヤは、冷却すると締めしろに相当する緊迫力で輪心を締め付けます。タイヤ厚さが薄くなると、ブレーキ熱やレール上での転動により締めしろが低下することによりタイヤと輪心とのはめ合いが緩み、タイヤ緩みが起きることがあります。

車軸と輪心の「圧入」では、輪心の車軸孔の内径と車軸の外径との間に締めしろを設けた状態で、圧入面の摩擦を下げるために潤滑剤を塗布し、油圧を用いて車軸を輪心の車軸孔に押し込みます。なお3.3節で述べる一体車輪の場合も、車軸との組立てには圧入法が使われています。

3.2.2　国産のタイヤ車輪

1906(明治39)年には官営八幡製鉄所がイギリスから輸入したジャクソン(Jackson)式タイヤ圧延機でタイヤの生産を開始しました。1912(明治45)年頃には機関車は国内で

製造する方針が立てられ[2]、本格的な国産初の蒸気機関車9600形が1913(大正2)年に製造されています(図3.4)。当時の政府は、鉄道車輪、車軸、タイヤの輸入には高い関税を掛けて国内産業を保護しましたが[3]、生産力や品質などの点で機関車の製作には材料や部品の多くを海外からの輸入に頼らざるを得ない状況でした[4]。1919(大正8)年には住友鋳鋼所(現在の新日鐵住金大阪)がアメリカのエッジウォーター(Edge Water)式圧延機でタイヤの生産を始め、国産タイヤの供給力が徐々に高まりました。

　この時期に使用された車輪は、鐵道院設立の1908(明治41)年以降に発効になった鐵道院鐵道用品仕様書(表3.1)に謳われています[5](p.80の「Column B」参照)。当時の車輪には、鋳鋼車輪、鋳物車輪(**チルド鋳物**●[21-5])、ならびにタイヤ車輪があり、タイヤ材は客貨車用と機関車用として別々に規定されています。表中の「輪鐵」とはタイヤのことです。なお鋳鋼車輪、鋳物車輪とも鋳造製の一体車輪ですが、本章の後半で主に述べる一体車輪は

図3.4　本格的な国産初の蒸気機関車9600形(提供：三品 勝暉 氏)

表3.1　車輪材料の鐵道院仕様書

車輪	材料種別	引張試験		実物落重試験	備考
		引張強さ σ_B 〔kg/mm²〕	伸び ε〔%〕		
鋳鋼製客貨車車輪	硬鋳鋼品	49〜60	≧12	なし	
鋳物車輪	チルド鋳物品	—	—	あり	※1
鋳鋼輪心	軟鋳鋼品	36〜43	≧20	なし	
機関車、炭水車輪鐵	最硬鋼品	≧69	≧10	あり	P, S≦0.045%, $\sigma_B + 2\varepsilon \geq 95$
客貨車輪鐵	中硬鋼品	59〜69	≧12	あり	P, S≦0.045%, $\sigma_B + 2\varepsilon \geq 94$

※1　全炭素=3.5%、ケイ素=0.70%、マンガン=0.40%、リン=0.50%、硫黄=0.08%、チル深さ8〜25mm

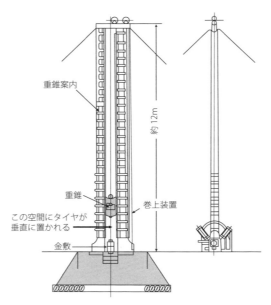

図3.5　タイヤ落重試験機

鍛造・圧延製の一体車輪のことです。**機械的性質**[14]は、**引張試験**[14-1]と実物の落重試験などによって求めること、特に鋳物車輪は標準的な化学組成が推奨され、金属組織(**チル深さ**[21-5])が規定されています。タイヤには鋼が使われ、機関車用には「最硬鋼」を、客貨車用には「中硬鋼」を用い、さらに鋼の**靭性**[17]を確保するために、リン(P)および硫黄(S)などの不純物元素の上限は0.045％と決められています。なお$\sigma_B + 2\varepsilon \geq 95$(または94)は、タイヤの**引張強さ** σ_B [14-6]と**伸び** ε [14-7]とのバランスを維持するために設けられた規定で、タイヤに対してはより高い品質確保が図られていました。鋳物車輪、鋳鋼車輪などの仕様書は、材質、形状、試験など個々の項目からなる製品としての仕様書となっています。一方、機関車および客貨車用タイヤは硬鋼類を用いますが、この鋼種の規定はp.80の「Column B」を参照してください。客貨車、機関車タイヤのいずれに対しても義務付けられている実物の落重試験は、タイヤが衝撃的な負荷を受けた際の破損に対する安全性を保証するための試験です。試験機は図3.5のような構造で、タイヤを重量のある金敷上に垂直に固定し、重量1トンの重錘の落下高さを徐々に増やしながらタイヤ頂部に打ち続け、これをタイヤ内径のひずみが規定値になるまで繰り返し、試験後の破壊やその他欠損の発生を調べる試験[6]です。なお落重試験は現在のタイヤJIS規格の中でも規定されています。

3.2.3　タイヤフランジの摩耗防止対策と損傷の発生

1920年代初期（大正12〜13年頃）に、タイヤフランジの摩耗を防止するために、鉄道省内に設けられた研究会でタイヤ摩耗の実態調査が実施され、摩耗防止対策が検討されました[7]。図3.1で述べましたが、フランジは車両をレールに沿って案内する働きをしているので、特に曲線区間ではレールとの摩擦で摩耗が起きやすい箇所です。イギリスの規格に準拠していた鉄鋼材料規格をドイツの規格に変更したため車輪強度が低くなり、それが車輪の摩耗が著しくなった理由になったといわれています[8), 9)]。図3.6[8)]にタイヤ製作時の炭素量の実績値を示します。当時の仕様書には炭素量の規定値はありませんが、1920年代半ば（大正15年ごろ）からタイヤの炭素含有量は徐々に増え始め、1932（昭和7）年になって0.7％に近づいていますが、この推移はタイヤの摩耗を軽減するために炭素量を増やしてきたことの現れと思われます。

軌道側、車両側でさまざまな摩耗防止対策が講じられ、特にタイヤについては軌条（レール）散水装置、海外から取り寄せた「輪縁（フランジ）給油器」（現在のフランジ塗油器）、試作した「フランジ焼入れ」装置、ならびに「熱処理タイヤ」などによる摩耗防止効果が実際の機関車で数年を掛けて調べられています[7)]。「フランジ焼入れ」は、車輪を回転させながらフランジ部分を酸素-アセチレンガスで加熱、直後に冷却水を噴射して**焼入れ**●22-1を施し、タイヤの耐摩耗性を上げる施工法[10)]です。熱処理タイヤは、**焼入焼戻し**●22-2により引張強さを85kg/mm^{2}以上、伸びを15％以上と強靱化したタイヤ[8)]です。また輪縁給油器は、機関車が曲線部を走行するときに発生しやすい車輪フランジとレールコーナ部の摩耗を防止するために潤滑油をフランジに塗布する装置です。長期にわたる試験のあと、熱処理タイヤで良好な摩耗防止効果が認められています。また、フランジ摩耗を起

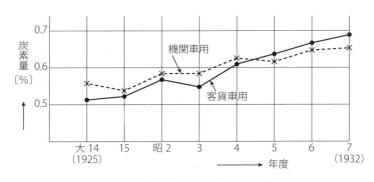

図3.6　タイヤ鋼炭素量の製作実績

こした箇所をあらかじめ特殊な溶接金属で補修(**盛金**●39溶接といいます)する「フランジ盛金11)」が行われました。摩耗したタイヤを旋盤加工によりもとの形状に削正修復する際に、フランジが摩耗していると修復に必要な車輪削正量が大きくなるので、削正作業に先だってあらかじめこの部分を**肉盛**●39により必要な形状に修復しておく施工法8)です。

　上で述べたさまざまな摩耗防止対策が実際の機関車に適用されましたが、そのなかでタイヤの割損(円環状のタイヤが破断すること)が多く見られました。1930(昭和5)年から1936(昭和11)年までの間に発生した157件のタイヤ割損について鉄道大臣官房研究所(現、鉄道総研の前身)で調査12)を行いました。その結果、発生は機関車をはじめ多くの車両に及んでおり、特に**輪重**●6(車輪がレールに与える垂直方向の力)ならびに速度も大きい機関車動輪の発生率が最も高い状態でした。割損原因は、フランジ焼入れあるいはフランジ盛金溶接などによる熱影響の不具合が全体の40％を占め最も多く、次いでタイヤ製造上の材料欠陥が27％でした。タイヤ製造上の材料欠陥としては、巣(鋳造時にできる空洞)や**偏析**●20-14(ある元素が均一に分布せず偏って集まること)などの**鋼塊**●20-8不良や鍛錬(**鍛造**●29-4、**圧延**●29-3などによって鋼材の機械的性質を向上させること)不足による異常な**金属組織**●23が指摘されていますが、以下ではタイヤ割損の最も大きな原因となった熱影響による不具合について述べます。

　フランジ焼入れやフランジ盛金では、タイヤ踏面が局部的に温度上昇を起こすため、場合によっては施工後に割れや引張りの**残留応力**●11が発生することがあります。タイヤと輪心は「締めしろ」をもってはめ合っているので、その状態でタイヤにはすでに引張りの応力が発生した状態になっています。直径が860mm、厚さが63mmの普通使われている客貨車用タイヤ車輪を対象に、軸と輪心を規定の締めしろ比(はめ合い直径に対する締めしろの値の比)で圧入、またタイヤと輪心も規定の締めしろで焼ばめにより組み立てたときのタイヤ各部に発生する応力が計算されています13)。これによれば、踏面には最大で約15kg/mm^2(147 MPa)の引張応力が発生します。さらに、フランジの焼入れや盛金のようにタイヤ踏面を円周方向に加熱を続けると冷却後にはタイヤの円周方向に引張りの残留応力が発生することがあります。このように応力の重畳によってタイヤ割損が発生しやすくなります。またタイヤは高炭素鋼で良好な耐摩耗性を持つのと裏腹に靱性が低めで、特に局部加熱・冷却の熱サイクルで焼きが入りやすく、脆くなる性質があります。フランジの焼入れや盛金はいずれもフランジ摩耗に対処するために開発、考案された施工法で、装置、施工法、技能などが未だ不備であったこともタイヤ割損の背景にあったと思われます。なお、その後一体車輪の時代になって、フランジ盛金は経済性もさることながら車輪の信頼性低下の理由で禁止に至りました8)。

このときのタイヤ割損には、材質不良が二次的な影響では関与しましたが、タイヤ仕様書あるいは規格の修正には至っていません。

3.2.4 タイヤ/レール材組合せ摩耗試験

3.2.3項で述べた現車による摩耗対策試験と並行して、フランジ摩耗防止のための車輪/レール材の組合せを考慮した材料研究が進められました。

1925（大正14）年に鈴木・若杉は、タイヤとレールの摩耗を軽減するためにタイヤ材とレール材の最適組合せを調べました[14]。炭素量を0.11～0.98％の間で変えた鋼同士を組み合わせ、考案したすべり摩耗試験機を使って乾燥下の摩耗試験を行いました。一対の円環状試験片の端面同士を摺動させる摩耗試験で、その際のすべり速度（接触回転している相互の試験片の速度差）はフランジ/レール間のすべり速度（フランジとレールの接触点における両者の速度差）を用いています。その結果、試験片間の**摩擦係数**●32-2が一定の下では、それぞれの摩耗量は両試験片の炭素量の組合せ次第で増減しますが、一方の炭素量が0.5％以上であれば、車輪、レールとも炭素量が高いほうが両者の摩耗の和は少なくなる可能性を示しました。

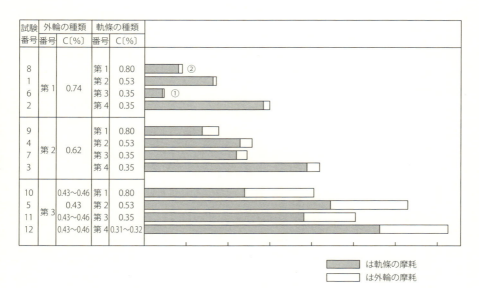

図3.7 軌條（軌条）と外輪の組合せによる摩耗量

1925(大正14)年には、荒木・斎藤らも別の研究手法を用い、車輪/レールの相互摩耗に関する実験を始めています[15]。荒木らは、試験軌道上を試験電車が走行する大規模な試験設備を設け、さまざまな炭素量のタイヤ材とレール材の組合せでタイヤ/レールの摩耗試験を実施しました。この試験設備は、30キロレール(1m当たりの重量が30kgのレール)からなる直径が約24mの円形軌道上を、直径280mmのタイヤ車輪に輪重500kg(4.9kN)を負荷した小型電車を走行させる摩耗試験です。摩耗試験では、タイヤ材3鋼種とレール材4鋼種を組み合わせ、一定距離を走行した後の両者の摩耗量を計測しました。その結果、図3.7[15]に示すようにタイヤ、レールの摩耗量の和が最も少なくなるのは、タイヤ側がレール側よりC%(炭素量)が高い、すなわち**硬さ**●30の高い場合(図3.7内の①)で、ついで両者の硬さが最も高い場合(同②)であることが明らかになりました。このうち、①はレール強度の点で問題があり、結局、摩耗量を少なくするためには両者とも硬い場合であると述べています。なお当時は、タイヤを「外輪」、レールを「軌條」と呼んでいます。

　研究手法は大きく異なりますが、上記いずれの研究成果もタイヤ、レールともに実際的な範囲で高炭素鋼を使うことが両者の摩耗量の和が小さくなる可能性を示しました。

3.2.5　耐摩性向上に向けたタイヤ規格の制定

　以上の結果から、タイヤは炭素量を高くしたほうが自らの摩耗はもちろん、レールの摩耗も少なくなることが示され、1932(昭和7)年には、表3.2に示す日本標準規格(JES)第168号炭素鋼外輪[16]にこれらの成果が反映されました。

　JES規格は現在のJIS規格の前身で、1921(大正10)年に当時の商工省に工業品規格統一調査会が設置され工業製品の規格設定や統一の審議が始まり、鉄道車輪関係では上の第168号が初めての規格です。前述の鐵道院仕様書(表3.1)と比べると大きな違いが認められます。第168号規格、"炭素鋼外輪"は、総則、製造法、化学試験、引張試験および落重

表3.2　JES第168号炭素鋼外輪規格の制定

外輪	引張試験		P〔%〕		S〔%〕		落重試験
	引張強さ σ_B 〔kg/mm²〕	伸び ε 〔%〕	酸性炉	塩基性炉	酸性炉	塩基性炉	
機関車動輪	≧80	$(130-\sigma_B)/4$ 以上、ただし、≧10	≦0.055	≦0.045	≦0.050	≦0.050	あり
客貨車							なし

試験などの項目によって構成されており、特に製造法として"第二条　外輪ハ特ニ指定ナキ限リ平炉マタハ電気炉ニヨリ製造シタル鋼塊ヲ用イコレヲ鍛錬ノウエ圧延スルモノトス"と、前回の仕様書には述べられていない製造法を明確に規定しています。また、機関車動輪、客貨車とも、落重試験を除いて同等な扱いになっています。引張強さが80 kg/mm²(784MPa)以上とこれまでより増えていますが、これが今回の規格の目玉です。リン(P)、硫黄(S)など不純物の許容限度も製鋼法の違いを考慮して、製鋼炉が**酸性転炉**●20-3と比べ**塩基性転炉**●20-4のほうが許容限度は同程度かやや小さくなっています。なお、伸びは最小値が設けられているとともに引張強さの大きさに関連した値以上となっていますが、これは3.2.2項で述べた材料の強度と靭性のバランスを確保するための規定です。

　JES 168号はその後1948(昭和23)年に、JES 6502号炭素鋼タイヤ[17]として改訂が行われています。改訂では、引張試験における伸び(%)に加え新たに**絞り**●14-8(%)が追加され、伸びだけでなく絞りの両面からタイヤの延性を保証する考えです。

3.2.6　タイヤ損傷の発生と国鉄仕様書の改訂

　タイヤ損傷の発生が仕様書の改訂につながりました。1950(昭和25)年から3年間に発生した60件の損傷について発生原因の調査が行われました[18]。損傷の代表的な形態はやはりタイヤ割損で、縦裂と称するタイヤ踏面に円周方向に入る割れも含めると、全体の80％以上がタイヤの破断でした。割損は図3.8に示す「ブレーキバーン」(タイヤフランジ頂部で鋳鉄制輪子との摺動によって発生する熱き裂)と称する制輪子による熱き裂(温度上昇/降下の繰返しに伴う材料の膨張/収縮サイクルによって発生する疲れき裂)のことで、特に

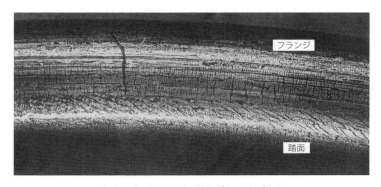

図3.8　タイヤフランジのブレーキバーン

表3.3 靱性改善のために改訂されたタイヤ仕様書SA218と従来の規格JES 6502との比較

規格、仕様書	化学成分〔%〕						
	C	Si	Mn	P		S	
				酸性炉	塩基性炉	酸性炉	塩基性炉
国鉄仕様書 SA218, (1954)	0.60〜0.75	0.15〜0.35	0.50〜0.75	≦ 0.055	≦ 0.050	≦ 0.050	≦ 0.050
JES 6502, (1948)	−	−	−	≦ 0.055	≦ 0.045	≦ 0.050	≦ 0.050

規格、仕様書	引張試験			落重試験
	引張強さ σ_B 〔kg/mm^2〕	伸び〔%〕	絞り〔%〕	
国鉄仕様書 SA218, (1954)	80〜98	≧ 10	≧ 14	あり
JES 6502, (1948)	≧ 80	$(130-\sigma_B)/4$以上。ただし、≧ 10	$(140-\sigma_B)/4$以上。ただし、≧ 10	あり

摩擦熱は表面と内部の大きな温度差により、また材料の変態に伴うひずみの発生などにより熱き裂の発生が起きやすくなる)が起点になって発生したケース[19]が多く認められました。図3.8で、フランジ頂部から踏面方向に向かって大小のき裂が見られますが、これらがブレーキバーンと呼ばれるきずです。

これ以外の割損も含め、全体の約半分は材質不良が関与したもので、引張試験における伸び、絞りなどが規定値を下回った例が30％以上もありました。また**白点**[●19-4]や**非金属介在物**[●27-1]などのタイヤの内部欠陥が原因となった例もありました。通常、タイヤ割損はタイヤ厚さが薄くなると起きやすいものですが、材質不良があると厚いタイヤでも発生しました。割損の起点がブレーキバーンでしたが、材質不良が割損に重大な影響を及ぼしたと考え、損傷の発生がタイヤ仕様書の改訂に繋がりました。

1954(昭和29)年に、タイヤの靱性向上を目標に国鉄仕様書の改定が行われました。新たな仕様書SA218[8)]を比較のため損傷発生当時の規格、JES 6502と併せて**表3.3**に示します。JES 6502では**絞り**[●14-8]の最小値が10％と規定されていましたが、靱性向上のためにSA218ではこれを14％に上げました。また引張強さの範囲に上限が設けられ、強度が増すとともに靱性が低下する材料の一般的な性質を考慮し、この点からも靱性の確保を図りました。このとき初めて、品質をより確実に保証するため、炭素(C)、ケイ素(Si)、マンガン(Mn)など鋼の主要な化学成分の組成が定められています。特に、炭素量の上限を制限したことはタイヤ割損の防止に有益であったと考えられます。なお当時のJES 6502では、溶鋼ごとに行う引張試験用試験片は、タイヤの製造鋼塊あるいは別の試験鋼塊から、または落重試験で使ったタイヤの健全部分から採取することになっていました。一方、

割損タイヤから採取した試験片の成績が、溶鋼ごとの成績と差異があることが認められ、「溶鋼ごとの引張試験はタイヤ本体から採取する[18]」、との意見がありましたが、結果的には変更なしとなりました。ちなみに、一体車輪においては1963(昭和38)年に改訂された国鉄規格[27]で、引張試験片の採取を試験鋼塊から実体車輪へと移行しています。

その後1963(昭和38)年になって、国鉄のタイヤ仕様書は、主に伸び、絞りなど延性に関する規定値に変更が行われています[20]。すなわち、引張強さの規定値が74〜98kg/mm^2(725〜960MPa)と幅広くなったのと併せて、伸び、絞りの規定値は引張強さに対応した値に変更されました。たとえば、絞りについては引張強さが74kg/mm^{2}の場合は18％以上、98 kg/mm^{2}の場合には9％以上で、中間の引張強さの場合については比例算出で決めるとの合理的なルールです。なお、同じ年に行われた一体車輪の国鉄仕様書の改訂にもこの考え方が採用されています。

以上述べてきたように、タイヤ材質は1910年代初期(明治末期から大正初期)から「耐摩耗性向上のための硬さの重視」が主要な方向でした。その後、踏面ブレーキが関与した、タイヤ熱き裂や割損が発生するようになると、その防止のためにタイヤ材質の考え方が「安全性を確保するために靭性の向上と材質清浄化」と大きく変わり、1954(昭和29)年になってタイヤ規格の改訂に至りました。1952(昭和27)年には、タイヤ車輪から一体車輪への移行の時期を迎え、タイヤ車輪の経験は一体車輪へと引き継がれていきます。

3.3　一体圧延車輪

3.3.1　一体圧延車輪の使用

国鉄では、1950(昭和25)年ごろに多発したタイヤ損傷を受けて、材質改善のためにタイヤ仕様書を改訂するとともに、タイヤの割損や緩みなどを根絶するために、タイヤ車輪から鍛造、圧延加工によって製作する一体圧延車輪(以下、一体車輪)への切替えが進められました。

国内ではすでに、1930(昭和10)年代に当時の南満州鉄道(満鉄)および朝鮮鉄道で多量の一体車輪が使用されていましたが[21]、1952(昭和27)年になって比較的タイヤ損傷が多かった[8]気動車、電車を中心に一体車輪の使用が開始されました。最初の国鉄向け一体車輪は、当時のタイヤ規格を参考にして製造されており、車輪メーカの製作記録[21]によれば、JES第168号炭素鋼外輪(1932)を参考にして製造したことが記録されています。

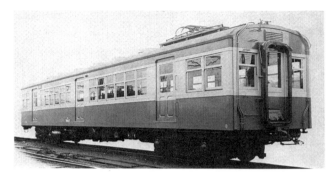

図3.9　一体車輪を初めて搭載した70系横須賀線電車(モハ70)(提供:交友社／『100年の国鉄車両3』より)

電車ではDT17形台車を装備した、横須賀線や湘南電車などに使われた70系(図3.9)、80系の電動車が一体車輪化され、一体車輪を用いることにより車輪1枚当たり60kgの軽量化になり、「一体車輪化は**ばね下質量**●6の軽減に利するところも大きい22)」と述べられています。

3.3.2　一体車輪の品質と規格の変遷

一体車輪の国鉄規格(以下、JRS)は1958(昭和33)年にJRS 14203-1として制定され、その後何回かの改訂によって車輪品質の規定内容も変わってきています。ここでは一体車輪の国鉄規格の変遷を通し、車輪品質の主要な進展について紹介します。

規格制定時は、車輪は**平炉**●20-5または**電気炉**●20-7による**キルド鋼**●20-12を素材とし、一定の大きさに分割された鋼塊に対し、十分な鍛錬効果を与えながら鍛造、圧延によって成形され、その後、所要の熱処理を行って生産されていました。後日になりますが、1985(昭和60)年には、溶鋼をいくつかの鋳型に分けて凝固させる従来の**造塊法**●20-8に代わり**連続鋳造法**●20-9が採用されるようになりました。連続鋳造ラインでは溶鋼から直接円盤状の車輪用鋼片が製造され、引き続き鍛造、圧延、熱処理によって生産されるようになりました。JRS 14203-1制定時の化学成分は炭素を含む5元素とも**表3.3**に示す当時のタイヤ仕様書SA218とほとんど同じです。機械的性質は、引張強さは800〜1 000MPa、伸びは13％以上、絞りは17％以上と規定されていますが、伸び、絞りは引張り強さに対応した値にはまだ規定されていませんでした。なお、溶鋼ごとに行う引張試験の試験片の採取方法は、まだ車輪本体から採取する方法ではなく、同一ロット(平炉、転炉などの一溶解

表3.4　国鉄規格(JRS 14203-1,1958)制定時の一体車輪の種類

種類	記号	摘要	踏面ショア硬さ
1種	STY80W-1	踏面に熱処理を施さない車輪	—
2種	STY80W-2S	踏面に熱処理を施す車輪	37～45HS
	STY80W-2R		46～52HS

分)の溶鋼から採取する(少量をすくい取り試験片鋳型に鋳造、削正して所定の試験片にする)ことになっていました。

このときに定められた一体車輪の種類を表3.4[23]に示します。1種車輪のSTY80W-1は、圧延後に白点防止や過大な残留応力の発生を防ぐために、一種の徐冷処理である「調整冷却」(加熱温度の低い炉に入れる、低温に至るまで冷却時間を長く取る、などの冷却操作)をしたままの状態の車輪で、圧延のままの車輪、通称「アズロール(as-rolled)車輪」と呼ばれています。上で述べた機械的性質は1種車輪リム部の指定位置から採取した引張試験片によるものです。2種車輪のSTY80W-2Sと-2Rは、さらに踏面に焼入焼戻しを施した熱処理車輪です。2S車輪は焼入れ時の踏面への水冷を緩やかに行う**スラッククエンチ**●22-3(slack-quenched)車輪(通称SQ車輪)、一方2R車輪は踏面への水冷を連続的に行い急冷却する「リムクエンチ」(rim-quenched)車輪(通称RQ車輪)で、いずれの車輪も全体を850℃に加熱して焼入れを行い、その後SQ、RQ車輪とも500℃前後で焼戻しが行われます。熱処理車輪は踏面の**ショア硬さ**●30-2で規定されています。熱処理組織は、SQ車輪が**微細パーライト**●25-3、RQ車輪が**焼戻マルテンサイト**●25-5組織です。

図3.10は、一体車輪のリム部について、踏面から内部にかけての断面の**ビッカース硬さ**●30-5を測った結果です。RQ車輪とSQ車輪とでは新品の状態では踏面の硬さに大きな違いがありますが、車輪は踏面管理のため随時旋削を繰り返しながら摩耗限度になるまで使用されており、削正により車輪直径が小さくなるにつれて、徐々に両車輪の間には熱処理硬さの差はなくなります。1種車輪は、以前は客貨車に使われていましたが現在はほとんど使用例がありません。2種車輪は、踏面ブレーキ(8.2節参照)の車輪には熱感受性(ブレーキの加熱によるき裂発生や硬さ低下など材質変化の起きやすさ)が低いSQ車輪が、輪重が大きな車輪には硬さに優るRQ車輪がそれぞれ使われる傾向にありましたが、厳密な使用法ではありません。車輪使用時に踏面管理のために行う車輪旋削を考慮すると、両車輪の使用寿命の間には差異はないと思われます。実際の調査[24]でも、全国の国鉄車種についてSQ車輪とRQ車輪の走行による踏面厚さの減少速度、すなわち使用寿命を比較した結果、両車輪の使用寿命には優位差がないとの結論が得られています。

車輪には板部形状の違いによって、A形、B形、C形の3種類があります。1968(昭和43)

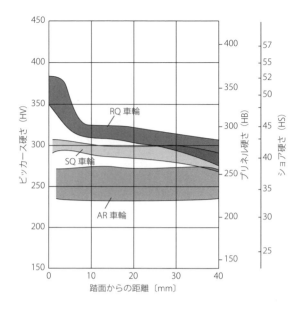

図3.10　一体車輪の硬さ分布

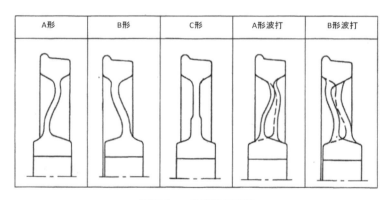

図3.11　一体車輪の形状

年に国内で使用を始めた波打車輪も併せて図3.11[25)]に示します。

　車輪板部には、車輪回転ごとに輪重と横圧(車輪がレールを横方向に押す力)により応力が発生しますが、A形車輪ではこれらによる応力が互いに打ち消し合うため合理的な車輪形状で、海外も含め一般的に広く用いられています。狭軌の電動車では、輪軸の内側に

3.3 一体圧延車輪

表3.5 1963年に改訂された一体車輪の国鉄規格
JRS 14204-15AR3における化学成分と機械的性質

(a) 化学成分〔%〕

C	Si	Mn	酸性炉		塩基性炉	
			P	S	P	S
0.60～0.75	0.15～035	0.50～0.90	≤ 0.050	≤ 0.050	≤ 0.045	≤ 0.045

(b) 機械的性質

引張強さ, kg/mm² (MPa)	伸び*〔%〕	絞り*〔%〕
80～100（784～980）	≥ 12～8	≥ 16～12

*伸び、絞りの表示は以下によります。たとえば、引張強さが80kg/mm²のときには伸びは12%以上、100kg/mm²のときには8%以上の意味で、中間の引張強さの場合については比例算出から決めるとの意味です。絞りについても同じ意味です。

主電動機や駆動装置を搭載するスペースを確保する関係で特にB形車輪が使われています。新幹線電車をはじめ、板部にブレーキディスクを搭載する場合にはC形車輪が使われます。波打車輪(p.116、図5.10参照)は板部が円周方向に波状になっており、板部剛性を確保するためには従来の車輪より板厚を薄くすることができるので、ばね下質量の軽量化になります。同種形状の従来車輪と比べて7～8%の軽量化になります[26]。

　一体車輪のJRSは、1963（昭和38）年に最初の改訂が行われました。この年にはタイヤ規格の改訂も同時に行われていますが、一体車輪もタイヤと同じように、伸び、絞りの規定値が引張強さに対応した値とするため比例算出を用いる方法に変更されました。引張試験片も、それまでの溶鋼から採取する方法が、実体の車輪リム部の指定位置から採取する現在の方法に変わりました。リン(P)、硫黄(S)の許容含有量も引き下げられ**清浄度**●[27-2]が向上しました。このときに改訂された規格[27]のうち、化学成分と機械的性質について表3.5[27]に示します。なお1967（昭和42）年には、一体車輪のJIS規格、JIS E 5402（1967）鉄道車両用炭素鋼一体圧延車輪が制定されており、鋼種はSTY80と同等ですが、機械的性質が幅広く選択できるようになっています。

　1964（昭和39）年に開業した東海道新幹線電車の一体車輪は、板部にブレーキディスクを搭載したC形の熱処理車輪で、種類はSTY80W-2Rです。踏面硬さは44HS～50HSで、残留応力をバランスさせるため焼戻温度を若干高くした関係で、踏面硬さは表3.4に示した在来線の2R車輪よりわずかに低くなっています。

　JRSは、1963（昭和38）年の改訂のあと、1985（昭和60）年の改訂で車輪製造法に連続鋳造法が加えられましたが、その後は大きく変わることはありませんでした。

　JRSは、1987（昭和62）年に国鉄の分割民営化とともに廃止されJISに一本化されまし

たが、その後JISは国内規格の国際化の動きに伴って大幅な改訂が行われました。

1998(平成10)年に、近年の工業製品用途の国際化を受けて一体車輪のJIS規格も**ISO規格**[31]に対応するために、JIS E 5402-1(1998)鉄道車両用一体車輪-品質要求として大幅に改訂されました。既存のISO規格の体系を極力変更することなく採用すると同時に、従来のわが国の車輪品質に対する考え方を尊重することが改訂の基本方針になりました。その結果、規格内容がきわめて多面的かつ複雑になり、規格名称も鉄道車両用一体車輪となり、従来JISで使われていた"炭素鋼"が使われなくなりました。ここでは、海外の車輪使用状況の理解に資するために改訂された規格内容の多面性についていくつか紹介します。

まず製造方法にアメリカの貨車車輪の使用実績を考慮して鋳鋼車輪が含まれました。近年のわが国では、鋳鋼車輪の使用実績はありません。炭素鋼種の点では、アメリカでは軸重の大きい貨車車輪に使われている強度が高い高炭素鋼車輪が、また欧州で旅客車に使われている耐熱き裂性や靱性などを優先した中炭素鋼車輪が、それぞれ含まれるようになりました。その結果、炭素量の最大値が0.46％から0.77％とした6つのグループが、焼ならし、踏面焼入焼戻しなどの熱処理条件ごとに加わりました。旧JISの車輪品質に対する考え方もほとんどそのまま受け継がれ、炭素量が0.60～0.75％の従来鋼が上記の6グループと併記された形で規定され、やや一貫性を欠く規格となった印象です。品質試験方法にも海外における多様な考え方が反映され、上記の6グループの鋼種について試験方法が4種類と多様化しました。

車輪はそれぞれの鉄道システムにとって固有な経験と考え方のもとで製造、使用されているので、車輪規格の改訂が直ちに車輪の運用の変更に結びつくことはないと考えられます。しかし、海外受注の国際競争のなかで、わが国の鉄道業界にとっては規格の多様化も不可避的な動向といえます。

以下では、近年に行われた一体車輪の材料開発に関する2つの大きな事例について紹介します。

3.3.3　新幹線電車用車輪鋼の開発

1955(昭和30)年頃からは、新幹線鉄道の開業に向けたさまざまな研究、開発が各分野において行われた時期です。車輪関係も、在来線軌道上で行われた旧こだま形151系車両を使った高速走行試験で、速度の増加とともに車輪/レール間に発生する**輪重変動**[6]が大きくなることが認められ[28]、車輪の輪重対策、すなわち車輪板部の強度の確保と踏

面に発生する高い接触圧力への対応が重要な課題と考えられました[29]。図3.11の説明でも触れましたが、車輪は使用中に輪重と横圧を受けながら回転するので、板部には車輪回転ごとにこれらの負荷の組合せにより引張り、圧縮の繰り返し応力が発生します。その結果、新幹線用の車輪鋼としては、板部の疲労強度ならびに踏面の**転がり疲れ**●37-2強度、特に**衝撃疲れ**●37-3強度の高い高強度鋼が望ましいと考えられました。また一般に、車輪／レール間の**粘着係数**●32-3は高速になるほど小さくなり、車輪の空転や滑走の可能性が大きくなります。特にレール面上が濡れた状態や汚れているときには、ブレーキ時に車輪滑走が起きやすく、滑走すると車輪／レール間の摩擦熱によって車輪側に「フラット」と称する滑走きずが発生します。フラットは騒音の発生源にもなり、きずが発達して踏面はく離にも至ります。そこで、滑走により車輪踏面にき裂が発生しにくい材質が必要とされました。

これらの経緯から、新幹線電車用の車輪鋼として、

1) 従来の車輪鋼、STY80を用いる
2) 構造用合金鋼を中心に中炭素の特殊鋼を用いる
3) **高周波焼入れ**●35-1を施した機械構造用炭素鋼を用いる

などが候補にあがり[29]、最終的には上記2)項からJIS SCM5(クロムモリブデン鋼5種、現SCM445)が選ばれ[30]、リムクエンチ車輪としての特性が、まず室内試験で調査されました。板部の疲労試験[31]、フラットを想定して急加熱・急冷却を繰り返す「熱サイクル試験」[32]、フランジ摩耗試験[33]などが行われ、SCM5鋼は従来鋼STY80-2Rと比べほとんど差がないことが明らかになり、現車試験を実施することになりました。

1962(昭和37)年から約1年半の間、153系電車で新幹線電車と同じディスクブレーキ方式の車両にSCM5ならびに比較のためにSTY80車輪を搭載しておよそ30万kmに及ぶ走行試験が行われました[8]。この間、踏面およびフランジの摩耗量、フラットやはく離の発生状態、硬さの変化などが追跡調査されました。試験の結果、踏面摩耗量は両者ほぼ同じでしたが、フランジ摩耗量はSTY80のほうが少なく、またフラットはしばしばはく離に進展しますが、SCM5のほうがはく離の発生が多く、またはく離深さも大きくなる傾向が認められ、最終的には新幹線電車の車輪には熱処理を施したSTY80が採用されることになりました。SCM5鋼がフランジ摩耗を起こしやすい理由やフラットからのはく離発生理由などについては調べられていません。これら事象については、フランジとレールとの間のすべりによる摩擦熱のため焼入硬化層が軟化してフランジの耐摩耗性が低下する可能性や、またフラットからのはく離の進展やその深さは、**焼入性**●15-1のよいSCM5鋼のほうが摩擦熱の影響がより深部にまで及ぶ可能性、などが考えられます。

3.3.4 一体車輪の耐割損性の向上のためのV2鋼

　国鉄では、1950年代（昭和25年以降）の高性能電車の登場とともに、速度向上達成のためにブレーキの高性能化が課題となり、その一環として1958（昭和33）年には旧こだま形電車の踏面ブレーキに「合成制輪子」が初めて採用されました[34]。ブレーキ材料は、8章で述べられているので詳細は省きます。

　合成制輪子は、従来の鋳鉄制輪子と比べ摩擦特性が要求性能を満足しその安定性も高く、摩耗が少ないうえに軽量で作業性がよいなどの長所がある一方、降雨や降積雪など湿潤条件下では摩擦係数が低下しやすく、特に降積雪条件では大幅な低下を引き起こす問題がありました。降積雪下での摩擦係数の低下を防ぐ方法として、車輪/制輪子間に付着する水膜を破壊するために軽くブレーキをかけた状態で走行する「耐雪ブレーキ」と称する操作が行われましたが、合成制輪子の熱伝導性が悪く熱の逃散が車輪に偏り、車輪踏面に過大な熱負荷を与える結果になりました[34]。1966（昭和41）年には降積雪地を走行する電動車を中心に図3.12に示すような「合成制輪子」（8.2.2項参照）を用いたB形車輪の**脆性**●19的な破壊、すなわち車輪の割損やきず入りが発生しました。車輪リム部が制輪子との摺動で異常加熱を起こすと、冷却時にはリム部の円周方向に引張りの残留応力が発生することがあります。この引張りの残留応力により、多くの場合には制輪子との間で生じた熱き裂が起点になり割損が生じます。このような異常加熱は、ブレーキと

図3.12　B形一体車輪の割損

しては停止ブレーキより「抑速ブレーキ」(長い下り坂など速度超過しないように弱めのブレーキをかけ走行する操作)のような扱いのほうが起きやすくなります。車輪形状の面では、加熱を受けたリム部が自由な熱膨張を起こしにくいほど冷却後には大きな引張り残留応力が発生しやすく、この点でB形車輪はA形車輪より、また車輪のリム厚さが薄いほど温度上昇も高くなり割損は起きやすくなります。車輪鋼が高炭素鋼であり、低温になるほど脆くなる(**低温脆性**●19-1)性質も損傷の発生を促したと考えられます。損傷防止のため、合成制輪子物性の改善をはじめ車輪異常加熱の防止とともに、材質改良による車輪鋼の耐割損性向上などの研究が進められました。

　車輪鋼の靭性を上げるために、炭素量を若干下げる、微量のバナジウム(V)を添加して**オーステナイト結晶粒**●26を細かくする、マンガン／炭素の割合を上げて炭素量を下げたことによる強度低下を補償する、などの手法によりSVTY75-2R車輪、通称「V2鋼」と称する一体車輪が開発されました35)。表3.6 8)にV2鋼の化学成分と機械的性質を示します。V2鋼は踏面焼入焼戻しを施した2種車輪で、強度がSTY80より若干低いですが、伸び、絞りなど延性が向上しています。一体車輪の割損の再現と、その再現試験法を用いて車輪鋼の耐割損性を調べるために実物車輪を使った模擬試験が行われました36)。抑速ブレーキをかけ続けることによりリム部は温度上昇を起こしますが、ブレーキが過酷になるにつれて温度上昇の割合が顕著になり、その結果冷却後の車輪に発生する引張残留応力も大きくなります。踏面に試験的に熱き裂を発生させ、車輪全体を冷却することにより割損が起きます。B形のSTY80新品車輪の場合には、抑速ブレーキによって踏面下部の温度が400℃を越えると割損が起きましたが、V2鋼車輪では600℃を越えても割損は発生せず、V2鋼の耐割損性が実物車輪で確認されました。その後、600枚ほどの車輪を用いV2鋼車輪の現車試験が約3年間にわたり実施されましたが、現車ではV2鋼の耐割損性は証明されませんでした。これは、当時はすでに各方面で進められてきた割損防止のため

表3.6　V2鋼の化学成分と機械的性質

鋼種	化学成分〔%〕					
	C	Si	Mn	P	S	V
SVTY75-2R (V2鋼)	0.55〜0.63	0.15〜0.35	0.80〜1.05	≦0.035	≦0.035	0.18〜0.22

踏面硬さ HS	機械的性質　(踏面熱処理前)		
	kg/mm²〔MPa〕	伸び*〔%〕	絞り*〔%〕
40〜50	78〜98　(764〜960)	≧13〜9	≧17〜13

＊伸び、絞りの表示については、表3.5の注を参照。

3章　車　輪

の諸対策、特に耐雪形制輪子(制輪子中に車輪/制輪子間の水膜を破壊する硬質物質が埋め込まれている)の開発やブレーキ制御方式の信頼性の向上などが大きな理由です。

Column B　鐵道院鐵道用品仕様書[5]（1914（大正3）年制定）

明治の鉄道発祥以来、輸入した外来品に依存していた材料は、品質規定自体も借用でした。鉄道網拡大、輸送量増大、スピードアップなどとともに使用材料の問題点も明らかになり、Column Dで紹介した用品検査を業務の1つとした研究所が設立されました。

八幡製鉄所など製造工場でも規格や検査など個別に品質管理体制を確立しましたが、ここに紹介する鉄鋼材料規格は、ユーザである鉄道独自の体系的な規格といえるでしょう。当時はまだ国家規格はありません。後にメーカ、ユーザの規格が乱立し、統一の機運が生まれ、1921（大正10）年以降国家規格JESが制定されました。

以下に旧文体のままで、仕様書目次、その一項である「車両部品工作用標準鐵材の規格」については第二章：材質の概要と別表に示す鋼種規格、第三章：試験の項目を紹介します。試験方法には、熱間鍛造品が多いことから、現在の規格にはない特殊な試験(特に第六條〜第九條)があり、これらは( )に概要を示します。

なお、文中の漢字単位は、力（＝質量のまま）については、トン（＝1000kg）、瓩（キロ＝kg、ただし条文中では応力単位kg/mm^{2}の平方瓩が略されています）、長さについては、粍(mm)、吋（インチ：in）が用いられています。

鋼鐵製品及材料
一、客貨車車軸仕様書
一、鑄鋼製客貨車車輪仕様書
一、チルド車輪仕様書
一、機關車用鑄鋼輪心仕様書
一、鑄鋼製客貨車輪心仕様書
一、二重捲ヘリカルスプリング仕様書
一、ヘリカルスプリング仕様書
一、ベヤリングスプリング及ボルスタースプリング仕様書
一、ヴォリュートスプリング仕様書
一、ラミネーテッドスプリング仕様書
一、バッファーケース仕様書
一、鑄鋼製バッファーケース仕様書

Column B　鐵道院鐵道用品仕様書（1914（大正3）年制定）

一、過熱管用カップ仕様書
一、ヒーターホースカップラー、ヴァキュームホースカップラー、スワンネック仕様書
一、可鍛鑄鐵品規格
一、機關車及客貨車用バッファー（頭皿を鋲締するもの）製作注意事項
一、客貨車用車輪車軸（負擔力十噸のもの）仕上注意事項
一、車両部品工作用標準鐵材の規格
　第一章　總則
　第二章　材質
　　第一類　軟鋼（別表参照）
　抗張力は五〇瓲[=kg/mm^2]（31.7噸平方吋）以下たるべし。軟鋼は一様なる組織を有し薄層又は空窩を有せず所要の形状に綺麗に壓延せられ裂縁又は不足等の箇所を有すべからず。抗張力、延伸率及屈曲試験の條件は板にありては壓延方向之及之に直角なる方向にも適用するものとす。軟鋼を分ちて極軟鋼（第一種）、中軟鋼（第二種）及半軟鋼（第三種）の三種とす。（以下略）
　　第二類　硬鋼（別表参照）
　硬鋼の抗張力は五〇瓲（31.7噸(t)平方吋）以上たるべし。硬鋼は強靭にして等質たるべし。硬鋼を分かちて半硬鋼（第四種）、中硬鋼（第五種）、最硬鋼（第六種）とす。
　　第三類　錬鐵（別表参照）
　錬鉄は緻密なる繊維組織より成り良く鍛合し且据縮し得ることを要す。冷熱いずれの状態に於いても脆弱ならず鉱滓薄層空窩及鍛痕等の欠点を有せず平滑綺麗に壓延せられたるものたるべし。錬鉄を分ちて特錬鉄（第一種）、上錬鉄（第二種）、並錬鉄（第三種）の三種とす。
　　第四類　管　（略）
　　第五類　鑄鋼品　（略）
　　第六類　鑄鐵品　（略）
　　第七類　可鍛鑄鐵品　（略）
　第三章　試験
　　第一條　總則　（略）
　　第二條　試験の範囲　（略）
　　第三條　（イ）落重試験に使用する落重装置の構造其他　（ロ）車軸落重試験
（ハ）輪鐵落重試験　（ニ）輪心落重試験
第四條　抗張試験　（引張試験）
第五條　屈曲試験　（曲げ試験）
（イ）焼曲試験：（暗櫻赤色に加熱後水冷し、規定の曲げで割れを生じないこと）
（ロ）冷曲試験：（加熱無しで、規定の曲げで割れを生じないこと）
（ハ）熱曲試験：（暗櫻赤色に加熱したまま、規定の曲げで割れを生じないこと）
（ニ）螺旋屈曲試験：（ウイットウヲースねじを切った試験片が、規定の曲げで割れを生じな

(ホ)荷重試験：(ばね鋼ならびに実ばねの曲げ試験)
　　第六條　鍛合試験　(鍛合＝鍛接。二個の試験片を軸と40°の面で鍛接して、引張あるいは曲げ試験で鍛接面が破壊してはならない)
　　第七條　据縮試験　(熱間圧縮試験：高さが直径の二倍の丸鋼を赤熱して、規定の高さになるまで鍛圧して割れなどが生じないこと)
　　第八條　打展試験　(熱間打撃試験：圧延方向に直角に丸頭ハンマで打撃して、打撃面が規定の広がりに達しても割れなどが生じないこと)
　　第九條　貫孔試験　(熱間ポンチ試験：幅が厚さの5倍の板を赤熱し、板厚に等しい直径の打貫棒(ポンチ)で板幅中央の端部より板厚の1/2を残す位置に貫孔したとき、端部側に割れなどを生じないこと)

表3.7　軟鋼、硬鋼、錬鉄の規格

鋼	種	別	抗張力 瓩平方耗 (噸平方吋)	延伸率 百分率	試験	燐及硫黄ノ最大含有量 百分率	符號	塗色
軟鋼	(第一種) 極軟鋼	一般	34.—41. (21.59—26.03)	25.—以上	燒曲　据縮　打展	0.05%	S.No.1	青
		板、「リベット」、「ステー」	——〃——	25.—以上 抗張力ト延伸率トノ和62以上	貫孔　鍛合	0.05%		
		別印極軟鋼	37.—以下 (23.49—以下)	30.—以上	燒曲　鍛合	0.05%	S.No.1A	青/黄
	(第二種) 中軟鋼	一般	37.—46. (23.49—29.21)	20.—以上	燒曲　据縮　打展	—	S.No.2	黄
		板	——〃——	20.—以上 抗張力ト延伸率トノ和60以上				
		聯結器螺旋桿	——〃——	20.—以上	打撃			
		薄板	—	—	冷曲　熱曲			
	(第三種) 半軟鋼	一般	44.—50. (27.94—31.75)	20.—以上	冷曲　燒曲　打曲	—	S.No.3	赤
		輪心	40.—50. (25.40—31.75)	——〃——	落重			
		壓搾板	42.—50. (26.67—31.75)	16.—以上				
硬鋼	(第四種) 半硬鋼	一般	50.—60. (31.75—38.10)	20.—以上	—	0.045%	S.No.4	白
		車軸	50.—以上 (31.75—以上)	——〃——	落重			
	(第五種) 中硬鋼	一般	60.—70. (38.10—44.45)	12.—以上 抗張力ト延伸率トノ和94以上	—	0.045%	S.No.5	緑
		客貨車輪鐵	60.—以上 (38.10—以上)	—	落重			
	(第六種) 最硬鋼	一般	70.—以上 (44.45—以上)	10.—以上 抗張力ト延伸率トノ和95以上	—	0.045%	S.No.6	桃
		弾機	——〃——	—	荷重			
		機關車炭水車輪鐵	——〃——	—	落重			
錬鉄	(第一種) 特錬鉄		33.—以上 (20.95—以上)	25.—以上	屈曲　螺旋屈曲 据縮　打展	—	W.No.1	鳶
	(第二種) 上錬鉄		——〃——	20.—以上	冷曲　熱曲　据縮 打展	—	W.No.2	灰
	(第三種) 並錬鉄		——〃——	断面収縮率　26.—以上	冷曲　燒曲	—	W.No.3	黒

(松山)

◆「3章 車輪」参考文献

1) S.Wise：Railway Wheelsets-a critical review, *Proceedings of IMechE*, Vol 201-No.D4, pp.257-271（1987）
2) 朝倉希一：「大正初期の機関車」,『業務研究資料』第5巻2号, pp.276-279, 鉄道大臣官房研究所（1917）
3) 野呂景義：「本邦製鉄事業の過去及び将来」,『鐵と鋼』第1巻7号, pp.679-692（1916）
4) 日本鉄鋼史編纂会編：『日本鉄鋼史（明治編）』p.386, 五月書房（1981）
5) 「鐵道院鐵道用品仕様書」,『鐵と鋼』第3巻8号, pp.902-950（1917）
6) 岡田典昌：「車輪・車軸落重試験」,『金属材料』第6巻第7号, pp.78-80（1966）
7) 高桑五六：『日本における蒸気機関車の発達』p.130, 日本国有鉄道大宮工場（1956）
8) 広重巌：『輪軸』p.84, 交友社（1979）
9) 大和久重雄：「鉄道用鋼材の趨勢」,『鉄と鋼』第41巻11号, pp.1193-1203（1966）
10) 日本国有鉄道：「車輪フランジ焼入れ作業標準」, 国鉄JRS規格 14200（1966）
11) 日本国有鉄道：「機関車外輪盛金について」,『業務研究資料』第14巻9号, pp.1003-1019, 鉄道大臣官房研究所（1926）
12) 柴田晴彦, 森川清濃進：「外輪の折損に関する調査報告」,『業務研究資料』第25巻10号, pp.1-16, 鉄道大臣官房研究所（1937）
13) 永島菊三郎：「幅車輪の強さに関する研究（第1報）」,『日本機械学会論文集』第2巻9号, pp.428-435（1936）
14) 鈴木益廣, 若杉松三郎：「軌條對外輪の磨耗に關する研究（第一報）」,『業務研究資料』第13巻11号, pp.1213-1248, 鉄道大臣官房研究所（1925）
15) 荒木宏, 斎藤省三：「鐵道軌條と外輪との相互磨耗に關する実験」,『日本機械学会誌』第33巻155号, pp.138-159（1930）
16) 工業品規格統一調査会：『第168号炭素鋼外輪』（1932）
17) 工業技術廰：『JES 6502号 炭素鋼タイヤ』（1948）
18) 根津益三：「終戦後における破損タイヤの材質試験総括およびJIS改訂について」,『鉄道技術研究所依頼試験報告』, 3-54（1952）
19) 大和久重雄, 飯島一昭, 柏木信雄：「タイヤのブレーキバーンに就いて」,『鉄と鋼』第36巻8号, pp.345-349（1950）
20) 日本国有鉄道：『車両用タイヤ』, 国鉄規格 JRS14101-15AR3（1963）
21) 片野茂, 松川敬一：『扶桑金属』Vol.2 No.2, p.22（1950）
22) 深沢三之：『湘南電車詳解第2編, 湘南型電車の機械装置』pp.74-75, 電気車研究会（1950）
23) 日本国有鉄道：圧延車輪, 国鉄規格 JRS14203-1（1958）
24) 林盈司, 木川武彦：『車両技術』197巻, pp.122-136（1992）
25) 高速車両用輪軸研究委員会編：『鉄道輪軸』p.53, 丸善プラネット（2008）

26) 住友金属工業製鋼所:「波打車輪」,『住金製輪技報』 93-258 (1993)
27) 日本国有鉄道:『圧延車輪』, 国鉄規格 JRS14204-15AR3 (1963)
28) 中村宏, 田村伸二, 小西正一:「台車の強度及び輪軸負荷に関する研究」,『東海道新幹線に関する研究第1冊』pp.79-91, 鉄道技術研究所 (1960)
29) 中村宏, 田村伸二, 小西正一, 甘糟達雄, 渡部喜一, 中山省三:「台車の強度及び輪軸負荷に関する研究(その4)」,『東海道新幹線に関する研究第2冊』pp.163-167, 鉄道技術研究所 (1961)
30) 大和久重雄:「新幹線用車輪鋼の材質について」,『東海道新幹線に関する研究第3冊』pp.229-234, 鉄道技術研究所, (1962)
31) 小田尚輝, 西岡邦夫:『住友金属』第17巻1号, pp.17-26 (1965)
32) 中村宏, 田村伸二, 小西正一, 中山省三:「車輪の強度について」,『東海道新幹線に関する研究第4冊』pp.171-176, 鉄道技術研究所 (1963)
33) K.Ishi, N.Oda and K.Nishioka:ASTM STP446, pp.115-132 (1968)
34) 出村要:「合成制輪子」,『鉄道技術研究資料』第34巻8号, pp.301-306 (1977)
35) T.Kigawa, R.Isomura, Y.Tanaka, K.Tokimasa:5th International Wheelset Congress, 1975, Paper 11
36) 広岡敏夫, 木川武彦, 寺村英雄, 斎藤高義:「踏面ブレーキによる車輪の損傷」,『鉄道技術研究資料』pp.608-609, 第29巻, 12号 (1972)

4章
車 軸

車輪、軸受、歯車あるいはブレーキディスクなどがはめ合わされた車軸は、それらを強固に固定するとともに、車軸軸受を介して車両の荷重を負担する役を負っています。また、ブレーキ力の伝達や、動力装置を装備した車軸（動軸）においては駆動力の伝達という重要な機能も果たしています。走行中に車軸には、静的な荷重に加えて動的な荷重が加わり、さらに動軸においては、起動時に駆動装置を通じてねじりモーメントが作用しますので、曲げ応力に加えてねじり応力も発生することになります。そこで、車軸はこのような応力に耐えるに十分な疲労強度と剛性を持つように設計されています。

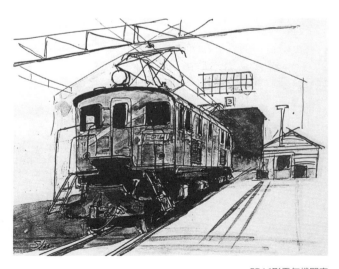

ED16形電気機関車

4章　車　軸

4.1　車軸材料の変遷

　車軸（図2.2 参照）は、走行中に繰返しの曲げ応力●14-2が発生し、さらに起動・制動時にはねじり応力も加わる、典型的な疲労強度●37が問題になる部材です。フェイルセーフ構造とすることができないため、走行中に万が一折損するようなことがあれば重大な事故に結びつく可能性もあり、鉄道車両の安全走行を支える重要な走り装置の1つと位置づけられています。そこで、このような車軸に対しては疲労強度を考慮した設計が行われ、材料が選定されます。

　1901（明治34）年に官営八幡製鉄所が操業を開始すると、それまで輸入に頼っていた車軸の国産化が始まりました。その後、第一次世界大戦（1914〜1918年）により輸入品が途絶したため輪軸（車軸と一対の車輪のセット）の国産化が必須となり、また、1917（大正6）年に鉄道院による75000本の輪軸の順次交換に向けて車軸生産能力の増強が図られることとなり、素材鍛造が開始されました[1]。これを裏付けるように、1918〜1919（大正7〜8）年度における官営八幡製鉄所の鋼材生産高内訳を見ると、車軸は1918年度1256t、1919年度は2203tとほぼ倍増しました[2]。

　ところで、大正時代（1912年が大正元年）になると蒸気機関車も国産化することになり、旅客用の8620形（図4.1）、貨物用の9600形などの製造が開始され、車軸も国産品が使用されました。図4.2に示す9600形蒸気機関車動輪軸や8620形蒸気機関車動輪軸の設計図には、車軸の材料として「半硬鋼」が記載されています。

図4.1　8620形蒸気機関車（青梅鉄道公園にて／撮影：石塚）

図4.2　9600形蒸気機関車の動輪軸（新大阪駅にて／撮影：石塚）

「半硬鋼」とは、当時の鋼の強度等級の1つです。当時の鉄道院の鋼材規格はColumn Eを参照してください。

車軸鋼については、明治末期に制定された「客貨車車軸仕様書」[3)]には以下のように規定されています。

一．　材質車軸用硬鋼は緻密等質にして、いかなる欠点があってもならない。リン(P)および硫黄(S)の含有量はそれぞれ0.045％以下でなければならない。ただし、含有量が0.045％以上であっても、超えた量がわずかであり、機械試験において優良な成績を示すときは合格とみなす。

一．　試験車軸用硬鋼は次の試験に合格しなければならない。
　　（イ）引張試験引張強度：50kg/mm^{2}以上、伸び：20％以上
　　（ロ）落重試験内容省略

一．　製作車軸材料は粗鋼塊または粗鋼片より鎚（つち）または圧搾（あっさく）により鍛造しなければならない。ただし、表面を平滑にするために、鍛造した材料を**圧延**●[29-3]してもよい。

なお、上に紹介したのは「客貨車車軸仕様書」ですが、蒸気機関車および電車の車軸もこの仕様書に基づいて製作されました。その後、1928（昭和3）年には、「鉄道省客貨車車軸仕様書（SA176）」が制定され、化学成分や**機械的性質**●[14]の値が改められました。この仕様書の主な変更内容は、表4.1を見てください。上述した半硬鋼の規格と比べて、引張強度の最低限度が50 kg/mm^2（490MPa）から54 kg/mm^2（529MPa）に引き上げられ、化学成分は、不純物としてのリン(P)と硫黄(S)の含有量を**酸性炉鋼**●[20-3, 20-5]か**塩基性炉**

4章 車軸

表4.1 鉄道省客貨車軸仕様書の主な変遷

仕様書番号	制定年月	記号	化学成分規格値 [%]								機械的性質規格値				曲げ試験	落重試験
			C	Si	Mn	P 酸性炉	P 塩基性炉	S 酸性炉	S 塩基性炉	Cu	降伏点 [kg/mm²]	引張強度 (T) [kg/mm²]	伸び (E) [%]	絞り [%]	シャルピー衝撃値 [kgm/cm²]		
SA176 ※1	1928年	FG54	-	-	-	≦0.055	≦0.045	≦0.050	≦0.050	-	-	≧54	≧20	-	-	無	有
SA1014 ※2	1933年5月	SF60	-	-	-	≦0.055	≦0.045	≦0.050	≦0.050	-	-	≧60 (T+1.5×E)≧90	≧20	-	-	無	有
暫仕13 ※3	1944年7月	SF55	-	-	-	≦0.070	≦0.065	≦0.065	≦0.050	-	-	≧55 (T+1.5×E)≧90	≧20	-	-	有*	有
		SF60	-	-	-					-	-	≧60 (T+1.5×E)≧90	≧20	-	-		
SA30 ※4	1950年6月	SF55R	-	-	-	≦0.055	≦0.045	≦0.050	≦0.050	-	-	≧55	≧(90−T)/1.5 (T+1.5×E)≧90	≧(110−T)/1.5 ただし、≧20	-	有*	有
		SF60R	-	-	-					-	-	≧60	≧20	≧30	-		
SA30A	1958年9月	SFA55	-	-	-	≦0.055	≦0.045	≦0.050	≦0.050	-	-	≧55	≧23	≧35	-	有*	有
		SFA60	-	-	-					-	-	≧60	≧20	≧30	-		
SA30B	1963年11月	SFA55	0.30〜0.43	0.15〜0.40	0.40〜0.85	<0.035		<0.040		<0.30	≧28	≧55	≧23	≧35	5	有	無
		SFA60	0.35〜0.48								≧30	≧60	≧20	≧30	4		

有*：落重試験の代替として、曲げ試験を行うことができるとして規定される。
※1　1933年3月、材質記号 FG54 を記号 SF54 に改める。1944年7月まで適用。
※2　SA176 と併用。1944年7月まで適用。
※3　1950年8月まで適用。
※4　1960年に JRS (Japanese National Railways Standards；日本国有鉄道規格) 14201-2「車軸」が制定される。

鋼●20-4, 20-5かによって異なる上限値が設定されたことです。

これまで述べてきたのは鉄道院(1908〜1920年)および鉄道省(1920〜1943年)という、その後の日本国有鉄道(国鉄 1949〜1987年)に至る官営(国営)鉄道事業体によって定められた仕様書です。一方、多くの民間鉄道(私鉄)会社が活発に旅客輸送を行っていた関西では、「電車用車軸標準規格」が**電気協会関西支部**●34により1924(大正13)年に制定されました。この規格(以下、電協規格)の主な内容を**表4.2**に示します。

表4.1に示したSA176と比較すると、引張強度の最低限度が60 kg/mm²(588MPa)、**伸び**●14-7の最低限度も高い値です。また、**弾性限度**●14-5が規格化され、さらに、熱処理として、鍛造後の車軸を焼入れし、その後に焼き戻すこととされていました。

一方、鉄道省でも、電協規格と同じ60 kg/mm²を引張強度の最低限度とする車軸(記号SF60)を規格化した鉄道省車軸仕様書 SA1014を1933(昭和8)年に新たに制定。1944年に戦時暫定仕様書である暫仕13が制定されるまで SA176と併用しました。なお、鉄道省車軸仕様書では、車軸の熱処理は鍛造後に**焼なまし**●22-5、**焼ならし**●22-4、あるいは焼ならし後に焼戻しを行うこととされていて、電協規格のような焼入焼戻しは規定されていませんでした。鉄道省および国鉄車軸仕様書の変遷は**表4.1**[4, 5]に示したとおりです。

第二次世界大戦により中断していた車軸の製造は、1949(昭和24)年頃から本格的に再開されました。このときの**鍛造**●29-4工程は各社各様で、手動鍛造機によるものでした。1955(昭和30)年頃からは、圧縮空気で作動するエアハンマによる自動鍛造機、連続鈍鈍(焼なまし)炉の導入などにより、それまでの手作業から大半が機械作業となり車軸の製造能力が向上し、現在では、**図4.3**に示すような高速精密鍛造機の導入等により、さらなる能率向上が図られています[1)]。

1954(昭和29)年には、1950年に制定された国鉄仕様書SA30と電協規格をベースとして、車軸に関する初の国家規格である JIS E 4502「鉄道車両用車軸」が制定されました。このJISを制定するにあたって、第3種(SFA65、引張強度65kg/mm²級)の扱いを巡って関東と関西とで意見の相違がありました。私鉄を中心とする関西側は、第3種のJIS化を主張

表4.2 電気協会関西支部が制定した電車用車軸標準規格の主な内容

化学成分規格値〔％〕				機械的性質規格値			曲げ試験	落重試験
P		S		引張強度T〔kg/mm²〕	伸び〔％〕	弾性限度〔kg/mm²〕		
酸性炉	塩基性炉	酸性炉	塩基性炉					
≦0.055	≦0.045	≦0.050	≦0.050	≧60	≧(100 − T)/1.5	≧35 ただし、30kg/mmの荷重にて永久変形が0.075cm以下	有	有

4章　車軸

したのに対して、国鉄を中心とする関東側は、第3種をJISに盛り込むのは時期尚早としました。関西の私鉄では、電協規格に基づいて、第3種に相当する焼入焼戻車軸の長年にわたる使用実績があるためこのように主張したのに対して、関東側では、車軸のような大型品の焼入焼戻しの効果は不完全であり、焼ならしと同程度の効果しか得られないと主張したのでした。そこで、鉄道技術研究所と車軸メーカである住友金属が第2種車軸と第3種車軸の機械的性質を調査したところ、両者の違いが認められ、第3種車軸のほうが伸び・絞り値が大きく疲労に対する信頼性も優れていることが確認されました[6]。このような経緯から第3種もJISとして規定されることになったのです。1954年に制定されたこのJISでもう1つ特筆すべきは、「車軸に用いる**鋼塊**●20-8または**鋼片**●20-10は、**平炉**●20-5または**電気炉**●20-7で製造した**キルド鋼**●20-12でなければならない」と、初めてキルド鋼を指定して規格上も材質の向上を図ったことです。

E 4502の1970（昭和45）年の改正では、それまで適用範囲に含まれていなかったSFAQ（**高周波焼入**●35-1車軸）を第4種として加え、1種SFA55は従軸、2種SFA60、3種SFA65および4種SFAQは動軸（電動機などで駆動される車軸）および従軸（駆動されない車軸）、と主な用途が例示されました。また、記号末尾にAあるいはBが付けられ、Aは不純物としてのリン（P）および硫黄（S）の含有量がBより少なく、製造時に**非破壊検査**●36を行うことを意味します。Aは高速用あるいは過酷使用向け、Bは一般使用向けです。

図4.3　高速精密鍛造機（提供：新日鐵住金）

4.1 車軸材料の変遷

表4.3 JIS E 4502「鉄道車両用車軸」の変遷と主な内容

制定・改正年月	種類		記号	化学成分規格値〔%〕				機械的性質規格値				曲げ試験	落重試験
				P		S		降伏点〔kg/mm²〕【MPa】	引張強度〔kg/mm²〕【MPa】	伸び〔%〕	絞り〔%〕		
				酸性炉	塩基性炉	酸性炉	塩基性炉						
1954年5月制定 ※1	1種		SFA55	<0.055	<0.045	<0.050	<0.050	−	≧55	≧23	≧35	有	有
	2種		SFA60					−	≧60	≧20	≧30		
	3種		SFA65					≧35	≧65	≧23	≧45		
1970年3月改正 ※1	1種	A	SFA55A	≦0.035		≦0.040		≧28	≧55	≧23	≧35	有	無
		B	SFA55B	≦0.045		≦0.045							
	2種	A	SFA60A	≦0.035		≦0.040		≧30	≧60	≧20	≧30		
		B	SFA60B	≦0.045		≦0.045							
	3種	A	SFA65A	≦0.035		≦0.040		≧35	≧65	≧23	≧45		
		B	SFA65B	≦0.045		≦0.045							
	4種	A	SFAQA	≦0.035		≦0.040		≧30	≧60	≧20	≧30		
		B	SFAQB	≦0.045		≦0.045							
2001年6月制定 ※2	1種	A	SFA55A	≦0.035		≦0.040		【≧275】	【≧540】	≧23	≧35	有	無
		B	SFA55B	≦0.045		≦0.045							
	2種	A	SFA60A	≦0.035		≦0.040		【≧295】	【≧590】	≧20	≧30		
		B	SFA60B	≦0.045		≦0.045							
	3種	A	SFA65A	≦0.035		≦0.040		【≧345】	【≧640】	≧23	≧45		
		B	SFA65B	≦0.045		≦0.045							
	4種	A	SFAQA	≦0.035		≦0.040		【≧295】	【≧590】	≧20	≧30		
		B	SFAQB	≦0.045		≦0.045							

※1 JIS E 4502 「鉄道車両用車軸」
※2 JIS E 4502-1 「鉄道車両用車軸−品質要求」

　2001（平成13）年6月には、国際規格ISOとの整合化を図るため、それまでのE 4502が廃止され、新たにJIS E 4502-1「鉄道車両用車軸−品質要求」が制定されました。表4.3に、JIS E 4502「鉄道車両用車軸」の1954年制定時からの主な内容の変遷を示します。
　ところで、国鉄では、JISとは別の独自規格である日本国有鉄道規格（Japanese national Railways Standards：JRS）が制定され、車軸に関しても、「車軸」、「車軸（新幹線車両用）」、「高周波焼入車軸」などがありました。このうち、「車軸」は国鉄仕様書SA30A・SA30Bと同等であり、国鉄が民営分割された1987年まで有効でしたが、JIS E 4502に規定されていた第3種SFA65は最後まで規定されず、したがって、国鉄車両でのSFA65の使用実績はありませんでした。また、「車軸（新幹線車両用）」は基本的な内容に変更を加えることなく、日本鉄道車輌工業会規格（Japan association of Rolling stock Industries Standard：JRIS）J 0401「鉄道車両−高速車両用高周波焼入車軸」として2007（平成19）年に新たに制定されました。

4.2 新幹線電車車軸

　1964(昭和39)年東海道新幹線開業当初の0系電車車軸には、**ばね下質量**[●6]を軽減する必要性と疲労強度向上の観点から、それまでの在来線の一部車両で使用実績のあった高周波焼入車軸を採用することになりました。その後、100系・200系新幹線電車までは中実車軸が使用されましたが、1992(平成4)年に営業運転を開始した300系以降のすべての新幹線電車車軸には、車軸の中心部を直径60mmの孔でくり抜いた「中ぐり車軸」が使用されています。

4.2.1　車軸材料

　新幹線電車車軸は、4.1節で述べたJRIS J 0401「鉄道車両－高速車両用高周波焼入車軸」に規定されています。その主な内容は以下のとおりです。

(a)材料
　　JIS G 4051「機械構造用炭素鋼鋼材」のS38Cを用います。

(b)化学成分
　　S38Cの化学成分規格値を**表4.4**に示します。

(c)熱処理
　　鍛造・成形した車軸は各部一様に焼入焼戻しを行います。機械加工後には、図面に指定する箇所に高周波焼入焼戻しを行います。

(d)機械的性質
　　性質は**表4.5**のとおりです。ただし、これらは焼入焼戻し後、高周波焼入れ前の値です。ちなみに、JIS G 4051には機械的性質は規定されていません。

(e)高周波焼入焼戻し後の品質
　　高周波焼入焼戻し後の品質に関しては、以下のような事項が規定されています。
　　① 高周波焼入焼戻し完了後、仕上げ加工前の段階での車輪座の**有効硬化層深さ**[●35-3]（**ビッカース硬さ**[●30-5] HV≧400、図4.5参照）は、車軸　種類および部位によって、以下の事項が規定されています。
　　・動軸の歯車座側車輪座内ボス端(図4.7参照)から5mm位置：2.5mm以上
　　・動軸の反歯車座側車輪座内ボス端から5mm位置：4.0mm以上
　　・従軸の歯車座側および反歯車座側車輪座の内ボス端から5mm位置：2.5mm以上

② 表層の残留応力は圧縮応力
③ 高周波焼入焼戻し箇所は、受渡当事者間の協定がない場合は、仕上げ加工前の段階で、以下のような事項が規定されています。
- 車輪座の内ボス端から20mmの範囲：**ショア硬さ**[30-2] HS 70±5
- その他の部位：HS60以上

なお、新幹線電車車軸の素材は、JRSでもS38Cでしたが、1965（昭和40）年にJIS G 3102「機械構造用炭素鋼」がJIS G 4051に改訂・改番されるまではS35Cとされていました。これは、表4.6[1)]に示すように、改訂前のS35Cの炭素量範囲の高い部分が改訂後のS38Cに包含されるため、改訂後はS38Cとした結果です（改訂前にS38Cはありませんでした）。

表4.4　S38Cの化学成分規格値〔％〕（JIS G 4051）

C	Si	Mn	P	S
0.35～0.41	0.15～0.35	0.60～0.90	≦0.030	≦0.035

［備考］不純物として、Cu 0.30％、Ni 0.20％、Cr 0.20％、Ni+Cr 0.35％を超えてはならない。

表4.5　機械的性質規格値（JRIS J 0401）

降伏点〔MPa〕	引張強さ〔MPa〕	伸び〔％〕	絞り〔％〕	曲げ 角度〔度〕	曲げ 半径〔mm〕	シャルピー衝撃値〔J/cm²〕
≧294	≧539	≧25	≧45	180°	16	≧68.6
				割れ無し		

表4.6　1965年のJIS改訂前後における炭素量の成分範囲

	種類の記号	炭素量〔％〕
改訂前	S35C	0.30～0.40
改訂後	S35C	0.32～0.38
	S38C	0.35～0.41

4.2.2　高周波焼入車軸

　図4.4は、車軸の**高周波焼入**[35-1]装置です。縦に置いた車軸の下方にコイルがあり、明るくなっている部分が加熱されています。

　高周波焼入れは、次のような特徴を有しています。
①部材の表層部だけを加熱して焼入れを行うことができる。
②部材のすべてではなく位置を限定して焼入れを行うことができる。

　車軸に高周波焼入れを施工すると、表層部には緻密な**マルテンサイト**[25-4]と呼ばれる金属組織が形成され、硬くなる（図4.5[1)]）とともに圧縮残留応力が発生します（図4.6[1)]）。このような表層部における硬化が車軸の耐摩耗性および耐衝撃性の向上に、また、圧縮残留応力が疲労強度の向上に主として寄与します。

　新幹線電車の高周波焼入車軸には、コイルを移動させながら車軸を加熱する移動焼入

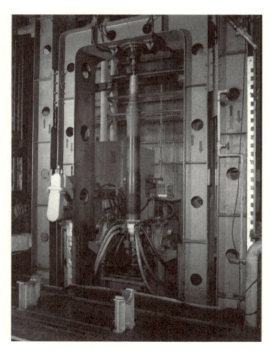

図4.4　車軸の高周波焼入装置（提供：新日鐵住金）

部とコイルを移動させず固定したまま加熱する固定焼入部があります。図4.6において、片方の車輪座（車輪が圧入される座、そのために太径になっている）端からもう一方の車輪座端までが移動焼入れ、車軸端に近い車輪座端からジャーナル（軸受が取り付けられる部位）までが固定焼入れです。一般に、移動焼入れに比べて固定焼入れは加熱時間が長く、表面からより深い位置まで焼きが入ります。焼きが入るとは、金属組織が50％以上マルテン

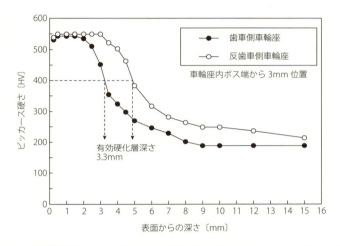

図4.5　高周波焼入れした車輪座の表面から深さ方向のビッカース硬さ分布

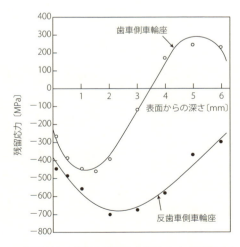

図4.6　高周波焼入車輪座表面から深さ方向の残留応力分布

サイト組織に変化する(熱処理用語では、**変態**●24))ことをいい、車軸の表層部では100％マルテンサイト組織となっています(図4.8[1]))。なお、図4.7に見られるように、両車輪座の中央部および両ジャーナルには高周波焼入れが施工されていませんが、これは、

① これらの箇所は発生応力が低い
② これらの箇所には車輪あるいは軸受内輪がはまっているため、使用中に飛来物、水侵入等の外乱が想定しにくい
③ 車軸全長に焼入れを行うとすると移動焼入れを行うことになりますが、車輪座外端からジャーナルにかけて車軸直径の変化の大きい箇所での移動焼入れは困難である

などの理由によります。

一方、在来線車両用高周波焼入車軸にはJIS E 4502-1の第2種 SFA60Aが使用されます。どちらも高周波焼入れ後には、金属組織を安定させ**靭性**●17を与えるために焼戻しが行われます。一般に焼入れ後の焼戻しには、200℃程度で行う「低温焼戻し」と600℃程度で

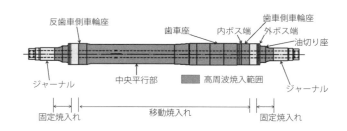

図4.7　車軸の部分名称と高周波焼入部挿入

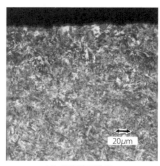
(a) 歯車側車輪座

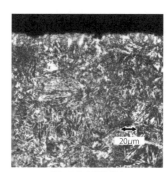
(b) 反歯車側車輪座

図4.8　高周波焼入車軸の車輪座表層部の金属組織

行う「高温焼戻し」の2種類があり、焼戻温度が高くなるほど靭性が向上する反面、硬さが低下し残留応力が低減します。高周波焼入車軸は、圧縮残留応力による疲労強度の向上を重視して低温焼戻しが行われています。

　高周波焼入車軸は、0系新幹線電車にいきなり投入されたわけではありません。戦後間もない頃、日本の鉄道は毎年何本もの車軸折損に悩まされていましたが、その対策として、当時、主に耐摩耗性向上のために利用されていた高周波焼入れを車軸に適用することが考えられました。高温で十分に鍛錬したあと、水中に急冷することによって表面のみが硬化し内部は粘り強さを有する日本刀の製法から、高周波焼入れが注目されました。1949（昭和24）年には、まず、車軸と同様多くの折損が発生していた「電機子軸」（主電動機のロータ軸）に高周波焼入れを適用し、2年後の1951（昭和26）年に、土佐電鉄で初めて高周波焼入車軸の試験的な使用が開始されました。その後、実車での使用実績および大型の試験軸による疲労試験結果の積み重ねから、高周波焼入れによる疲労強度の向上が確認され、1959年には、北陸本線の田村―敦賀の交流電化時に投入した電気機関車ED70（図4.9）の置き換え車軸に高周波焼入れが採用されることになりました。以降、新製電気機関車には高周波焼入車軸が使用されるようになり、1962（昭和37）年にはJRS「高周波焼入車軸」が制定されるまでになりました。こうした経緯を経て、0系新幹線電車の車軸に高周波焼入れが採用されたのです。

図4.9　ED70形交流電気機関車（提供：鉄道博物館）

4.2.3 中ぐり車軸

　軽量化のために、車軸の中心部を中空にすること以前から行われていました。最初は、1958（昭和33）年に登場した国鉄在来線特急用の20系客車（図4.10）および151系特急電車のいずれも初期に用いられた「中空車軸」です。これらはパイプ状のSFA60を鍛造して製造されたため、孔の内面が鍛造のままでした。中空孔の直径は、ジャーナル部55〜60mm、両車輪座間 94〜128mmと中央部分が広がった「拡大中空車軸」です。図4.11[1)]に151系特急電車の従軸の例を示します。残念ながら、当時の拡大中空車軸は、車輪座外ボス端からジャーナルにかけての孔径の変化部に当たる塵よけ座で折損事故が発生したため使用が中止されてしまいました。

　その後、1981年になって登場したキハ183系量産形特急気動車（図4.12）の動軸に、高周波焼入「中ぐり車軸」が採用されました。これは、ジャーナル部直径60mm、両車輪座間は82mmの孔とした「拡大中ぐり車軸」で、内部切削（中ぐり）によって内面の荒れが改

図4.10　20系客車の特急「あさかぜ」（提供：鉄道博物館）

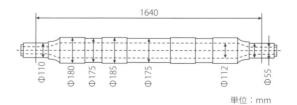

単位：mm

図4.11　中空車軸（151系特急電車従軸）

善されました。なお、阪急電鉄では1980年頃、同じ孔径の拡大中ぐりで[7]、高周波焼入れされていないSFA65製の車軸が6000系電車で使用されています。一方、新幹線電車用の中ぐり車軸は、すべて片方の軸端から他端まで直径60mmのストレート孔が加工されており、これにより1本当たり60kg程度軽くなっています。

中ぐり車軸には軽量化の他に、**超音波探傷**●36-1における精度向上という利点があります。車軸に対しては、使用中に発生したき裂などをできるだけ早く発見するために、ある決められた期間ごとに超音波探傷が行われています。車軸探傷に使用される超音波の周波数は2.5〜5MHzであり、鋼中を伝搬する超音波はき裂や空洞および表面などの不連続部で反射する性質を利用して目視できない欠陥を発見します。図4.13のように、超音波の進む道筋（ビーム路程）が短いほど、超音波の減衰や分散も少なくなるため、より高精度の探傷ができるのです[8]。

図4.12　キハ183系特急「北斗」気動車（提供：鉄道博物館）

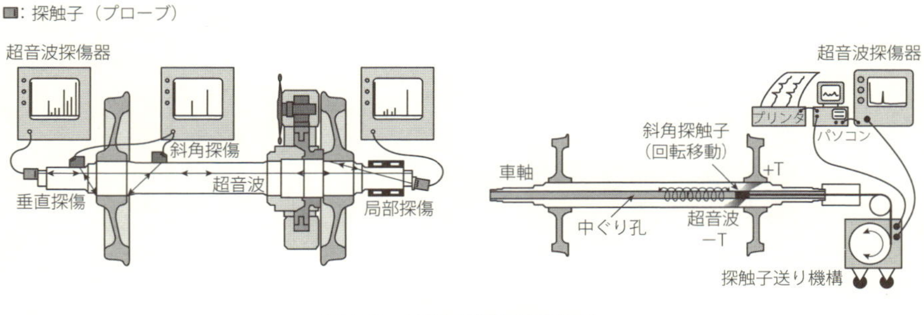

図4.13　車軸の超音波探傷法

4.2.4 フレッティング疲労

1825年にイギリスで営業運転を開始した鉄道は、その後、ヨーロッパにおいて急速に普及していきましたが、それと同時に各国の鉄道技術者は車軸折損に悩まされることとなりました。1842年には、フランスのヴェルサイユ(Versailles)近郊で蒸気機関車三重連＋客車17両編成列車の先頭機関車の先頭車軸が折損し、車両の脱線・火災事故が発生。死者は40～80名に上ったとか。この事故が疲労に関する研究の端緒になったとされます[9]。イギリスの物理学者であり工学者のランキン(W.J.M.Rankine：1820～1872)は、1843年にイギリス土木学会誌に車軸折損についての論文を発表しており、「元々は健全であった車軸が数年の使用の後、思いがけずに破断する」と述べ、その原因についての考察が行われています[10]。ただし、この論文ではまだ「疲労」(fatigue)という語は用いられていませんでした。現在に至る金属疲労の系統的な研究は、ドイツの鉄道技術者であり、車軸折損対策委員会の委員として活躍していたヴェーラー(A.Wöhler：1819～1914)によって始められました。ヴェーラーは、車軸に発生する応力の測定法開発、実体車軸曲げ疲労試験機の製作、小型疲労試験による**S-N線図**●37-1(Sは負荷応力、Nは繰返し数)の概念の構築などを行いました。

一般に、平滑軸とはめ合軸の疲労試験を行ってS-N線図を比較すると、**フレッティング**●38と呼ばれるはめ合部特有の現象により、はめ合軸の疲労強度は平滑軸の半分程度に低下することが知られており、実際に営業で使用されている車軸も、多くは車輪

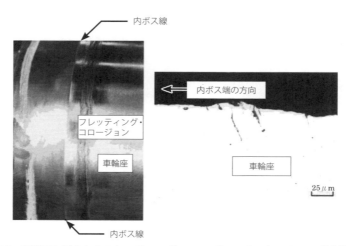

図4.14　車輪座に発生したフレッティング・コロージョンとフレッティング疲労き裂

座等のはめ合部で折損しました。

図4.14[1]は車輪座に発生した「フレッティング・コロージョン」で、同図(b)は当該部を軸方向に切断して光学顕微鏡により観察した結果を示します。これが典型的な「フレッティング疲労」き裂で、車輪座表面に対して垂直ではなく、はめ合側に向かって進展していることがわかります。ただし、このき裂は深くなるに従い、次第に車輪座表面に対して垂直方向に向きを変えて進展するようになり、仮に折損にまで至るとすれば、その破断面は、巨視的には軸方向に対して直角となります。

フレッティングは、車軸と車輪のはめ合部で図4.15[1]のように発生します。

本来、車輪は車軸に対して0.2～0.3mm程度の締めしろを持ってはめ合わされているので、車軸と車輪は完全に一体となって回転するはずです。しかし、車軸が曲げによってたわむと、車輪は車軸と全く同様にはたわむことができず、車輪と車軸のはめ合端部に隙間を生じ、軸方向に相対的にすべることになります。この現象をフレッティングといい、フレッティングの結果、部材に生じる摩耗を「フレッティング摩耗」、腐食を「フレッティング・コロージョン」、き裂発生を「フレッティング疲労」と呼び、これらを総称して「フレッティング損傷」といいます。車輪ボス(車軸とはめ合う孔)と車軸車輪座との間の相対すべり量は、通常は10μm程度とごくわずかですが、輪軸の回転中常に繰り返されるため、フレッティング損傷を引き起こす要因となります。

ヴェーラー以降、車軸の疲労に関する研究は長い間低迷し、第二次世界大戦後においても、車輪座におけるフレッティング疲労き裂の発生およびそれに起因する車軸折損の問題は解決されていませんでした。たとえば、イギリスのロンドン地下鉄では、1948～1964年の間に、車輪座における深さ0.002～0.010インチ(51～254μm)のき裂のために

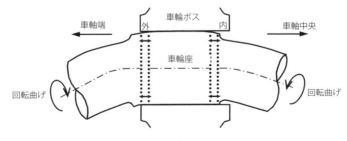

図4.15 フレッティングの発生メカニズム

約4000本の車軸交換を余儀なくされました[11]。一方、わが国では、統計を取った期間は不明ですが、1949年10月時点で国鉄と公・民鉄を合わせて510本の車軸が折損し、うち少なくとも288本ははめ合部で発生したとの記述があります[12]。このような状況の中で、アメリカのホーガー（O.J.Horger）らは、1935～1963年頃にかけて実物の車軸とほぼ同じ大きさの試験軸による数多くの疲労試験を行い、圧入部への表面圧延施工や焼ならし焼戻処理による疲労強度向上、当該部の残留応力や圧入部端の形状がフレッティング疲労強度に及ぼす影響、などを明らかにしました[13]。

　一方、わが国では、ホーガーより少し遅れて実体車軸を用いた疲労試験が開始され、車軸はめ合部における疲労強度の寸法効果や圧入部端の形状がフレッティング疲労強度に及ぼす影響などが明らかにされました。1990年代（平成のはじめ）に入ると、鉄道総研の研究者らによって、オーバハング形状高周波焼入車軸の車輪座における**磁粉きず**●36-4発生の疲労限度やフレッティング疲労き裂の進展性が定量的に明らかにされ、車輪内ボス端のオーバハング圧入と高周波焼入れが車軸の、特に車輪座の疲労強度向上にとってきわめて有効であることが明らかになりました[14]。

　車輪内ボス端の「オーバハング圧入」とは、車輪の内ボス端を車軸の車輪座に対して6mm程度突き出させて車輪を圧入する方法で、こうすることにより車輪座端でのフレッティング現象が抑制されます。現在、車輪内ボス端のオーバハング圧入は新幹線電車、在来線車両を問わず多くの車両で採用されています。図4.16[15]は車輪内ボス端のオーバハング圧入部です。一方、図4.17は、新大阪駅改札内の在来線と新幹線の乗り換え広場奥に展示されていた新幹線電車用輪軸です。ほとんどの人はそこまで気がつきませんが、この1965（昭和40）年度に製造された0系新幹線電車の車軸はめ合部を観察すると、オーバハング圧入となっていません。こんなところにも、車軸の安全性向上に対する技術発展の一コマを垣間見ることができます。

　残留応力も、フレッティング疲労強度に対して大きな影響を及ぼします。表面の圧縮残留応力がフレッティング疲労き裂の進展を阻止して、結果として、破断の疲労限度を高めます。新幹線電車に高周波焼入車軸が採用された最大の理由です。

4.2 新幹線電車車軸

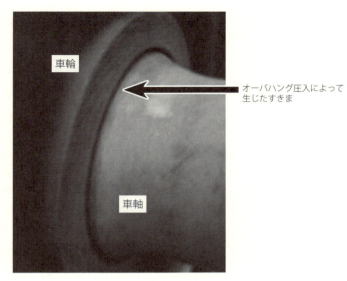

図4.16 車輪のオーバハング圧入

図4.17 車輪の非オーバハング圧入（新大阪駅にて／撮影：石塚）

◆「4章 車軸」参考文献

1) 高速車両用輪軸研究委員会 編：『鉄道輪軸』丸善プラネット（2008）
2) 矢島忠正 著，日野光兀 監修：『官営製鉄所から東北帝国大学金属工学科へ：大石源治史料にみる実践的鉄冶金学の黎明期』東北大学出版会，p.233（2010）
3) 「鉄道院鉄道用品仕様書」，『鉄と鋼』3巻8号，pp.46-95（1917）
4) 工作局：車軸折損について，p.31（1956）
5) 広重厳：『輪軸』交友社本店，p.102（1971）
6) 日本工業標準調査会審議：『車軸 JIS E 4502』日本規格協会，pp.5-6（1954）
7) 菊池功・河井正昭・植木隆・山口久雄・小松英雄：「車軸の軽量化」，『住友金属』33巻3号，pp.85-97（1981）
8) 牧野一成：「車両を取り巻く技術の動向⑫非破壊検査」，『R&m』16巻6号，pp.48-51（2008）
9) R.A.Smith：The Versailles Railway Accident of 1842 and the First Research into Metal atigue, *Proc. FATIGUE90*, pp.2033-2041（1990）
10) W.J.M.Rankine：On the causes of the unexpected breakage of the Journals of Railway Axles; and on the means of preventing such accidents by observing the Law of Continuity in their construction, *Minutes of Proc. of I.C.E.*, 2巻, pp.105-108（1843）
11) W.W.Maxwell, B.R.Dudley, A.B.Cleary, J.Richards & J.Shaw：Measures to Counter Fatigue Failure in Railway Axles, *Proc. Instn. Mech. Engrs.* 1967-1968, 182巻第1部, 4号, pp.89-108（1968）
12) 永島菊三郎・中村宏：「電車用車軸の強度について」，『日本機械学会論文集』17巻63号，pp.54-59（1951）
13) たとえば，O. J. Horger：Influence of Fretting Corrosion on the Fatigue Strength of Fitted Members, *ASTM STP* 144, pp.40-53（1952）
14) たとえば，石塚弘道・赤間誠・花岡立定・佐藤康夫・本松啓美・手塚和彦：「人工きず入り新幹線電車車軸の疲労試験結果に対する破壊力学的評価」，『日本機械学会論文集（A編）』60巻578号，pp.2200-2206（1994）
15) 石塚弘道：「材料強度からみた車軸と車輪」，『RRR』69巻5号，pp.28-31（2012）

5章 軸受

一般の産業機械に用いられている軸受の変遷に見られるように、1872年鉄道開業時には機関車をはじめ鉄道車両の車軸軸受にはすべり軸受が使われていました。その後、列車速度の向上、車両重量の増加、あるいは大量輸送など使用条件が徐々に厳しくなるにつれて、運転性能や軸受保守などの点において転がり軸受の特性が認められるようになり、1950年代になって高速、大量輸送を担う電車を中心とした車両に転がり軸受が使われるようになりました。本章では、主に材料面から車軸軸受として使われたすべり軸受と転がり軸受の変遷を述べます。

軸受の温度測定

5.1 車軸軸受について

鉄道車両には固有の軸受がいくつかありますが、本項ではそのうち車両には必ず使われている車軸軸受について紹介します。車軸軸受は、車両重量による垂直方向の荷重(ラジアル荷重)や特に曲線走行時に発生するレール横方向の力(アキシアル荷重)を支えながら、輪軸の回転を円滑に保つ基本的な役目を持ちます。軸受荷重には、車両走行時の動的あるいは衝撃的な影響、ならびに力行(列車が動力を使いながら走行する状態)、制動時の加減速の影響を受けながら発生する鉄道特有の条件があります。車軸軸受はこのため、十分な強度を持つと同時に速度や荷重などの多様な運転パターンに対して常に安定な潤滑装置としての役割も持つことが要求されます。

軸受にはすべり軸受と転がり軸受がありますが、これら軸受の模型を図5.1[1])に示します。すべり軸受は軸が回転することにより流体内に発生する圧力がラジアル荷重を支える役目を果たしています。一方、転がり軸受は軸にはまった内輪の外周をころや玉などの転動体が軸につられて回ることによってラジアル荷重を支えています。転がり軸受の転動体はすべり軸受の流体の働きをしています。近年は、すべり軸受に代わり転がり軸受を使うようになりましたが、ここではこれら軸受材料の変遷を述べます。

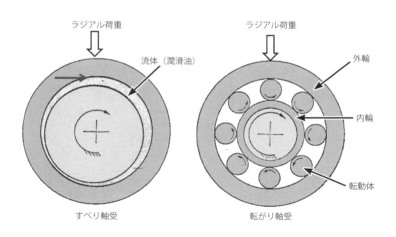

図5.1　すべり軸受と転がり軸受

5.2　すべり軸受

本項では、主に蒸気機関車と客貨車の車軸用ジャーナル軸受について紹介します。ジャーナル軸受とは軸受回転軸に対して直角方向の荷重(主に車両重量)がかかる軸受のことです。

5.2.1　鉄道初期の蒸気機関車の車軸用平軸受

1872(明治5)年にわが国で鉄道が開業した頃に使われていた蒸気機関車や客車などの車両はすべて海外から輸入されており、車軸用ジャーナル軸受にはすべり軸受の一種である「平軸受」が使われていました。平軸受とは、多くのすべり軸受のうち図5.1の→で示したように単純な円筒で摺動する軸受のことで、摺動面に段付きがある、複雑な円弧から成る、あるいは分割されているなど特異な形状をもっていない軸受のことです。これをプレーン・ベアリング(plain bearing)とも称します。具体的な形状は図5.4で説明します。

このなかで、1898～1905(明治31～38)年にわたってイギリスから輸入された鉄道院の車両形式称号による2120形蒸気機関車[2](図3.2参照)と1904(明治37)年ごろにアメリカから輸入された2500形蒸気機関車[3](図5.2)は、機関車としての主要な性能は同じでしたが軸受設計に対する考え方に違いがありました。

まず、図5.3に蒸気機関車動輪の軸箱搭載状態を示します。軸箱とは、車軸に搭載され

図5.2　2120形と軸受設計の考え方が違う2500形蒸気機関車(提供:鉄道博物館)

5章 軸受

a. 動輪外側

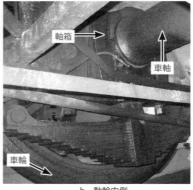
b. 動輪内側

図5.3　蒸気機関車動輪の軸箱（提供：日本工業大学工業技術博物館／撮影：木川）

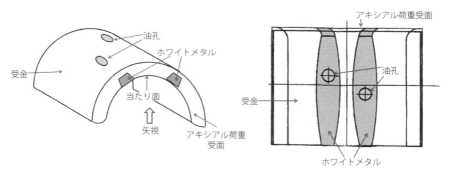

a. 2120形平軸受の外観　　　　　b. 矢視方向から見た平軸受の当たり面

図5.4　蒸気機関車動輪の2120形平軸受

た軸受を収納する箱のことで、軸受荷重は軸箱を介して軸受にかかります。蒸気機関車の動輪や先輪では、同図aに示すように、車輪外側にピストンや主連棒などの駆動装置がある関係で、軸箱は同図bのように車輪の内側に納められています。

　軸箱はやや特殊な形状をしていますが、内部に収納された軸受の基本形状は図5.4a, b[2)]に示すとおりで、ここではこれを2120形平軸受と呼ぶことにします。図5.4aに示すように、平軸受は肉厚の円筒を中心軸に沿って半割りした形をしており、半割円筒の内面（当たり面）で車軸と摺動します。正確には、平軸受はラジアル荷重が車軸ジャーナル（p.96、図4.7参照）の上部に載荷される「部分軸受」（ジャーナルのある角度範囲を軸受面とする軸受）です。平軸

108

表5.1 ホワイトメタル2種、7種の化学成分 JIS H 5401（1951）

種類	記号	化学成分〔%〕								
		Sn	Sb	Cu	Pb	Fe	Zn	Al	Bi	As
ホワイトメタル2種（錫系）	WJ2	残部	8.0～10.0	5.0～6.0	≦0.50	≦0.08	≦0.01	≦0.01	≦0.08	≦0.10
ホワイトメタル7種（鉛系）	WJ7	11.0～13.0	13.0～15.0	≦1.0	残部	≦0.10	≦0.05	≦0.01	—	≦0.2

　受を構成する主要な素材を受金と称します。図5.4b[2)]に示すように、受金がラジアル荷重を受けて車軸と摺動する当たり面には、軸方向にホワイトメタル（白色合金）が部分的に「肉盛」（溶融状態のホワイトメタルを受金に盛り付けること）されています。この操作を裏張りと呼びます。ホワイトメタルは、低融点金属である錫(Sn)あるいは鉛(Pb)を主成分とし、アンチモン(Sb)、銅(Cu)、亜鉛(Zn)などを添加した軸受合金の総称です。このように、平軸受にかかるラジアル荷重は受金とホワイトメタルを通して車軸ジャーナルにかかることになります。他方、曲線走行時に発生するアキシアル荷重は図5.4a,b[3)]のアキシアル荷重受面にかかります。この面もホワイトメタルが部分的に肉盛されています。

　受金の頂部には、潤滑油を外部の油送管からホワイトメタルに供給するための油孔が設けられており、潤滑油は油孔を通って軸受面に供給されます。またこれとは別に、軸箱底部に設置された給油用のパッドをばねを使ってジャーナル面に下から押し付け、車軸回転時には潤滑油を塗布します。

　2120形蒸気機関車平軸受に使われていたホワイトメタルの化学成分の詳細は不明ですが、合金の種類は今日のJIS H 5401ホワイトメタルのうち錫系の軸受合金に近いと思われます。表5.1にJIS H 5401の錫系ホワイトメタルのWJ2と、5.2.3項で述べる鉛系ホワイトメタルのWJ7の化学成分を、また図5.5には、WJ2とWJ7の光学顕微鏡による**金属組織**[●23]を示します。

　JISでは、ホワイトメタルはWJ1からWJ10まで10種類がありますが、WJ2とWJ7はそれぞれ錫系および鉛系の代表的な合金です。図5.5から理解されますが、WJ2およびWJ7はそれぞれ、錫、鉛の軟質な母地のなかにSnSbやCu_6Sn_5などのやや硬質な化合物が分散し荷重を支えます。軟質の母地金属は摩擦抵抗を下げる点からは最適で、相手材料とのなじみ性、潤滑油との親和性、固形異物が軟らかい地に埋め込まれて無害にする「埋収性」が優れています。**機械的性質**[●14]は劣っているため軟鋼や銅合金の受金が補強材の働きをしています。

　錫系軸受合金の車軸軸受への適用に関しては、すでに1839年に、アメリカにおいてア

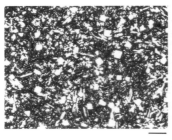 

WJ2：黒色の錫母地のなかに、矩形の錫／アンチモン化合物（硬さが約100HVのSnSb）と共に針状の銅／錫化合物（同270HVのCu_6Sn_5）が分散している状態

WJ7：黒色の鉛母地のなかに、矩形の錫／アンチモン化合物（硬さが約100HVのSnSb）が分散している状態

図5.5　ホワイトメタルJIS WJ2とWJ7の金属組織（提供：柿嶋 秀史 氏）

イザック・バビット（Isaac Babbitt）が、「車軸およびクロスヘッド・ピン用軸箱の製作法」の名称で特許[4]を取得しています。発明は、軸受合金を受金に鋳込む方法に関するものですが、鋳込み用の軸受合金として錫（Sn）89％、アンチモン（Sb）9％、銅（Cu）2％の組成が好ましいとして、錫合金を推奨しています。このことから後日になって、軸受用錫合金はしばしば「バビットメタル」と呼ばれるようになりました。蒸気機関車では、ピストンの往復運動を動輪の回転運動に変えるクロスヘッドのすべり軸受にもバビットメタルが使われています。

2120形を製作したイギリスでは、蒸気機関車、客車の受金には青銅●41-1や黄銅●41-2などの銅合金鋳物●41が使われているとの記録[5),6)]があります。2120形では青銅が使われていますが、車軸ジャーナルは、ラジアル荷重を主に負担する軸受頂部付近で、潤滑油を介して青銅を相手に摺動します。その際、ホワイトメタルが相手材料とのなじみ性、潤滑油との親和性などの効果を摺動面に対して与えます。一方、青銅は摺動材料としてはホワイトメタルと比べて、相手材料とのなじみ性や異物の埋収性などは劣りますが耐荷重性能ははるかに高く、特に鋼に対しては良好な潤滑条件のもとでは自らの摩耗が起こりにくいという特徴[7]を有しています。青銅はいわば硬質の軸受合金として現在でも一般的に使われています。なお黄銅は、適度な強度をもち、相手材への攻撃性は少ないのですが、自らが摩耗しやすい点で摩擦材としては不向き[7]といわれています。ただし、より安価であるうえ熱伝導性のよいことに着目して使われていました。

ホワイトメタルを部分的に裏張りする2120形機関車の軸受は、その後の国産機関車平軸受の設計に大きな影響を与えました。しかし一方で、同時期にアメリカから輸入さ

れた軸受設計の考え方が違う2500形の平軸受も、国産機関車の軸受に影響を与えています。2500形の平軸受には、ホワイトメタルなどの軟質な軸受合金は裏張りされていません。受金には黄銅が使われており、この場合ジャーナルは常に黄銅を相手にしながら潤滑油を介して摺動するように設計されています。なお潤滑油の供給は、2120形と類似の方式です。大山氏[8]によれば、2500形を製造したアメリカでは、19世紀中頃の蒸気機関車の車軸平軸受には成分系が今日のわが国における「**鐘銅**（ベルメタル）」●41-4、青銅、「**砲金**」●41-3、「**鉛青銅**」●41-5などに近い**銅合金鋳物**●41が、軸受合金を裏張りしない状態で使われていました。この実績が2500形軸受の設計に反映されていたと考えられます。裏張りをしない軸受を「ソリッドベアリング」(solid bearing)と称します。

5.2.2　国産蒸気機関車の車軸用平軸受

1913（大正2）年以降は、9600形（図3.4参照）に代表される本格的な国産機の時代になり、これ以降の機関車動輪の平軸受の設計には、図5.4に近いホワイトメタルを部分的に裏張りした方式が多く採用されました。たとえば、さらに後年の1936（昭和11）年から国内で製造を始めたD51形蒸気機関車（図5.6）動輪の平軸受においても、摺動面の一部にホワイトメタルが裏張りされ、これは前項で述べた2120形と同じ軸受構造です[2]。国産機関車には錫系軸受合金の使用をはじめ、主に2120形方式が踏襲されました。なお、受金には

図5.6　2120形蒸気機関車の軸受設計を踏襲したD51形蒸気機関車（提供：三品 勝暉 氏）

青銅、砲金あるいは鉛青銅が使われており、ホワイトメタルも部分的な裏張りだけでなく摺動面全体の裏張りも行われています。

1933(昭和8)年に、2120形方式のホワイトメタルで裏張りした軸受と2500形方式の青銅のみの軸受、いわゆるソリッドベアリングとの間で軸受性能を比較するための現車試験が国内各地の機関車を使って行われています[9]。試験では、車軸ジャーナルおよび受金の摩耗量、軸箱発熱(5.2.4項で述べる「焼付き」のこと)の起きやすさ、発熱時の保修の容易性ならびに経済性などの観点などから評価が行われています。試験の結果、軸箱発熱の起きやすさについては明確にはなっていませんが、発熱時の保修について、「ホワイトメタル入りは摩耗粉が油溝を塞ぐが機関区での軸受交換が可能である」あるいは「青銅(ソリッドベアリング)は発熱で溶けることが少ないが青銅のみは軸受交換ができない、青銅のみは高速度には適しない」など、試験を担当した機関区からさまざまな意見が寄せられています。結局、試験結果には機関車の運転や保守などの使用条件の影響もあったと思われ、両軸受方式の間に一貫した差異は認められず、優劣は付けられませんでした。このことから、当時は、機関車の使用条件によっていずれかの方式が使われていたと思われます。

5.2.3　客貨車の車軸用平軸受

客貨車の車軸用平軸受には1910年代(明治末期から大正初期)頃まではソリッドベアリングが使われていました。その後、ソリッドベアリングに鉛**ライニング**●40(鉛の肉盛と思われます)を施した平軸受が使用されましたが、間もなく鉛系ホワイトメタルの肉盛になったとの経緯が紹介されています[10]。鉛系のホワイトメタルはこの頃使われ始めたようです。列車の速度向上や重量が増えるにつれて、摩耗や発熱などの発生のためにソリッドベアリングでは十分な軸受性能を確保できなかったと考えられます。また、"貨車用トシテ鉛ノらいにんぐガ施サレタノデアルガ、ソノ結果積車ノ場合ノ車軸発熱(5.2.4項で述べる「焼付き」のこと)ガ頻発シタ"と報告されており[10]、鉛「ライニング」には荷重条件的に限界があったようです。

近年の貨車における軸受の搭載例を図5.7[11]に示します。同図は平軸受を収納している軸箱の蓋を開放した状態で、車軸の軸端とその上部に平軸受が搭載されている様子がわかります。蒸気機関車の場合と異なり、客貨車の平軸受は車輪外側の軸箱のなかに納められています。図5.8[12]に、軸箱内部における車軸ジャーナルに平軸受を搭載した状態ならびに平軸受の外観を示します。客貨車では受金を「台金」とも呼びます。軸箱に負荷

5.2 すべり軸受

図5.7　貨車車軸ジャーナルに搭載された平軸受

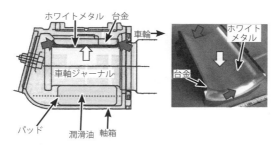

図5.8　貨車車軸ジャーナルと平軸受の組立て

されるラジアル荷重は平軸受の当たり面(上下矢印)を通して車軸ジャーナルにかかり、走行時のアキシアル荷重は、ホワイトメタルで裏張りされた軸受の端部(左右矢印)から車軸の対応する箇所にかかります。潤滑は、2120形蒸気機関車の平軸受のような油孔と軸箱底部のパッドによる併用方式ではなく、図5.8に見られるようにパッド方式のみによって行われています。客貨車平軸受では、当たり面および端部の摺動面全体に表5.1に示した鉛系のホワイトメタル7種(JIS H 5401 WJ7)が裏張りされています。機関車の場合と違い、錫系に代わり鉛系が使われ、摺動面全体にわたって裏張りされています。図5.8では、台金には銅合金鋳物のなかの鉛青銅(JIS H 5120 CAC604)が使われています。

　錫系と鉛系の使い分けは、基本的には軸受荷重の大きさ、車両の速度ならびに走行頻度などの点で厳しい軸受条件では錫系が、それ以外では鉛系が使用されてきました。錫系メタルと比べ鉛系は「軟カク菱従シ易ク(「伸び易く」の意味)マタ価格廉ナルヲ以ッテ廣ク使用セラレテイル[13)]」と述べられており、鉛系が低廉であることも使用理由になって

いました。1943(昭和18)年に発行された、「機関車の構造と理論[14]」によれば、当時の鉄道省は客貨車には鉛(Pb)75％の鉛系を、機関車、電車、気動車には錫(Sn)83％の錫系を使うよう指示しています。

1917(大正6)年時点で鉄道院が所有していた車両数一覧[15]によれば、機関車が約2700両、客車約6800両、貨車約44000両と多数に上り、軸受不具合も少なくなかったものと想像します。その後1930(昭和5)年代に入り、東京検車所で扱っている特急、急行、普通列車で客車平軸受の故障が多発したため、故障原因調査が行われています[10]。その結果、平軸受の故障は列車速度の向上や車両重量の増加などが影響しており、列車速度の向上による軸箱の温度上昇がホワイトメタルと台金との間で大きな熱膨張差を作り、これがホワイトメタルの台金からの浮き上がりを引き起こす原因となっていると述べられています。平軸受の使用条件が過酷になったことに対応して、ホワイトメタルの適正な成分調整や鋳込み法あるいは軸箱組み立てなど、平軸受の製作、使用について見直しが求められました。

5.2.4　客貨車用平軸受の性能向上に関する研究

1939(昭和14)年、石田[16]は、ホワイトメタルに含まれる硬質化合物が軟質母地中で分散する形態(図5.5)が**摩擦係数**[32-2]に影響するとし、鉛系では7種、錫系では2種が最も摩擦係数が小さい合金として推奨しました。

その後1951(昭和26)年になって、佐藤・斎藤ら[17]は鉛系WJ7を裏張りした客貨車用の実物平軸受を用い、平軸受の主要な故障である「焼付き」(温度上昇に伴って摩擦面同士が局部的に溶融、圧着し摩擦係数が増加することにより運転が困難になること)に注目し、その発生原因を検討しました。用いた試験機はリーレ(Liele)軸受試験機と称し、平軸受に一定の垂直荷重を負荷しながら、運転時の平軸受とジャーナル間に発生する摩擦力や軸受温度を自動的に計測できる機構を持っています。運転時の潤滑状態の変化を模式的に図5.9に示しますが、この曲線は20世紀初頭にドイツのリヒャルト・シュトリーベック(Richard Stribeck)が提唱した、摩擦面の潤滑状態を表す「ストライベック」線図と称します。

運転開始直後から平軸受は徐々に温度上昇を起こし、それにつれて潤滑油の粘度低下により摩擦面間の油膜厚さは薄くなります。その一方で、軸と軸受の摩擦面相互の粗さやうねりが小さくなる、いわゆる「なじみ」が起きることによって摩擦係数は低下します。この状態を仮に図5.9のA点とします。さらに運転が継続し、潤滑油粘度ならびに摩擦係数が引き続き低下することにより、曲線はa⇒の方向に一層下がり、普通の条件であれば

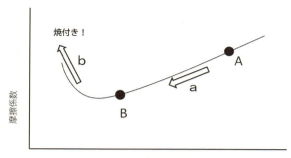

図5.9　ストライベック線図における焼付きの発生

B点の摩擦状態に落ち着きます。しかし軸受荷重が過大、運転速度が速い、あるいは軸受摩擦面に何らかの不具合がある、など条件によっては摩擦係数が低下のあとb⇒のような増加を起こし、その結果、平軸受は焼付きに至ることがあります。佐藤らは、単に摩擦係数の評価だけではなく、潤滑状態が過酷になったときに摩擦係数が急激に上昇する可能性についてストライベック線図を使って考察し、軸受の焼付きを論じました。焼付きを起こしやすい最も過酷な条件とは、使用開始前の平軸受に対して、ジャーナルとの当たりが均一になるよう最終仕上げとして行う「すり合わせ」が不十分な場合で、焼付きが急速に進行すると述べています。

　平軸受のすり合わせは焼付き防止のため重要な作業で、松縄・石田ら[18]は、鉛系、錫系のホワイトメタルを裏張りした平軸受の最適なすり合わせ法を提案し、「すり合わせ機械仕上げ」なる新しい方法を提案していますが、光明丹を使った手仕上げは「熟練の上に手間が掛かるが、最も丁寧な良い仕上げ方法」と述べています。光明丹は鉛丹ともいわれ、微粒な鉛酸化物の赤色顔料です。これを溶剤に溶かし、当たり面に薄く塗った平軸受を車軸ジャーナルに押し付けながらジャーナルとの局部当たりを調べるのに用いられます。

　近年になって、労働衛生、環境保護などの観点から鉛の使用が少なくなるなかで、ホワイトメタルを鉛系から錫系に切り替える動きがあり、その際にホワイトメタルの耐焼付き性の確認が行われました。供給油量を微量にした不十分な潤滑条件下、すなわち焼付きが起きやすい条件の下での軸受合金の耐焼付き性を調べたところ、錫系WJ2より鉛系WJ7のほうが荷重の小さいうちに摩擦係数の急増、すなわち焼付きが起きやすいことが確認され、WJ2のWJ7に対する優位性が示されました[19]。この理由は、図5.5に示すように、WJ2には硬い化合物があり組織全体の破壊が起きにくくなっているためです。

5.3　転がり軸受

「性能一点張りの議論ではすべり軸受、実用上の便利さでは転がり軸受」、といわれています[20]。鉄道車両では車軸軸受を平軸受から転がり軸受に変えることにより、走行抵抗が小さくなるとともに列車出発時の引出抵抗が小さくなり、また軸受の交換や組立てが容易になり保守性も向上するなど、鉄道固有のメリットがあります。

車軸ジャーナルに搭載されている転がり軸受にはさまざまな形式がありますが、そのうち代表的な形式について以下に述べます。

図5.10は、軽量・コンパクト化や保守性の向上などの理由で近年になって多くの在来線車両で使われるようになった密封式の「円すいころ軸受」が車軸ジャーナルに搭載されている状態です。密封式とは、軸受内のグリースの漏えいや外部からの異物の侵入を防ぐために軸受にシールが付いた形式のことで、従来から使われていた軸箱に付いた形式を解放式といいます。同図は、在来線電車の台車から軸箱を外した状態なので、軸受外輪が露出した状態になっています。

図5.11[21]に同軸受を構成する主要な部品を示します。同図には、外輪、間座(かんざ)(軸受内部すきまを調整するための部品)、内輪＋円すいころ＋保持器の組立て品およびシールケースが示されています。ここで保持器とはころが相互に接触しないよう一定の間隔でころを保持する部品のことです。円すいころが保持器ポケット(保持器のころを収める開口箇所)に納められた状態で、内輪と組み立てられ一体になっています。軸受形式はころの形状によって呼ばれていますが、図5.11の組立て品の形状からわかるように、ころが円すい

図5.10　車軸ジャーナルに搭載された密封式円すいころ軸受(撮影：木川)

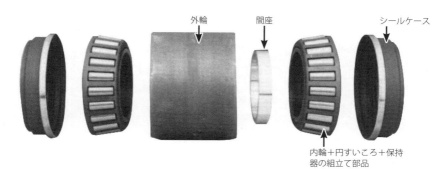

図5.11　密封式円すいころ軸受を構成する主要な部品（提供：日本精工）

形をしていること、したがってそれに対応して内輪と外輪の両方の軌道面（ころが転がる面）も一定の勾配をもっていること、などを見取ることができます。内、外輪、ころがこのような勾配をもって接していることから、円すいころ軸受はラジアル荷重と同時にアキシアル荷重も受けることができます。シールを内部に納めたシールケースが外輪の両端にはめられ、これが密封装置になっています。また、潤滑にはグリースが用いられています。密封式の円すいころ軸受の内・外輪は浸炭鋼で造られていますが、浸炭鋼については後で詳しく述べます。

なお、車軸軸受としては「円筒ころ軸受」も代表的な形式で、在来線車両ならびに新幹線電車でさまざまな形式の円筒ころ軸受が開発され、現在でも円すいころ軸受とともに円筒ころ軸受が各方面の車両で使われています[8]。

5.3.1　平軸受から転がり軸受へ

車軸軸受に転がり軸受が採用されたのは、1932（昭和7）年に当時の鉄道省が新製したキハ36900形ガソリン動車（図5.12）への開放式の円すいころ軸受が初めてで、本格的な使用はその後太平洋戦争終了後の1945（昭和20）年以降です。新製車両の転がり軸受化と並行して、平軸受を搭載した大量の在来車両に対しても転がり軸受化が進められ、平軸受台車にそのまま搭載できる寸法を持つ開放式の小型円すいころ軸受の設計、試験が進められました[22]。1949（昭和24）年の時点で転がり軸受を使った旅客車は、電車では681両（電車全体の28%）、客車では897両（同7.7%）の状態で[23]、まだ多数の車両は平軸受を使用していました。

1949（昭和24）年に、車軸ジャーナル軸受の転がり軸受化の検討が、国鉄と軸受メーカ

5章 軸受

図5.12　開放式の円すいころ軸受を初めて採用したキハ36900形ガソリン動車
（提供：交友社／『100年の国鉄車両3』より）

による「車輌用コロ軸受研究会」において進められました。研究会では、円すいころ軸受の電車、客車などへの搭載に当たって、車両走行抵抗の把握をはじめ、設計、組立ておよび保守に関するさまざまな課題[24]について検討が行われました。特に、材料に関する課題については、しばしば軸受故障の原因となった円すいころ軸受保持器のポケットの摩耗や柱（隣接するポケット間の梁）の破損などの対策が検討されました。摩耗は、転がり軸受部品のうちでころとの間のすべり速度が大きい保持器において見られる現象で、上記の不具合は、主にポケットの形状、寸法の改良と工作法の改善などにより解決されました[25]。当時の円すいころ軸受に使われていた保持器は、炭素(C)0.13〜0.23％の低炭素鋼板（国鉄仕様書SA28）をプレス成形した打ち抜き保持器です。保持器ポケットの摩耗に関しては特に大きな材質的問題はありませんでしたが、その後1964(昭和39)年になって、加工性、耐摩耗、耐疲労のために硬さや強度、保持器と摺動する転動体に擦傷や摩耗を与えない性質などが改良され、日本ベアリング工業会規格の転がり軸受用鋼帯板1種〜3種(BAS 361)として制定されました。また以前は、JIS G 4051機械構造用炭素鋼材(0.08〜0.61％Cの間で炭素含有量範囲が細分された一連の鋼材)のS25C(炭素含有量範囲の中央値が0.25％)が円筒ころ軸受用の「もみ抜き」(削り加工)保持器に使われていましたが、その後、新幹線電車をはじめ在来線車両の円筒ころ軸受にも鉄鋼とのなじみ性がよいJIS H 5120 高力黄銅鋳物（黄銅にアルミニウム、鉄、マンガンなどの元素を添加し、強度、耐摩耗性、耐食性を向上させた銅合金鋳物）製のもみ抜き保持器が徐々に使われようになりました。この保持器材料は1975(昭和50)年に日本ベアリング工業会の転がり軸受保持器用高力黄銅鋳物(BAS 363)として制定されています。

5.3.2　軸受鋼の品質と材質改善

　軸受内・外輪および転動体に必要な材料特性は、高い硬さ、耐摩耗性、耐**転がり疲れ**[37-2]性ならびに金属組織の安定性などです[26]。1％炭素(C)-1.2％内外のクロム(Cr)を基本的な化学成分とする高炭素クロム軸受鋼は世界的にも伝統のある軸受鋼で、上に述べた材料特性を満足するために適正な熱処理が施されています。

　1950(昭和25)年に、高炭素クロム軸受鋼は表5.2に示すJIS G 4805(1950)高炭素クロム軸受鋼鋼材として制定されました。このときの軸受鋼第3種(SUJ 3)は、大型軸受に必要な高い**焼入性**[15-1]を確保するためにマンガン(Mn)を1％添加した高炭素クロム軸受鋼で、この鋼種が後に新幹線電車初期の0系、200系の車軸軸受ころに使われます。なお、このときの規格には、まだ**非金属介在物**[27-1]や「**地きず**[27-3]」(鋼材の仕上げ面に肉眼で見える材料欠陥)など材質欠陥についての規定はありません。1970(昭和45)年には、モリブデン(Mo)添加によってSUJ 2およびSUJ 3より焼入性をさらに増したSUJ 4とSUJ 5がJIS G 4805規格に新たに追加されています。ちなみに、2008(平成20)年の規格改定で用途の少ないSUJ 1は廃止されました。国鉄では、在来線車両の円筒ころ車軸軸受は、JIS B 4805の高炭素クロム軸受鋼材によると規定されていますが鋼種については特に指定はありません。この点で、新幹線電車の車軸軸受は、SUJ 2、3または4と鋼種を指定しています。実際、0系、200系、100系などの新幹線電車の車軸軸受は大型であるため、外輪はSUJ 4で製造されました。また5.3.3項で述べるように、内輪には必要に応じて浸炭鋼が使われました。

　軸受の熱処理は、鋼材を**焼ならし**[22-4]処理をしたあと、切削性を上げるための**球状化焼なまし**[22-6]処理を行い、機械加工の後、焼入焼戻処理で必要な軸受材料特性に適った組織、すなわち、**低温焼戻マルテンサイト**[25-5]の母地のなかに**残留オーステナイト**[25-8]およびクロム炭化物(クロムと炭素の硬い化合物)が分布した組織にします。

表5.2　1950年に制定された高炭素クロム軸受鋼鋼材規格における化学成分、％
JIS G 4805(1950)

規格名称	軸受鋼種類、記号	C	Si	Mn	P	S	Cr
JIS G 4805,1950	軸受鋼1種、SUJ1	0.90〜1.10	0.15〜0.35	≤ 0.50	≤ 0.030	≤ 0.030	0.80〜1.20
	軸受鋼2種、SUJ2	0.95〜1.15					1.20〜1.60
	軸受鋼3種、SUJ3	0.90〜1.10	0.30〜0.60	0.90〜1.10			0.90〜1.20

5章 軸 受

　太平洋戦争が終わった1945(昭和20)年以降は、製鋼法や加工法などの進歩によりわが国の軸受鋼の品質が飛躍的に向上しましたが、当時の軸受鋼にはまだ不均一な球状化焼なまし組織や地きずなどの材質不良が見られました[27]。これに対して当時のベアリング協会は1951(昭和26)年に軸受鋼規格 JIS G 4805に基づいた高炭素クロム軸受鋼検査仕様書を制定しました。仕様書には、**光学顕微鏡組織**●[23-1]判定標準が付けられ、この仕様書の活用によって軸受鋼材の品質向上が図られました[27]。当時の国鉄においても球状化したクロム炭化物の形状や大きさが検討課題になり[28]、「顕微鏡組織判定標準」が制定されました。この判定標準に照らされて検査された軸受鋼の顕微鏡写真の例が文献28に載っています。

　残留オーステナイトに関しては以前から功罪論議[29]があります。軟質であるため応力集中を緩和する働きがありますが、組織の安定性の点では軸受にとって不都合な場合があります。残留オーステナイトは軸受使用中に徐々にマルテンサイトに**変態**●[24]することにより体積膨張を起こすので、軸受形状や寸法の変化を生じることがあります。車軸軸受の内輪は「締りばめ」(内輪内径がジャーナル外径よりわずかに小さい状態のはめ合い)で車軸ジャーナルにはめられているので、過大に残留オーステナイトを含んだ軸受は長期走行につれてマルテンサイトへの変態が進みます。その結果、内輪の寸法拡大により締めしろが低下し、それが原因となって内輪がジャーナルの回りをずれ動く「軸受内輪クリープ」を引き起こす恐れがあります。通常は、残留オーステナイトの分布は顕微鏡組織中でほぼ5％前後です。また残留オーステナイトを減少させる場合の熱処理法には焼き入れた後、ドライアイスや液体窒素の冷媒を用いて極低温に冷却して、残留オーステナイトをマルテンサイトにする「サブゼロ処理」があります。

　軸受用鋼にとって最も重要な材料特性である「耐転がり疲れ性」は近年になって著しく向上しました。これには、製鋼法の進歩により鋼の**清浄度**●[27-2]が加速的に改善されたことが大きく寄与しました。軸受では、軌道面上で転動体が通過するたびに接触面下に発生するせん断応力の繰り返しが疲れ破壊の要因になります。軸受は、転がり疲れ破壊によって表面のはく離を起こし、その結果使用が不可能になる、いわゆる「寿命」に達します。材料中の異物や不都合な組織などは疲れはく離の原因になる可能性があります。その材料的な因子としては、製鋼の過程で溶鋼内に残留する非金属介在物、特にアルミナ(Al_2O_3)、酸化鉄(FeO)など硬質の酸化物系非金属介在物は疲れ破壊の起点になる危険性が大きい[26]のです。軸受鋼は、以前は大気中で**キルド鋼**●[20-12]として精錬されてきましたが、1960年代後半(昭和40年代)になって、溶鋼を減圧雰囲気で処理するさまざまな方式の**真空脱ガス法**●[20-15]が精錬プロセスに取り入れられるようになり、鋼の清浄度が向上

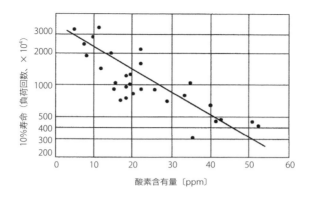

図5.13　鋼中酸素量と10%寿命との関係

してきました。そのため1970（昭和45）年に改訂されたJIS規格では、軸受鋼の製造はキルド鋼で真空脱ガスを行うことが規定されるようになりました。図5.13[30]は非金属介在物量に対応する鋼中酸素量とSUJ2円筒試験片の「10%寿命」（はく離発生までの寿命試験で、総試験数の累積はく離発生率が10%になる寿命。定格寿命のこと）との関係を示します。鋼中の非金属介在物が少なくなるにつれて寿命が著しく延伸するのが明瞭です。

さらに、鋼の溶解から精錬・造塊までを真空中で処理する「真空溶解法」を用いると、介在物や酸素や水素などのガス成分がきわめて少ない清浄度の高い鋼を得ることができます。大気中で造られた高炭素クロム軸受鋼を真空中で再度溶解することで、鋼中の非金属介在物が真空脱ガス法以上に少なくなることが認められました[26]。真空中で再溶解するため製造コストが高くなりますが、大気溶解法では製造が困難な金属や高品質が要求される材料などに真空溶解法が使われています。1968（昭和43）年頃、新幹線電車車軸軸受ころの清浄度を上げるために真空溶解法が採用され、以降の新幹線電車の車軸軸受円筒ころにはこの溶製法による鋼材が使われています。

5.3.3　浸炭軸受

　機械部品の表面強度や耐摩耗性を向上させるための**表面硬化**●35法に**浸炭焼入れ**●35-2処理があります。浸炭処理では、低炭素鋼の表面に炭素を拡散させ表層の焼入れ硬さや強度が増す一方、内部は低炭素のままで靱性が保たれているので、靱性が要求される軸受あるいは衝撃荷重を受けやすい軸受などの主に内・外輪に浸炭鋼が使われてきました。

国鉄では1954（昭和29）年に、5.3.1項で述べた「車輌用コロ軸受研究会」のなかで新製のEH10形電気機関車1両ほかを使った浸炭鋼の円すいころ軸受の試験が計画されました[31]が、本格的な使用はそれより後の1966（昭和41）年に新製のトキ25000形貨車（図5.14）に採用された密封式の円すいころ軸受が最初です[32]。それ以来、貨車の転がり軸受には標準軸受として耐衝撃性のある浸炭鋼を使ったコンパクトな密封式円すいころ軸受が使われてきています。

新幹線電車の車軸軸受は、開業以来高炭素クロム軸受鋼製の円筒ころ軸受が使われてきました。一方、1985（昭和60）年に新製された100系新幹線電車（図5.15）では円筒ころ軸受の内輪に初めて浸炭鋼が使われ、それ以降の新幹線電車の円筒ころ軸受の内輪には浸炭鋼が使われています。新幹線電車では、速度向上によって増加する動的荷重を低減させることが重要で、そのためには**ばね下質量**●6を軽量化することが有効であると考えられています。ばね下に含まれる軸受内輪の薄肉化がその一環として行われ、従来の内輪材料の高炭素クロム軸受鋼に代わって靭性の高い浸炭鋼が採用されました。車軸ジャーナルに締りばめで組み立てられた軸受内輪には「フープテンション」と称する周方向の引張り応力が常に発生しており、浸炭鋼はこの応力に対して高炭素クロム軸受鋼より耐久力があるので薄肉化が可能です。

一方、1996（平成8）年に開業した500系新幹線電車の車軸軸受にも図5.11に示す形式と類似の軽量・コンパクト化が可能な密封式円すいころ軸受が台車軽量化の一環として採用されました。ちなみに、新幹線電車車軸軸受は開業以来、液体の潤滑油による「油浴潤滑」でしたが、「グリース潤滑」が使われたのは500系が初めてです。

図5.14　密封式の円すいころ軸受（浸炭鋼）を初めて採用したトキ25000形貨車（提供：鉄道博物館）

図5.15　新幹線電車で浸炭鋼軸受内輪を初めて採用した100系電車（提供：村松 巧 氏）

表5.3　浸炭軸受に用いられる肌焼鋼

鋼種	化学成分〔%〕					
	C	Si	Mn	Ni	Cr	Mo
SCr420H	0.17〜0.23	0.15〜0.35	0.55〜0.95	≦0.25	0.85〜1.25	—
SCM420H	0.17〜0.23	0.15〜0.35	0.55〜0.95	≦0.25	0.85〜1.25	0.15〜0.35
SNCM220H	0.17〜0.23	0.15〜0.35	0.60〜0.95	0.35〜0.75	0.35〜0.65	0.15〜0.30
SNCM420H	0.17〜0.23	0.15〜0.35	0.40〜0.70	1.55〜2.00	0.35〜0.65	0.15〜0.30
SNCM815	0.12〜0.18	0.15〜0.35	0.30〜0.60	4.00〜4.50	0.70〜1.00	0.15〜0.30

* P≦0.030%、S≦0.030%

　浸炭処理には一般に**肌焼鋼**[●35-4]を使いますが、この鋼には一般の機械構造用炭素鋼や機械構造用合金鋼などのうち、炭素量が0.2%以下の鋼種が使われます。軸受用として特化された肌焼鋼はありませんが、**表5.3**[33)]に示す各種の低合金構造用鋼が軸受用の肌焼鋼として使われています。なお、100系以降の新幹線電車の円筒ころ軸受内輪を含め多くの密封式円すいころ軸受には、JIS SNCM 420 H 鋼の肌焼鋼が使われています。肌焼鋼のニッケル(Ni)、クロム(Cr)、モリブデン(Mo)などの合金元素は、浸炭処理における良好な浸炭性の確保、高温長時間の処理による結晶粒の粗大化に起因する材質劣化の防止、また浸炭後の**焼入焼戻**[●22-2]処理における強靭性の確保などのために添加されています。肌焼鋼に対して高炭素クロム軸受鋼をしばしば全硬化鋼と呼びます。

　軸受の浸炭処理は多くの場合「ガス浸炭」で行われており、900℃以上の高温で浸炭性ガス中に長時間保持し、表面から内部へ炭素を拡散させます。浸炭処理によって軸受軌

道面の炭素量は0.8～1.0％になり、処理後に焼入焼戻しを施すことによって表面が**ロックウェル硬さ**●30-4で59～63HRC程度の高い硬さになります。また軸受内外輪の浸炭硬化深さはJISの**有効硬化層深さ**●35-3が1～2mm程度です。浸炭硬化によって浸炭層付近の表面には圧縮の**残留応力**●11が形成され、適度な圧縮残留応力は軸受の疲れはく離寿命を向上させます[20]。軸受心部の組織は、浸炭軸受の特徴である軸受の靱性を発揮するために重要で、焼入焼戻し後の心部硬さは40HRC程度を目標にしています。表面から内部への硬さが低減する分布状態も重要です。

◆「5章 軸受」参考文献

1) 岡本純三・角田和雄：『転がり軸受』幸書房, p.2（1981）
2) 鉄道史資料保存会：『2120形機関車明細図』鉄道史資料保存会, p.52（1994）
3) 日本国有鉄道 国鉄SL図面編集委員会：『蒸気機関車設計図面集』p.5, 原書房（1976）
4) Isaac Babbitt：Mode of making boxes for axles and gudgeons, *U.S. Patent* No.1, 252, July 17（1839）
5) C.G.William：On an improved axle box and spring fittings for railway carriages, *Proc. of the Institution of Mechanical Engineers*, Proceedings Vol.6, pp.182-191（1855）
6) B.W.Adams：On railway axle lubrication, *Proc.of the Institution of Mechanical Engineers*, Proceedings Vol.4, pp.57-65（1853）
7) 葉山房夫：『金属・合金の摩耗現象の基礎』p.151, 丸善（1987）
8) 大山忠夫：「鉄道車両の車軸軸受の変遷」、『トライボロジスト』第46巻11号, pp.842-848（2001）
9) 高桑五六：『日本における蒸気機関車の発達』日本国有鉄道大宮工場発行, p.127（1956）
10) 望月雄三：「軸受金白めたるらいにんぐノ故障ニ就テ」、『業務研究資料』第23巻22号, pp.1-43, 鉄道大臣官房研究所（1935）
11) 新田哲也, 佐藤康夫, 木本栄治：「貨車の足回りを丈夫にする」、『RRR』1996年6月, p.23
12) (社)日本鉄道車両工業会貨車技術発達史編纂委員会：『日本の貨車-技術発達史』p.295, (社)日本鉄道車両工業会（2008）
13) 石井貞次：『客貨車（下巻）』p.960, 丸善書店（1930）
14) 機関車工学会：『機関車の構造と理論』p.121, 交友社（1943）
15) 朝倉希一：「大正初期の機関車」、『業務研究資料』第5巻2号, pp.1-42, 鉄道大臣官房研究所（1917）
16) 石田求：「ホワイトメタル軸受合金の性能の研究」、『業務研究資料』第27巻7号 pp.1-42, 鉄道大臣官房研究所（1939）

17) 佐藤忠雄，斎藤稔男：「客貨車平軸受用合金の軸受性能」，『日本機械学会誌』第58巻432号，pp.73-78（1955）
18) 松縄信太，石田求：「軸受金すり合わせ法」，『応用物理』第6巻，No.5, pp.201-203（1937）
19) 佐藤康夫，新田哲也，木川武彦，木村好次，木本栄治，岡田和三：「鉄道車両用錫系車軸ジャーナル軸受の焼け付き試験」，『日本機械学会第73期全国大会講演論文集（Ⅵ）』No.1120（1995）
20) 曽田範宗：『軸受』p.10，岩波全書（1967）
21) 日本精工株式会社：Bearings for Railway Rolling Stock, CAT.No.E1156 2000 E-9（2000），p.9
22) 車輛用コロ軸受研究会：「平軸受のコロ軸受化および円筒コロ軸受のスラスト受に関する問題ならびに主電動機用コロ軸受の諸問題」，『車両技術』37号，pp.144-164（1957）
23) 佐藤健児：「車両用コロ軸受の故障について」，『精密機械』第16巻184号，p.22，（1950）
24) 深沢三之：「車両用コロ軸受の題目と結論について」，『車両技術』26号，pp.31-33（1956）
25) 赤岡純：「車輪用テーパコロ軸受保持器の事故」，『鉄道業務研究資料』第7巻第3号，pp.4-7
26) 転がり軸受工学編集委員会 編：『転がり軸受工学』p.60，養賢堂（1975）
27) 喜熨斗政夫：「軸受材料の歴史」，『NSK BEARING JOURNAL』No.624, p.24（1968）
28) 大和久重雄：『JIS鉄鋼材料入門』p.88, 大河出版（1978）
29) 日本金属学会第Ⅲ総合分科：「残留オーステナイトの挙動と功罪に関するシンポジウム」，pp.1-30（1972）
30) 対馬全之：「軸受用鋼の転動疲労寿命の向上」，『日本金属学会報』第23巻1号，pp.50-56（1984），p.52
31) 車輛用コロ軸受研究会：「国有鉄道における車両用コロ軸受」，『車両技術』27号，pp.47-58（1956）
32) 堀井義朗：「転がり軸受の鉄道車両への応用」，『NSK BEARING JOURNAL』No.632, pp.1-6（1973）
33) 日本精工株式会社：「テクニカルレポート」p.206, CAT.No.728g, 2009 E-8

6章 ばね

「ばね」は、「跳ねる」から転じたことばです。これからは跳躍運動が想起されますが、跳躍の前にそのエネルギー（専門的には弾性エネルギー）をため込む機能があること、また、ため込んだエネルギーの出し入れ、つまり外からの力に対応した伸縮が比例関係にあり応答が速いことなどが金属製「ばね」の機能です。ちなみに、外来語ではないので「バネ」とカタカナ表示はしないのが原則です。ばねはクッションや電気スイッチなど身の回りのいたるところに隠れています。

鉄道ではどうでしょうか。パンタグラフの押上ばね、台車の軸ばね、レールの締結ばねなどはホームからも見えるところにあります。部品名としてばねとは呼びませんが、車体やレールなどの構造材も、曲げやねじりの変動力を吸収したり緩和する広義のばねです。これらを含めれば鉄道もいたるところ「ばね」だらけです。本章では、鉄道に特有で重要な台車まわりのばねに焦点を絞ります。

夜のハンプ・ヤード

6章 ばね

6.1 鉄道用ばねについて

鉄道における「ばね」は、電機部品の小ばねから、パンタグラフ(9章)、台車(2章)、連結器、レール締結ばね(10章)、などいろいろあります。台車の中だけでも、枕ばね、「トーションバー」(ねじり棒：ねじりによるばねの一種、図2.17の右側にある横棒)、「空気ばね」、など、材料も金属のほかにゴムなど各種があります。

ここでは、主に輪軸と軸受を介して振動を緩和するサスペンションとしての「担ばね」(機関車や図6.1のような2軸貨車の荷重を担う板ばね、その1枚を「リーフ」という)とボギー台車の軸ばね(コイルばね)について、材料の変遷[1]を紹介します。これらはいずれも熱間成形ばね(加熱してリーフ鍛造やコイリング成形するばね)です。

ちなみにパンタグラフの主ばねなどには、硬鋼線材やピアノ線材(いずれも**冷間引抜き**[29-5]により**加工硬化**[28]した高強度線材)を用いた冷間成形ばねも用いられています。

図6.1　2軸貨車の担ばね(提供：宮本 昌幸 氏)

6.2 明治から大正へ

1873(明治6)年、元刀鍛冶・鉄砲鍛冶が馬車用板ばねの製造を始めました。人力車ばねは冷間鍛造、馬車は**焼入れ**[22-1]を施していたといいます。鉄道車両用は輸入品で、鉄道庁

新橋工場(大井工場の前身)で修繕が行われています。1893(明治26)年、神戸鉄道工場で製造された国産第一号機関車860形もばねは輸入品でした。当時は修繕用の機械はなく全部手打ちで鍛造。熱処理は、火色を見て焼入れするという鍛冶職人の伝統が頼り。焼戻しを知らなかったために折損が多かったようです。

1904(明治37)年、民間最初のばね製造会社として東京スプリング社が創業(後に合併で東京鋼材を経て、現 三菱製鋼に至る)。巻ばねをロクロで製造しました。ばね鋼は、炭素0.4～0.7%の炭素鋼でクルップ社製が占めていました。1909(明治42)年になって、新橋鉄道工場で英人技師の指導で焼戻法(塗布した油が加熱炉で燃え尽きるときに取り出す)が導入され折損が減少しました。

1911(明治44)年には、蒸気機関車は2119両に達し、電気機関車12両が初めて投入されています。その頃から、ばねのコイリングマシン、転回式ガス焼戻炉などをアメリカより輸入。ばねメーカも増え、鉄道工場製も含めて自前の製造が可能になりました。

1913(大正2)年、東京スプリングで260形、280形蒸気機関車の動輪主ばねをドイツ材で初めて国産化しましたが、八幡製鉄所でも製鉄所規格の最硬鋼として2種類の鋼材が国産鋼として登場します。これは、現JISのSUP3の元祖ともいえる高炭素鋼でした。

- 第六種：炭素量0.8～1.0、引張強さ≧45.0T/in^2(約700MPa)、伸び≧8%
- 第五種：炭素量0.5～0.7、引張強さ=38～45T/in^2(590～700MPa)、伸び≧12%

1914(大正3)年には、鉄道省仕様書(3章のp.80「Column B」参照)も成り、国産品採用の方針も定められました。「弾機(ばねのこと)用最硬鋼ハ焼入ニ適スベシ」として、成分はリン、硫黄ともに0.045%以下という不純物規定のみ。**機械的性質**●14は、抗張力：70kgf/mm^{2}以上、延伸率：10%以上、ほかに抗張力+2×延伸率≧95という規定がありました。一般に抗張力(**引張強さ**●14-6)が高いほど延伸性(**伸び**●14-7)が下がることから、両者の兼ね合いを保証するための、今なら靭性に相当する規定でした。当時の鉄道工場は全国に広がり、21工場に達しています。

1917(大正6)年、東京鋼材で**酸性平炉**●20-5とるつぼ炉が稼働、1919(大正8)年頃には、ばね鋼もほぼ国産材になりました。ただし、コイルばね用線材は輸入品でした。

1924(大正13)年、第3回車両研究会に、「弾機の材質及び折損防止」の議題が採り上げられて、試験法についても、「へたり試験」、「衝撃試験」、「疲労試験」などの提案がされています。当時の「弾機鋼」の一覧を表6.1$^{2)}$に示します。同年は、翌1925(大正14)年に計画されている自動連結器への一斉交換(1章のp.38「Column A」参照)の準備で、旧連結器のバッファースプリング・ドローバースプリングの「竹の子ばね」から、自連のドラフトスプリング(コイルばね)に変わり、大量に発注されました。

6章 ばね

表6.1　大正13年における弾機鋼

		化学成分〔%〕					抗張力〔kgf/mm²〕	伸び〔%〕
		C	Mn	Si	P	S		
製鉄所*	硬鋼						60〜90	12
	最硬鋼						170	8
東京鋼材	客貨車用炭素鋼	0.7〜0.9	≦0.5		≦0.05	≦0.05		
	機関車用炭素鋼	0.9〜1.1	≦0.5		≦0.04	≦0.04		
	兵器用ケイ素鋼	0.55〜0.65	0.8〜1.0	1.0〜1.2	≦0.025	≦0.03	88.6	15
	高級スプリング・ピアノ線	0.57	0.43	0.09	0.011	0.018		
鉄道省-1	重ね板ばね、連結器ボリュートばね				≦0.045	≦0.045	70	10
鉄道省-2	連結器ボリュート、ヘリカルばね				≦0.045	≦0.045		
鉄道省-3	機関車用重ね板ばね				≦0.045	≦0.045		
満鉄-1	ばね用鋼棒	1.00	0.25	≦0.15	≦0.03	≦0.03		
満鉄-2	ヘリカルばね	1.00	≦0.5	0.25〜0.5	0.03	0.07		
満鉄-3	重ね板担ばね、除バックル	0.9〜1.1	≦0.5	≦0.25	≦0.05	≦0.05		
満鉄-4	ボリュート、ヘリカルばね	0.8〜1.3			≦0.035	≦0.035		
ASTM	自動車、鉄道車両	0.45〜0.55	0.60〜0.80	1.80〜2.10	≦0.005	≦0.045		
ASTM	自動車、鉄道車両	0.55〜0.65	0.50〜0.70	1.50〜1.80	≦0.005	≦0.045	Cr	V
ASTM	自動車、鉄道車両	0.45〜0.55	0.50〜0.80		≦0.05	≦0.05	0.80〜1.10	≦0.15
ASTM	自動車、鉄道車両	0.55〜0.65	0.60〜0.90		≦0.05	≦0.05	0.80〜1.10	≦0.15

＊：八幡製鉄所

　表6.1にあるように、すでに兵器用には、中炭素・シリコン・マンガン鋼が使用されていましたが、1925（大正14）年、大同製鋼の手違いから鉄道向けにシリコン・マンガン鋼が圧延されたため鉄道省で初めてこれを試用。翌1926（大正15）年、日立笠戸工場製9900形（後のD50、図6.2）炭水車に搭載しています。

　この頃、「一段焼入法」と「二段焼入法」（焼入焼戻し）の品質の議論がされています。一段法とは、焼入れの冷却途中で引き上げ、自然発火による「自己焼戻し」（約400℃）を行うという方法で、今でいう**オーステンパー**[22-8]処理に近いですが、作業の熟練度による品質のばらつきが多かったようです。別名「引上焼入れ」とも呼ばれ、大宮工場などで実施されていました。

　大正14年10月、工作局は車両用弾機鋼材仮規格を定め、板弾機と巻弾機を分けました。
- 甲種（重板弾機）C：0.65〜0.85、P,S≦0.045、抗張力≧70kg/mm²、伸：≧10%
- 乙種（巻形弾機）C：0.80〜1.00、P,S≦0.045、抗張力≧80kg/mm²、伸：≧8、10%（試験片による）

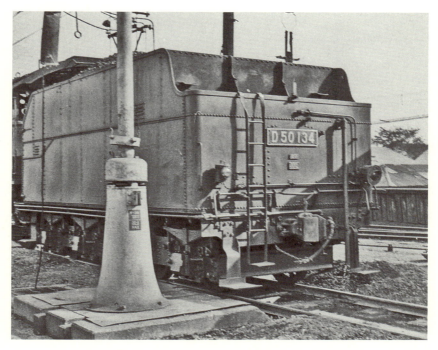

図6.2　9900形（D50形）蒸気機関車の炭水車（提供：三品 勝暉 氏）

6.3　昭和時代、終戦まで

　1928（昭和3）年3月、上記の仮規格を本規格SA176として、甲種SP70、乙種SP80と記号は抗張力で表しました。当時は、まだJESなどの統一規格がなく、**電気協会関西支部**●34は英国規格、阪神、京阪などは自社規格、住友製鋼は電車台車用のメーカ規格などばらばらでしたが、おおむね鉄道省規格と同等でした。この時期、**サンドブラスト**●42-1が導入されています（東京鋼材、潜水艦ばね）。

　1930（昭和5）年、鉄道省仕様書（SA189）としてばね用硬引鋼線（ピアノ線）が追加され、翌1931（昭和6）年、SA176のSP70はSP75へ、SP80はSP82へ強度アップ（炭素量レンジはそれぞれ0.05ずつ高炭素側に移行）されました。

　1932（昭和7）年、ケイ素・マンガン鋼（SPS1）が次のように制定（SA1001）。

- C：0.50〜0.60、Si：1.5〜1.8、Mn：0.50〜0.70、抗張力>85kg/mm^2、伸び>12%

表6.2　JES 337号 G41　ばね鋼（1936）

鋼種	C	Si	Mn	Cr	P・S	焼鈍	焼入〔℃〕	焼戻〔℃〕
第一種	0.45～0.65	≦0.35	0.30～0.60	−	≦0.0040	780～850 空冷	780～850 水油	400～475
第二種	0.60～0.75	≦0.35	0.30～0.60	−	≦0.0040	780～850 空冷	780～850 水油	400～475
第三種	0.70～0.95	≦0.35	0.30～0.60	−	≦0.0040	780～850 空冷	780～850 水油	400～475
第四種	0.80～0.95	≦0.35	0.30～0.60	−	≦0.030	780～850 空冷	780～850 水油	350～475
第五種	0.90～1.10	≦0.35	0.30～0.60	−	≦0.040	780～850 空冷	780～850 水油	400～475
第六種	0.55～0.65	1.00～1.30	0.70～1.00	−	≦0.030	800～860 空冷	800～870 水油	400～520
第七種	0.60～0.70	1.50～1.80	0.65～0.95	−	≦0.040	800～860 空冷	800～870 水油	400～520
第八種	0.55～0.65	1.80～2.20	0.60～0.90	−	≦0.040	800～860 空冷	800～870 水油	400～520
第九種	0.55～0.65	1.00～1.30	0.30～0.60	0.80～1.00	≦0.030	800～860 空冷	800～870 水油	400～520
第十種	0.45～0.55	≦0.35	0.20～0.50	2.50～3.00	≦0.030	800～860 空冷	800～870 水油	400～520

鋼種	焼鈍				焼入焼戻				
	引張強さ〔kg/mm²〕	伸び〔%〕 4,7号	伸び〔%〕 6号	ブリネル硬さ HB	降伏点〔kg/mm²〕	引張強さ〔kg/mm²〕	伸び〔%〕 4,7号	伸び〔%〕 6号	ブリネル硬さ HB
第一種	≧60	≧16	≧10	170～250	≧85	≧110	≧10	≧7	300～390
第二種	≧70	≧15	≧11	190～270	≧90	≧115	≧9	≧6	320～420
第三種	≧75	≧11	≧8	210～300	≧95	≧120	≧8	≧6	330～430
第四種	≧76	≧13	≧9	210～300	≧100	≧130	≧9	≧6	360～460
第五種	≧82	≧8	≧6	220～310	≧100	≧125	≧7	≧5	360～460
第六種	≧86	≧15	≧11	230～320	≧125	≧145	≧9	≧6	390～490
第七種	≧85	≧15	≧11	230～320	≧125	≧140	≧8	≧6	380～480
第八種	≧90	≧13	≧9	240～330	≧130	≧145	≧8	≧6	390～490
第九種	≧90	≧13	≧9	240～330	≧135	≧150	≧8	≧6	400～500
第十種	≧80	≧14	≧10	220～310	≧125	≧140	≧8	≧6	380～480

＊項目名は、文献記載のまま。化学成分の単位は%。

　ケイ素・マンガン鋼の用途には、自動連結器引張りばね、貨車（修繕入場車全数）、パンタグラフの記載があります。1934（昭和9）年には成分が改訂され、C：0.60～0.70、Mn：0.7～0.9と増量されています。しかし、自連ばねは使用品の25%も「へたり」（除荷してももとの長さ（自由長）に戻らなくなる状態）を生じ、同年、材質改善の検討を開始。ケイ素・マンガン鋼は焼入れが二段法になりました。この頃、東京鋼材でレール締結ばね座金の焼戻しに鉛浴（焼入れ後、溶融した鉛（融点328℃）に浸ける）を使用しています。

　1935（昭和10）年、ばねの仕様がユーザによって乱立しているため、規格統一調査会が動き出し、1936（昭和11）年に「JES 337号G41ばね鋼」を制定。鋼種は第一種～第五種が炭素鋼、第六種～第八種がケイ素・マンガン鋼、第九種：ケイ素・マンガン・クロム鋼、第十種：中炭素クロム鋼と乱立状態が反映されています。さらに、焼なましと焼入焼戻しの推奨温度、冷却法が記載され、それぞれの状態での機械的性質が**表6.2**[1]のように定められました。鉄道省のSP75が第三種（後のSUP3）、SP82が第五種（後のSUP4）、ケイ素マンガン鋼SPS1が第七種（後のSUP6）です。これが戦後のJIS規格の元になります。

1941（昭和16）年、日本が参戦。ばね材料も不足し始め、焼入油も入手困難となって、禁止となっていた貨車担ばねにおけるケイ素マンガン鋼と炭素鋼のばね混用が解禁されました。これらが、戦後の貨車担ばね折損の急増に繋がります。

6.4　第二次大戦後

　昭和20年、終戦とともに軍の解体、兵器産業の停止で、復員した兵士や職を失った優れた技術者が鉄道界にも多く流入しました。一方、鋼材には兵器のスクラップ材が入り、炭素鋼にもニッケル、クロム、など**焼入性**●15-1を上げる元素が混入。**焼割れ**●15-1（焼入れ後、冷却中に**残留応力**●11によってき裂が入る現象）などのトラブルが相次ぎ、さらにエネルギー事情の悪化から熱処理工程に支障を来しました。しかし、翌昭和21年には、車両復旧計画により底をついた受注が回復し始めています。JES規格を制定した工業品統一調査会は廃止。JESは新たに設けられた工業標準調査会に移行、日本規格（新JES）となります。ばねについては、昭和22年に軍用規格を廃止、統合されて金属4801でばね鋼が制定されました。表6.2に示す第四種SP4（海軍）、第十種SP10（陸軍）を廃止、種別番号をSUP1～SUP8に付け替えたため混乱がありました。ばね用炭素鋼は特殊鋼となり、Cu<0.30%、P, S低減、と改訂。規格は更新されたものの戦後処理は終わらず、戦時中の代用鋼（Si-Mn-Cr鋼）をバスへ転用する問題を巡って議論があり、1947（昭和22）年、日本バネ工業会、日本自動車技術会、日本鉄道車両協会の関係者が集まり、バネ技術研究会（初代会長は鉄道技術研究所の池田正二）を発足させました（後に1997年、ばね学会に発展）。

　1949（昭和24）年、貨車の担ばねの故障（リーフ折損、へたり、胴締ゆるみ）が増大し、貨車運用にも差し支える事態に対策が急務となりました。調査の結果、製造面では、圧延不注意によるきず、炉内雰囲気（酸化と脱炭）、修繕面では、繰返し熱処理による脱炭、成形不均一、焼戻しの不均一（硬さのばらつき）、SUP3とSUP6の混在、などが明らかになりました。その結果、昭和26年、板ばね作業基準が制定されました。この過程で、引上焼入れ中止、焼戻しの温度範囲の規定のほか、「プレステンパー」（一定の曲げ型でプレスしながら焼き戻す）の新提案などがなされています。

　1955（昭和30）年、マンガン・クロム鋼をキハ10000形（図6.3）の担ばね、ボルスタコイルばねに採用。翌1956（昭和31）年、仕様書SA263として制定されました。この鋼種は、後に1959（昭和34）年、ばね鋼に関する規格の統一により、JIS G 4801として大改正され、SUP9として規定されました。なお、SUP6はばね板の折損が多く、使用されなくなります。

6章 ばね

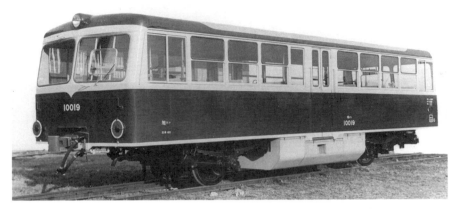

図6.3　キハ10000形(キハ01形)レールバス(提供：鉄道博物館)

　同年、板ばね修繕作業基準を更新。これには、**ショットピーニング**[42-2]による疲れ限度向上、低温焼戻しによる「疲労回復」(破壊寿命の70%で、400〜430℃に加熱するのが効果的)、などの新しい方法が記述されています。

　貨車の板ばね故障数は、1951(昭和26)年、年間6000件でピークでしたが、以上の作業基準導入後は激減、1959(昭和34)年には1/6、1967(昭和42)年以降は皆無に近くなっています。

　1970年代の国鉄車両用ばねの使用区分と、鋼種の詳細を**表6.3**[2]に示します。

　1960年代(昭和40年頃)、高度経済成長の時代になると、モータリゼーションと呼ばれた物流の大変革が起き、特に鉄道貨物のシェアはトラックに奪われました。そこで鉄道貨物は操車場(ヤード)での行先仕分けを止めて、下関―東京などのヤードパス直通列車、拠点間の石油輸送、コンテナ輸送などに特化。1987(昭和62)年、JR貨物に移行します。これにより2軸貨車は廃車、板ばね用SUP3もなくなり、炭素鋼の鉄道車両用ばね鋼は消えました(ただし、JISには残っています)。

　一方、ボギー台車に使用されるコイルばねは、1974(昭和49)年SUP6が使用されなくなり、1979(昭和54)年からSUP9の改良系SUP9Aが登場、さらにSUP9Aにボロン(B)を添加して焼入性を向上させた太径向きのSUP11Aが加わり、今日に至っています(**表6.4**[3])。

　これらは新幹線車両を含む全車両向けで、軽量化の厳しい自動車ばねに比較して保守的な変遷です。ばねの形状も、国鉄-JRでは単純な円筒ばねが使用されています。ただし一部民鉄車両では円筒ばねだけでなく、非線形な挙動を示すテーパーコイルばねなどが

表6.3　1970年代国鉄車両用ばね鋼の成分と機械的性質

種類	材料	摘要	化学成分〔%〕				
			C	Si	Mn	Cr	B
板ばね	SUP3	板厚≦13mm	0.75〜0.90	0.15〜0.35	0.30〜0.60		
板、コイル	SUP9	板厚≧13mm 線径≧19mm	0.50〜0.60	0.15〜0.35	0.65〜0.95	0.65〜0.95	
コイルばね	SUP4	線径≦19mm	0.90〜1.10	0.15〜0.35	0.30〜0.60		
	SUP11	線径≧50mm	0.50〜0.60	0.15〜0.35	0.65〜0.95	0.65〜0.95	≧0.0005

鋼種	熱処理		耐力 〔kgf/mm^2〕	引張強さ 〔kgf/mm^2〕	伸び〔%〕	絞り〔%〕	硬さ HB
	焼入れ	焼戻し					
SUP3	830〜860OQ	450〜500	≧85	≧110	≧8		341〜401
SUP4			≧90	≧115	≧7	≧10	352〜415
SUP9		460〜510	≧110	≧125	≧9	≧20	363〜429
SUP11						≧30	

表6.4　現行の車両用ばね鋼（JIS G 4801-JIS E 4206）

鋼種	化学成分〔%〕				
	C	Si	Mn	P, S	他
SUP9	0.52〜0.60	0.15〜0.35	0.65〜0.95	≦0.035	Cr:0.65〜0.95
SUP9A	0.56〜0.64		0.70〜1.00		Cr:0.70〜1.00
SUP11A					B≧0.0005

使用されているようです。テーパーコイルばねは、線径が一様ではなく次第に細くなるよう加工してコイリングしたばねで、圧縮ばねでは、荷重が増大してばね高さが小さくなると細い線径の部分からピッチが小さくなり、ばね係数が大きくなる特性を持っており、「輪重抜け」対策に効果があるといわれます[4]。

　空気ばねは、車の空気タイヤからの援用で、1940年にはアメリカで長距離バスなどに普及していました。鉄道では、1955（昭和30）年汽車製造の設計による京阪電鉄1750型のKS-50台車の軸ばねから試用を開始。その後、枕ばねへの応用と展開します。1958（昭和33）年、国鉄20系（後の151系）特急電車こだまのDT23（TR58）台車（図2.17参照）への適用が普及へのきっかけになり、通勤電車などにも適用されていきました（2章「台車」p.53参照）。

◆「6章 ばね」参考文献

1) 日本国局有鉄道工作局・鉄道技術研究所 編：『鐵道車両用ばね』昭和35年5月（1960）
2) 同上，p.82
3) 日本国局有鉄道工作局修車課 編：『金属材料の調査技術』p.77 より作成（1977）
4) 日本ばね工業会 著，「ばねの歴史」編纂ワーキンググループ 編：『ばねの歴史』p.249，日本ばね工業会（2012）

7章
駆動装置

車両を動かすには動力機関から車輪に回転力を伝えなくてはなりません。蒸気機関車やディーゼル機関車では、蒸気圧力や燃料爆発力でシリンダ内のピストンを往復運動（レシプロ運動）させ、ピストン・ロッドを介してクランク機構で回転運動に代えます。これをレシプロ・エンジンと呼びます。この機構は、1769年にジェームス・ワットが蒸気動力機関として実用化に成功したことはよく知られています。この回転運動を、歯車などで車輪に伝える装置が、「駆動装置」です。蒸気機関車では連結棒（コネクティング・ロッド）で動輪の偏心部に回転力を与えるので車輪自体がクランク機構となっており、機関車自体が巨大なエンジンです。気動車は自動車と同じで、クランク軸から変速歯車やシャフトを介して車輪に動力を伝達する駆動装置があります。

電車・電気機関車は電動機そのものが回転動力装置なので、回転継手と減速歯車装置を含めて駆動装置と称します。本章では、電車の例でその発達史における材料の変遷を述べます。

最初の国産電気機関車の1つ、1922（大正11）年 東洋電機・汽車製造製、浅野セメント工場構内用

7.1 駆動装置の方式

駆動装置とは、電気車の主電動機の回転力を車輪に伝える減速歯車を介した動力伝達装置の総称です。電気車が発明された頃は、チェーン・ドライブもあったようですが、1880年、ポール集電システムのトラムを発明したアメリカのスプレイグ(9.1節参照)の歯車を使用した「吊り懸け式駆動装置」が世界に普及しました。わが国の最初の電車(京都市電前身)も吊り懸け式で、その後、1950年代に「カルダン駆動装置」が導入されるまでこの方式は続きました。

「吊り懸け式」の概略を図7.1に示します。車軸に嵌めた「大歯車(ギヤ)」と「小歯車(ピニオン)」の噛み合いが「軸ばね」の変位にかかわらず一定となるように、主電動機の回転子軸を車軸の同心円上に平行に配置します。主電動機は車軸に平軸受で抱かせ(吊り懸ける)、他端はノーズ(突起)をゴムなどの緩衝材を介して台車枠に支持させます。

この方式は、主電動機に車輪の振動が直接伝わるため主電動機を頑丈にする必要から、大型で重くなるという欠点がありますが、構造が単純で電車ではカルダン方式が登場するまで長いこと使用されました。ただ電気機関車では重いほうが車輪・レール間の**粘着力**●[32-3](摩擦力)も確保できるので、現在でも使用されています。

「カルダン式駆動装置」の例を図7.2に示します。カルダンといえば、ファッションの世界を想起しますが、16世紀に自在継手を発明したイタリア人カルダーノ(Gerolamo Cardano：1501-1576)が由来です。カルダーノの父はダビンチの友人で数学にも造詣が深かったといいます。当時、数学も錬金術のように秘伝とされていました。カルダーノは友人から密かに教わった3次方程式の解を公開して数学を闇から科学の道へ引き戻す、虚数の導入、確率論(本人がギャンブラーでもあった)などの功績があります。それはさて

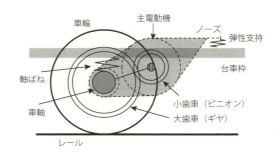

図7.1　吊り懸け式駆動装置

7.1 駆動装置の方式

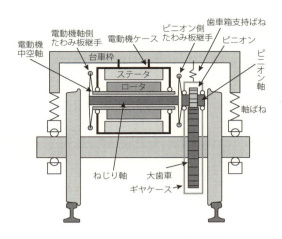

図7.2 中空軸平行カルダン式駆動装置

おき、カルダン式は自在継手(方向を変えて回転力が伝達できる装置)が組み込まれていることからの総称です。歯車装置としては、主電動機軸と車軸が直角な配置で「笠歯車(ベベルギヤ)」などを用いた「直角カルダン式」と平行な配置の「平行カルダン式」とがあります。歴史的には、1910年代にドイツで路面電車に用いたのが始まりで、直角カルダンでした。

　日本における導入は1950年代(昭和25年以降)、狭軌台車でも構成しやすい直角カルダンが先行、ほぼ同時期に平行カルダンも軌間が広い私鉄電車から実用化されました。平行カルダンは、東洋電機製造による電機子中空軸方式(図7.2)と、後述のWN継手があります。前者は、主電動機軸を中空として、駆動力を反歯車側のたわみ板継手、中空軸内のねじり軸(ばねの一種：トーションバー)、歯車側のたわみ板、ピニオン軸と伝える構造です。主電動機は台車装荷ですから車軸とは軸ばねを介して動的変位があります。狭軌台車の狭い空間で、この変位を2つのたわみ板継手とねじり軸(両者とも一種のばね)で緩和する構造です。歯車セットは歯車箱で支持。軸受部に油切りの迷路「ラビリンス」を設けて通気性を保ち、油温が上がって箱内部の圧力上昇で油が漏れるのを防ぐ構造となっています。大歯車の下に油浴を設け、潤滑油を大歯車が掻きあげる潤滑方式です。

　主電動機から生ずる誘導電流や他の車輪から拾い上げた帰還電流がレールに向かって流れると、歯車歯面、電機子軸・ピニオン軸の軸受、車軸軸受などに**電食**●43-2を発生させる可能性があります。この場合の電食とは、油膜を破って発生する微小なアークが、摩擦面

139

の表面に孔や条痕を生ずる現象です。直流区間の湿潤環境におけるレール付近の電気化学的な局部腐食も「電食」と呼ぶので紛らわしい用語です。車軸軸受を保護するための接地装置は、軸受の隣に集電環を設け歯車箱からカーボンブラシで電流を車軸にバイパスさせるものです。最近は、主電動機の軸受に絶縁性のセラミックス軸受も使用されています。

7.2　歯　車

　スプレイグが用いた歯車の材質は明らかではありませんが、当時の製鋼技術からすれば、中〜高炭素鋼を鍛造のままで用いたと推定されます。

　日本における電車の大歯車はS35C〜S40C程度の中炭素鋼を鍛造・切削で成形、全体を**焼入焼戻し**[22-2]て歯を研磨する方法でした。焼戻温度は、耐摩耗性用途には250℃（ショア硬さHS45〜55）、強靭性の必要な場合には450℃（HS30〜40）の2通りがありますが、実用的には前者で、歯先硬さHS60以上、歯元中央硬さHS46〜58が長期使用に耐えたようです。電気機関車の大歯車（ギヤ）は、車輪鋼STY70（炭素量0.65%）を用いて、全体を加熱してから、**スラッククエンチ**[22-3]で歯先・歯元を**ショア硬さ**[30-2]HS50以上に硬化させたものが使用されました。

　その後、電車用でも歯先の部分焼入法が採用されました。最初に導入されたのは、一歯移動火炎焼入法（ガスバーナーで一歯ずつ焼入れする）でした。戦後になって**高周波焼入れ**[35-1]が鋼の熱処理に応用されるようになりました。最初は、火炎焼入れを踏襲して、一歯の歯筋を取り囲むコイルで一歯ずつ順に加熱・冷却を繰り返す方法でした。1950年代、サイリスタ（大電力用のパワー・トランジスタ）が登場すると、高周波加熱装置がパワーアップ。大歯車全周一発焼入法が開発されます[1]。歯車全周を取り囲むコイル内で歯車を回転し加熱後、周辺のノズルから冷却水を噴射して焼き入れ、最後に全体を水に沈めて冷却し、その後加熱炉に入れて焼き戻します。一歯焼入れでは、歯底まで焼きが入りませんでしたが、歯底まで焼きが入るようになると**圧縮残留応力**[11]の効果で歯の曲げ疲労強度が向上しました。図7.3[2]は、焼入れ方法による歯の**表面硬化**[35]の状態を**マクロ組織**[23-2]（切断面を研磨して軽く酸で腐食すると、焼入れ部分が黒く見える）で比較したものです。

　小歯車（ピニオン）は、電車、機関車ともにクロムモリブデン鋼SNCM23（現JIS G 4103 SNCM420）を用いて、歯車成形後、**浸炭焼入れ**[35-2]で製作され現在に至っています。浸炭とは、通常の焼入れでは硬化しない低炭素鋼（0.25%未満）を、カーボン粉末の箱に埋めて

加熱し炭素を鋼材表面に浸み込ませる方法(固体浸炭法)が、その始まりです。18世紀末、低炭素の**錬鉄**●20-1時代には高炭素鋼を製造する方法でした。その後、表面硬化処理として実用化され、シアン化ナトリウム溶融塩(猛毒で現在は使用されてない)に浸ける液体浸炭法を経て、現在では炭化水素を主成分とする雰囲気内で加熱するガス浸炭法が主流となっています。小歯車は、歯面表面を浸炭(他の部分は浸炭防止材の塗布や銅めっきなどで浸炭を防止する)してから焼入れ、浸炭した歯の表面層だけを硬化させてから250℃で焼き戻します。浸炭用の鋼材は「肌焼鋼」と呼ばれます。

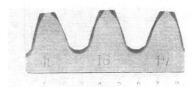

一歯漸進焼入法による断面のマクロ組織

歯先全周一発焼入法による断面のマクロ組織

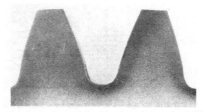

歯底までの全周一発焼入法による断面のマクロ組織

浸炭歯車断面のマクロ組織

図7.3　歯車の表面硬化法の変遷

7.3 継　手

　車両用に初めて用いられた可変位継手は、アメリカの電機メーカ、ウエスチングハウスと傘下の歯車メーカ、ナタル社が開発した歯車式継手（両者の頭文字をとって「WN継手」と呼ぶ）です。これは、図7.4[3)]のように、円筒形の内歯歯車と電動機軸・ピニオン軸に直結した外歯歯車の噛み合い角度差で回転軸が変位します。1941年、シカゴ―ミルウォーキー間の電車に搭載。のちにニューヨーク地下鉄で普及しました。日本では、1950年代に住友金属工業が技術供与を受けて独自のWN継手を開発しました。歯車材料はSCM420（浸炭焼入れ）です。ただし、WN継手は長さがあり、日本では標準軌など車輪間に広いスペースのある私鉄台車、新幹線などに普及します。狭軌の国鉄在来線電車には上記の中空軸たわみ板継手カルダン式が充当されました。後に1980年代の後半、インバータによる誘導電動機の**VVVF制御**●[7]が登場すると、主電動機の小型化が進み、狭軌でもWN継手方式が普及します。

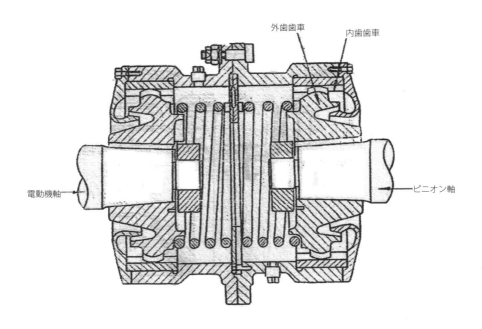

図7.4　歯車式継手（WN継手）

図7.5　たわみ板継手

　図7.5[3)]にたわみ板継手を示します。たわみ板はばねの一種で、クロムモリブデン鋼（SCM430）を加熱後ダイスではさんで冷却する「プレスクエンチ」法で熱処理。初めは短冊形の板を重ねてボルトで四角に組み、対角部を2つの軸に結合するタイプでした。短冊形は使用中に結合部に微小な相対すべり運動で疲労損傷する**フレッティング疲れ**●38 が起き、破損して車両の床を破った事例もあり、後にプレス打抜きで一体化されました。1990年代には鋼から**CFRP**●46-2（炭素繊維複合材料）に変更されています[4)]。CFRPは軽量で絶縁性もあり、さらに騒音レベルも低減するという利点があり、新幹線にも使用されるようになりました。

7.4　歯車箱（ギヤケース）

　上述のように、大小歯車を軸受で支持し、同時に歯車と軸受の潤滑を可能にするのが歯車箱です。大歯車は車軸に固定され、小歯車側の他端は吊りリンクでばねを介して台車に支持されます。従来は鋳鋼（SC450）製でしたが、ばね下質量の軽量化が要望され、構造用炭素鋼板（SS400）を溶接で組み立てた板金製もありました。

鋳鋼は溶解温度が高く、需要との関係から次第に製造メーカが撤退する事態が進行したため、鋳鉄製へ移行しました。折から自動車用鋳鉄の軽量化の開発が進められており、薄肉の高強度**球状黒鉛鋳鉄**[21-2]（FCD450）が実用化されていました。

　新幹線では、軽量化をさらに進めて、300系からはアルミ鋳造合金（AC4CH）製が登場しました。新幹線では高速回転のため、掻きあげる潤滑油の量が多すぎると油温が上昇するため、温度が上がると湯だまりの出口を形状記憶合金ばね（温度が上がると硬くなると同時に元の形状に戻り、温度が下がると軟らかく変形しやすくなる合金。通常の鋼製ばねと組み合わせて低温ではこちらが強く作動する）を利用して閉じる工夫もされています。

◆「7章 駆動装置」参考文献

1) 古川精一，手島元一，柳瀬寛，竹元陳又，遠藤修一，田中照浩，村松和夫：「電車用大歯車の高周波一発焼入れについて」，『東洋電機技報』No.12，pp.24-29，東洋電機製造（1970）
2) 国鉄工作局修車課編：「金属材料の調査方法」，p.213（1977）
3) 「主電動機および駆動装置」，『東洋電機技報（鉄道車両特集号）』No.34，p.5，東洋電機製造（1978）
4) 「CFRPたわみ板の実用化（製品紹介）」，『東洋電機技報』No.81，p.48，東洋電機製造（1991）

8章
ブレーキ

人が動かしたモノは、必ず止めなくてはならない。動くモノは勝手に動いてはならない。制動や歯止めは制御の鉄則で、これが効かないのは暴走です。鉄道が登場した当初には、しばしばブレーキの効かない事故があり、その犠牲を顧みて改良の歴史があります。フェイルセーフという二重三重の安全概念もその経過で生まれてきました。鉄道輸送が大量になり、高速化するほどブレーキの役割も重要になりますが、鋼鉄の車輪／レールの接触摩擦抵抗には限界があります。この課題をブレーキ材料の側面から紹介します。

雨後の踏切　緊急ブレーキ停止距離は600m

8.1　鉄道ブレーキの変遷

　1830年9月15日、リバプール─マンチェスター鉄道の開通式。この鉄道は建設に巨額を投じておきながら、前年まで何が走るか決まらなかったようです。やっと、1829年5月に懸賞金付きの蒸気車コンペの広告で、概略次の条件を提示しました。

　軸重の規制（軌道の安全性）、けん引重量と速度（テンダー込みで20t貨車をけん引して時速10マイル（16km/h）で連日運転可能なこと）、ボイラーの圧力規制と圧力制御、エンジン・ボイラーのばね支持、軌間は1435mm、などなど[1]。

　ここには、走ることの安全性は記載されても、止めることに関する記述がありません。優勝したのは、スチーブンソン父子（George and Robert Stephenson）のロケット号で、多煙管式の強力なボイラーを搭載していました。開通式では、R・スチーブンソン工場製の8機が列車を編成、複線を併行してリバプールからマンチェスターへと次々に出発。途中、パークサイドで給水停車。先頭のノーザンブリアン号には、かつてワーテルローでナポレオン軍を破ったウエリントン首相や地元鉄道建設に尽力したリバプール選出ハスキッソン下院議員（William Huskisson）らが招待され、G.スチーブンソンが添乗。停車中、乗客は下車しないよう注意されていたにもかかわらず下車。そこは初めての汽車の旅。首相が降りるとお付きの議員たちがぞろぞろ隣の線路側に降りて居並んだのです。そこへ後発のロケット号が！　進入線路上の人々を発見するもブレーキが効かず、逃げ遅れたハスキッソン議員は足を轢断。急遽、G.スチーブンソン自らハンドルを握り、レスキュー車

図8.1　てこ式ブレーキを備えた炭車（ヨーク国立鉄道博物館所蔵）
（提供：グランプリ出版／江崎 昭 著『輸送の安全からみた鉄道史』より）

8.1 鉄道ブレーキの変遷

図8.2　ワフ21000形 有蓋緩急車（提供：鉄道博物館）

と化したノーザンブリアン号は時速36マイル（58km/h）の猛スピードで治療可能な駅へ疾走。しかし議員は亡くなります。これは鉄道最初の人身事故として知られていますが、ブレーキの効かない記録的列車スピードも怖いものです。

　当時のブレーキは、馬車からの借り物でした。馬車の走行・停止は、ほとんど馬の制御による、いわばエンジン・ブレーキです。大型の駅馬車や郵便馬車は、御者とは別に後部に車掌がいて、必要とあればブレーキをかけたようで、木材を後輪踏面に当てる方式。これが、馬車鉄道も含めて鉄道に踏襲されたようです。図8.1[2]は炭鉱の炭車の例で、木製の「制輪子」（車輪踏面に押し付ける摩擦材、brake shoe。直訳は制動靴）が見られます。初期の蒸気機関車にはブレーキはなく、テンダー車（炭水車、機関車に連結されている）に馬車並みのブレーキがあるだけでした。人身事故の3年後の1833年、スチーブンソンは蒸気圧を用いた機関車のブレーキ方式を発明しますが、列車の速度向上や編成が長くなると機関車だけの制動では不十分でした。スチーブンソン自身、若い頃に炭車の暴走防止のための制動手をやったことがあるといいますから、制動に無頓着ではなかったはずです。1840年代以降、スピードアップや編成が長くなり、列車後尾や中間に手ブレーキを備える緩急車（図8.2；当初は機関車から切り離されたときに、後部客車に制動をかける車両としてBreak Vanと呼ばれた）を連結するようになりました。長編成になると車両ごとに制動手が乗り、風雨にも耐えて汽笛一声でブレーキを操作したということです。

　1850年にはイギリスで6600km、アメリカで9000kmを超える鉄道網が広がり、日本

147

の鉄道開業直前、1870(明治3)年にはイギリスで1万km、アメリカで5万km以上の路線がありましたが、ブレーキ装置は上記のような旧態依然。とはいっても木製制輪子はさすがに**鋳鉄**●21製になっていました。鉄道需要は増大するのに運転保安上重要なブレーキがままならない状況の1876年1月、ロンドンから約100kmのグレート・ノーザン鉄道アボッツ・リプトン(Abbots Ripton)駅で、特急、貨物、急行列車が二重衝突する事故が発生。原因は、腕木式信号が凍結し誤現示となったこと、吹雪で視界が悪く支障列車の発見が遅れたことですが、ブレーキの効きが悪いことも重要な要因でした。そこで国が乗り出して、信号機の大改革、制動距離に見合った遠方信号機(1846年発案)の位置変更など、保安システムの抜本的対策が講じられました[2]。当然強力なブレーキ、特に機関車から後部車両の制動が可能な「貫通ブレーキ」が望まれました。ドイツでは、機関士が操作して、客車の屋根上をロープや鎖で引き通し、プーリを介して各車両のブレーキ梃子(てこ)を作動させる機械的な貫通方式(チェーン・ブレーキ)も試みられたようです。

1872(明治5)年、新橋—横浜に開業した車両の輸入元、イギリスのブレーキはかくのごとき状況。当然わが国の創業当時のブレーキ技術もそれに倣った水準でした。

しかし、この時代になって新たな技術が開発されました。1つは、イギリスで1860年代中頃に開発されたという「真空ブレーキ」です。これは後部車両に引き通したホース内圧力を機関車で減圧して、各車両のシリンダのピストンを作動、これを梃子に伝えて制輪子を車輪踏面に当てる方式ですが、圧力は1気圧未満と制限があり、強力とはいえない代物でした。しかし発明国のイギリスでは、自動真空ブレーキという方式で1970年頃まで固執していたようです。日本では20世紀初頭までてした。というのは、1869年、アメリカのG. ウエスチングハウス(George Westinghouse)が、圧縮空気を用いてより強力なブレーキ圧力を得る「空気ブレーキ」を実用化したからです。当初は圧縮空気管を列車に引き通し、機関車の元空気溜から空気圧を上げて制輪子を押し付ける方式で、「直通ブレーキ」と呼ばれます。これは連結部でホースが外れたり、圧力が下がるとブレーキが効かなくなるという問題がありました。そこで3年後の1872年、「自動空気ブレーキ」を開発。現在に続く画期的なシステムとなりました。車両ごとに補助空気溜と制御弁(三動弁と呼び、制動、制動維持、緩解の三動作の制御ができる)を設け、機関車からの直通管圧力を減圧すると、この指令で各車両の補助空気溜の圧力を制輪子に伝える方式です。往時の機関車けん引の長編成列車では、ブレーキ操作時にいったん緩めると、補助空気溜めに空気を込めるのに時間がかかり制御不能になります。そのため、緩め操作なしに定位置に止める熟練が必要でした。現在の長編成電車では、ユニットごとにコンプレッサがあり、電気制御で自由な制動操作ができます。

図8.3　小田急3000形SE車（提供：小田急電鉄）

　アメリカでは、危険作業に従事する制動手や連結手の死亡事故が絶えず、特に南北戦争（1861〜1864年）後の急速な路線延長、輸送量増大のネックになっていました。そこで1893年、議会が安全装置条例（Safety Appliance Act）を制定。1905年までに客貨車などトレーラ200万両以上、機関車89 000両を自動貫通空気ブレーキと自動連結器（1873年、アメリカEli H. Janneyが発明）を装備したといいます。

　日本では、1906（明治39）年幹線が国有化され、それまで鉄道会社ごとにまちまちだったブレーキ方式の統一が必要となり、1919年、鐵道院は全車両の自動空気ブレーキ採用を決定。約10年をかけて試験から実用化に至ります。当初はウエスチングハウス社（WABCO）からの輸入品でしたが、技術提携による国産化が進みました。

　他方、自動車はゴムタイヤが早くから使用されており、踏面ブレーキは使えず、他の方式として1890年代、イギリスでディスクブレーキが開発されています。しかし当時の材料事情、悪路走行、塵埃の噛み込みなどから摩耗が激しく、本格的に実用化されるには半世紀以上の道のりが必要でした。鉄道では走行路が平坦という利点があり、1935（昭和10）年以降に欧州で実用化されたといいます。日本では、1957（昭和32）年に国鉄技研が全面協力した新幹線の試作車ともいうべき小田急3000形SE車（図8.3）の従軸で初の実用化。その後、翌年10月登場のビジネス特急こだま151系、1964年開業の新幹線全車両（油圧式使用）などの高速車両に適用が拡大。現在は通勤電車まで広く採用されています。

　ディスクブレーキが採用されると、車輪踏面はレールと転がり接触するだけで、滑走・空転がなければ踏面は滑らかになり、鋳鉄踏面ブレーキ使用時に比べると**粘着係数**[32-3]

149

8章 ブレーキ

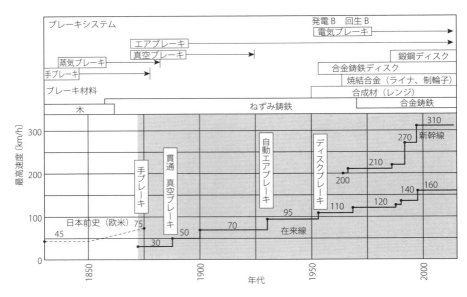

図8.4 ブレーキのシステムと材料の変遷

が低下します。さらに踏面の汚れが信号電流を阻害する問題などがあり、その対策として「増粘着研磨子」を踏面に当てることが新幹線では実施されています。在来線では鋳鉄制輪子と併用する方式などがあります。材料としては、後述の合成制輪子や焼結合金制輪子と類似の適度な硬質物質を含有させた複合材ですが、制動材料ではないのでここでは触れません。

ブレーキシステムと摩擦ブレーキ材料の変遷を図8.4に示します。

システムについては他書[3)~6)]に譲り、以下では主なブレーキの材料について述べます。

8.2 踏面ブレーキ制輪子

ブレーキの原理は、列車の運動エネルギーを摩擦熱として発散させることにあります。現在の電車は、モータを発電機として運動エネルギーを電力に変換する「回生ブレーキ」などの省エネ技術が進んでいますが、摩擦ブレーキも併用されています。

ブレーキは効かなければ困りますが、効き過ぎて車輪をロックすると滑走して、車輪・レールを損傷するばかりでなく、制御ができなくなります。つまり、摩擦ブレーキでは、

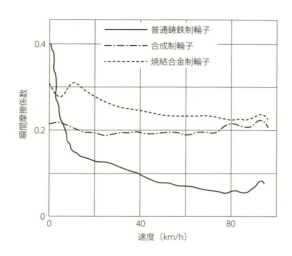

図8.5　各種制輪子の特性比較

車輪とレールの**粘着力**[32]による限界があります。さらに、1947(昭和22)年以降、国鉄の運転規則で、在来線の非常ブレーキ距離は600m以下と規定されています。新幹線にはこのような規定はありませんが、4 000mを目標としています[7]。

摩擦材料には、以上のような条件を満たす摩擦特性、特に図8.5[8]のような摩擦係数の速度による変化(ただし押付圧力は一定)や耐摩耗性、さらに消耗品としての価格などが要件となります。

8.2.1　鋳鉄制輪子

前述のように、馬車から初期の鉄道時代のブレーキは、図8.1のような木製「制輪子」を車輪踏面に押し付けるものでした。木製では摩耗が激しく、1860年代に貨車用の**ねずみ鋳鉄**[21-1]制輪子が登場しました。

踏面ブレーキは、相手が車輪踏面です。3章で述べられているように、日本に最初に輸入された機関車の車輪タイヤは、イギリスの当時の技術水準ではベッセマー鋼でした。制輪子のねずみ鋳鉄は、普通鋳鉄、**片状黒鉛鋳鉄**[21-1]ともいわれ、パーライト地に黒鉛(グラファイト)が花びらの形で存在する組織です。輸入された鋳鉄制輪子は欧州のリン(P)含有量の多い鉄鉱石から製造された経歴からすれば、Pが多めの成分だったと思われます。制輪子メーカの老舗である上田ブレーキ(株)の沿革[9]を見ると、1923(大正12)年上田佐

鋳造所が鉄道用制輪子専門工場となったとありますから、少なくともこの時期までには国産化が成っていたようです。国鉄では、鉄道工場で鋳鉄制輪子が鋳造されました。

1935(昭和10)年以降終戦までは、鉄鋼をはじめ金属資材の払底から、代替品として**鉱滓**●20-4制輪子(配合例:フェロマンガン鉱滓37%、アルミナセメント45%、グラファイトカーボン5%、水13%－鉱滓とは、鉄を溶かすときに石灰石など軽くて上に浮き、空気を遮断すると同時に鋼中の不純物を吸収する物質、スラグともいう)や薬剤処理木製制輪子の復活が検討されました[8]。

戦後、経済が回復し始めると、鋳鉄の安定供給も可能になります。

鋳鉄制輪子の**摩擦係数**●32-2は、図8.5[8]に見られるように、高速では低く低速ほど大きい特性があります。そのため列車を停止させる場合、次第にブレーキを緩めないと、いわゆるカックン・ブレーキとなり、特に通勤満員電車では乗客に難儀を強います。通勤時間帯のように乗降が激しく積載重量の変動が大きいときに、緩めながら指定位置に停車することは熟練が必要です。さらに列車の高速化とともに、非常ブレーキで600m以内に停車するには、鋳鉄では高速域での摩擦係数が低すぎ、まさに速度向上のブレーキになっていました。

このような摩擦係数の速度による変化はどうして起きるのでしょうか。

摩擦面は、ごく表面では相互の凹凸が接触して摩擦抵抗を生じますが、温度が上がると接触部先端では融点の低い方から溶け合う状態に達します。凹凸は軟化して変形しやすくなり摩擦抵抗は下がります。これが速度上昇とともに摩擦係数が下がる理由です。しかし車輪と制輪子が鉄同士なので結合(凝着)しやすく、摩擦係数は上昇し、極端な場合は「焼付き」という現象を起こすこともあります。これを抑制するのが潤滑材の役割です。

鋳鉄制輪子の組織の大半は**パーライト**●25-3(HB200〜250)で、車輪と同組織、そこそこの耐摩耗性があります。そこに軟らかく潤滑性のある「グラファイト－黒鉛」が分散しており、相互の凝着が起きない具合のよい組織です。

戦前の制輪子は前述の経緯からか、鋼では不純物として嫌われるリン(P)を有効成分としています。これは融点を下げて湯(溶けた鉄)の流れをよくする効果もあるからですが、最後に凝固したリンの化合物は硬い組織(HB400〜500)を作ります。このような硬質物質は、耐摩耗性を上げると同時に、車輪踏面を適度に粗くし車輪／レールの**粘着係数**●32-3を向上させる効果もあります。ただし、通常のねずみ鋳鉄程度のリン含有量では、リン化合物の融点が低く、摺動面が高温になる高速域では硬質物質として機能しているかどうかは疑問です。

そこで、1960(昭和35)年頃から合金鋳鉄制輪子の検討が始まり、1970年代には高リン、

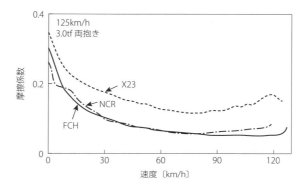

図8.6 合金鋳鉄の瞬間摩擦係数

表8.1 鋳鉄制輪子の規格等における成分系と硬さの変遷

名称	制定年月	化学成分〔%〕					硬さ HB	備考
		C	Si	Mn	P	S		
暫定標準成分	大正	2.8〜3.0	1.0〜1.2	≧0.5	≧0.6	≦0.15	標準240	
望ましい成分系	1939	2.8〜3.0	1.2〜1.4		≧0.7	≦0.1		
提案成分系	1951.9	3.2〜3.4	0.8〜1.0	0.3〜0.6	0.25〜0.45	≦0.1	258〜271	
暫定基準	1960.5	2.9〜3.1	1.2〜1.6	0.4〜0.8	≦0.2	≦0.15	230±10	I種、高速用
		3.0〜3.2	1.4〜1.7		0.2〜0.4			II種、一般用
JIS E7501-1960 車両用鋳鉄製制輪子	1960	3.0〜3.4	1.2〜1.8	0.3〜0.8	≦0.6	≦0.15	217〜248	A、一般用
		3.2〜3.4	0.3〜1.0	0.3〜0.8	≦0.4	≦0.15	248〜302	B、路面電車用
		2.8〜3.2	1.2〜1.6	0.6〜1.1	≦0.2	≦0.1	217〜248	C、高速電車用
制輪子材料成分規格	1970	2.8〜3.4	1.2〜1.8	0.4〜0.8	≦0.3	≦0.15	202〜248	
JIS E 7501-1975 鉄道車両用鋳鉄制輪子	1975	3.0〜3.4	1.2〜1.8	0.3〜0.8	≦0.6	≦0.15	201〜248	A、一般用
		3.2〜3.4	0.3〜1.0	0.3〜0.8	≦0.4	≦0.15	248〜302	B、路面電車用
		2.8〜3.2	1.2〜1.6	0.6〜1.1	≦0.2	≦0.1	201〜248	C、高速電車用
JRS 特殊鋳鉄制輪子	1975.12	2.8〜3.5	1.2〜1.9	0.5〜2.0	0.1〜0.7	≦0.12	248〜302	

中マンガン(Mn)系(表8.1の最下段、特殊鋳鉄)で最高速度110km/h、1980(昭和55)年以降には高温強度を上げるモリブデン(Mo＞1%)、クロム(Cr:0.5〜1.0%)を添加した合金鋳鉄(X23)で130km/h、その後さらにニッケル(Ni)などを加えて硬質の複合リン化合物を分散させた高リン系合金鋳鉄(NCR)が検討されました[8]。図8.6[8]にその摩擦特性を示します。

従来のねずみ鋳鉄(FCH－ブリネル硬さHB216)に比べると、高リンMo-Cr合金鋳鉄(X23－硬さHB245)は高速(高温)での摩擦特性が良好で高速列車向きです。高Cr合金鋳鉄(NCR－硬さHB306)は、摩擦特性は改善されていませんが、耐摩耗性が高速から中速で1/3から1/5程度に改善(X23も同様)されており、機関車向きです[8]。

8章 ブレーキ

鋳鉄制輪子の化学組成の変遷を表8.1[8]に示します。

現在、鋳鉄系制輪子は機関車、「抑速ブレーキ」(軽く制動しながら走行)の必要な山間部や降雪地帯の列車、路面電車などに用いられており、特にJR北海道では、鋳鉄制輪子を自社生産していることもあり主流になっています[10),12)]。

JIS E7501－2001、「鉄道車両用鋳鉄制輪子の性能試験及び検査方法」には成分規定も摩擦特性などの要求項目もありません。鋳鉄制輪子はメーカとユーザの協議で仕様が決まります。しかし、合金化には、価格や性能の頭打ちなど限度があります。それでも鋳鉄制輪子の粘着力保持の特性を生かして、高速域の摩擦係数を上げるために硬質材としてセラミックス繊維を利用するなど、産出国が限られ価格が高騰している合金元素(レアメタル)を減らす試みが進んでいます[12,13)]。

8.2.2 合成制輪子

現在、北海道を除いては、鋳鉄制輪子が有利な一部区間以外の在来線電車のほとんどが合成制輪子となっています。これは摩擦特性が鋳鉄に比べれば自由に設計できる特徴があり、軽量でもあるからです。形状の例を図8.7に示します。

開発当初からの主要な成分は表8.2[11)]に示すように、鉄粉、黒鉛粉、アスベストなどを熱硬化性フェノール樹脂(レジン)で固めたものです。樹脂は高温時の摩擦特性を重視して開発されました。鉄粉は鋳鉄粉で摩擦係数の安定化、黒鉛(グラファイト)は潤滑材として耐摩耗性向上と摩擦係数の調整、石綿(アスベスト)は高温での強度保持が目的でしたが現在は別の材料が用いられています。 図8.5に見られるように、摩擦係数は、中高速域では鋳鉄制輪子に比べて5倍程度大きく、速度による変動が少ない、という特性がありま

図8.7　合成制輪子(提供：曙ブレーキ工業)

表8.2　合成制輪子の主要組成例

配合成分	質量配合比〔%〕		効果
	高摩擦材	低摩擦材	
樹脂	14〜20	10〜25	結合材
鉄粉	30〜60	25〜40	摩擦速度特性の調整
黒鉛	9〜16	15〜40	潤滑、摩擦特性の調整
石綿	2〜6	2〜5	高温の強度保持

表8.3　合成制輪子の物理的特性

摩擦係数種別	密度〔kg/cm^3〕	吸水率〔%〕	曲げ強さ〔kg/cm^2〕	圧縮強さ〔kg/cm^2〕	衝撃強さ〔kg・cm/cm^2〕	断面硬さ H_RL	線膨張係数 30〜150℃ 10^{-6}/℃	熱伝導率 25℃ 10^{-2}cal/(cm・s・℃)	弾性係数 25℃ 10^4kg/cm^2
(鋳鉄)	7.2					122	0.9	12.5	99〜130
低L	2.3	0.23	422	967	4.00	79	1.82	0.87	16.1
高H		0.59	249	608	5.18	63	2.92	0.25	4.9

＊引用元：日本鉄道車輛工業協会「車両用特殊制輪子の研究報告書」(昭和47年3月)。単位は引用のまま。

す。さらに耐摩耗性は鋳鉄の1/5〜1/10程度です。

　鉄に比べれば耐熱性に乏しいと思われる樹脂がなぜ摩耗に強いのでしょうか。樹脂は熱伝導率が小さいため表面が温度上昇し炭化層を形成、内部を保護するといわれています[11]。炭化層は摩擦係数を下げる効果もありそうです。

　表8.3[11]は古いデータ(1972(昭和47)年)ですが、合成制輪子の物理的性質を示します。これを鋳鉄と比較すると、次のような特徴が見られます。

- 密度：1/3と軽く、車両の軽量化や交換の労力が軽減されます。
- 硬さ：1/2と軟質なので摩耗粉が埋没しやすく、これが車輪と「とも金(がね)」(同一金属同士の組合せ。以下、「ともがね」と表記)になり**凝着摩耗**●45-2や車輪踏面の溝摩耗、凹摩耗を引き起こす可能性があります。
- 膨張係数：2〜3倍と大きく温度上昇により当たりが不均等になり、上記と同様の車輪踏面異常摩耗の原因にもなります。
- 熱伝導率：1/10〜1/50と非常に小さいため接触面温度の上昇が激しく、車輪踏面を加熱します。車輪踏面は600℃を超えると「熱き裂」が発生するので、これを超えないためには**弾性係数**●14-3を小さくして当たりを均一化し、なじみをよくすることが必要でした。
- 弾性係数：1/7〜1/20と小さく、小さいほど当たりがよくなります。

実用化は、1958(昭和33)年の10月ダイヤ改正時に登場したビジネス特急「こだま」(151

8章 ブレーキ

図8.8　103系電車（提供：鉄道博物館）

表8.4　合成制輪子の品質要求 JIS E 4309（2001）

種類	用途		摩擦係数					摩耗量*3 〔mm〕
		種別*1	停止直前	瞬間摩擦係数*2				
	方式	車両		35km/h	65km/h	95km/h	125km/h	
1種	踏面	高速	H	0.28〜0.55	0.24〜0.38	0.21〜0.33	0.18〜0.30	0.18〜0.27	0.26以下
2種		一般							0.14以下
3種		一般	L	0.20〜0.36	0.13〜0.21	0.10〜0.17	0.09〜0.16	—	
4種	ブレーキディスク	高速	H	0.32〜0.58	0.30〜0.46	0.28〜0.42	0.27〜0.41	0.27〜0.40	0.06以下
5種		一般						—	0.02以下

*1　H：高摩擦係数、L：低摩擦係数　　　*3　上記試験で乾燥条件下での摩耗量
*2　別に定める試験によって満足すべき範囲

系特急電車）など最高120km/hの新性能電車や寝台特急「あさかぜ」（20系客車）など長距離列車から始まり、その後ブレーキ頻度の高い通勤電車（103系電車、図8.8）まで広く採用されるようになりますが、問題も起きました。それは降雪時に摩擦係数が1/3にも低下し安定しなくなることでした。合成制輪子は鋳鉄と異なり相手材の車輪踏面を滑らかにする作用があり、摩擦面間の水膜が切れにくいため、低温の水が流体潤滑材のように振る舞うことが原因と考えられました。問題が起きた当初は、押付力を高めにして摩擦熱で雪氷を溶かすようにしたところ、車輪踏面に「ブレーキバーン」（3.2.6項参照）を発生させました。樹脂の熱伝導が悪く、車輪踏面の温度が上がるという事態になったのです。その後、特に日本海側路線では「抑速ブレーキ」と同様に常時軽く制動しながら走行する「耐雪ブレーキ」扱いを実施しました。ところが、熱サイクルを受けた車輪は運転終了後、長時間低温で定置したときに割れる、**遅れ破壊**●19-3（11.2.2項参照）のような現象が起きた

8.2 踏面ブレーキ制輪子

図8.9　国鉄長距離バス「ドリーム号」
（747形旅客自動車／日野 RA900-P、つくば市 さくら交通公園にて保存／撮影：澁谷）

のです。そのいきさつは3.2.4項に述べられています。1965（昭和40）年以降になって、金属ブロックを樹脂の中に埋め込み水膜や氷結を防止する「耐雪型合成制輪子」を開発。さらに車輪／レールの粘着力を確保する「増粘着型合成制輪子」も実用化されました。

　表8.4は、JIS E 4309に制定されている品質要求です。このうち低摩擦係数型Lは、従来から鋳鉄制輪子を使用していた車種（旧型電車や気動車）に対して、高速域で高く、低速で低くなるような特性にして、違和感なく粘着力の有効化を図ったものです。ブレーキ制御システムが電子制御となると、高速から中速まで回生ブレーキなど併用した「ブレンディング・ブレーキ」（電空協調制御）、車輪の滑走では弛め指令（ABS：Antilock Braking System）、空転では主電動機の電流を制御、など粘着力を最大限利用する技術が進み、「ワンハンドル・マスコン」（ブレーキ操作が主制御ハンドルと一体化）が登場。運転操作も従来ほど熟練度が要らなくなり、摩擦係数の高いH種別が主流となりました。

　余談ですが、ABSは鉄道が最初に開発。日本では、国鉄技術研究所が中心となって開発した電磁式を、コンピュータの未熟な時代、1964（昭和39）年0系新幹線電車に適用。さらにこれを援用して1969年には東名の国鉄長距離バス「ドリーム号」（図8.9）にも搭載。今ではすべての自動車に普及しています。

8.2.3　焼結合金制輪子

　以上のように、合成制輪子には車輪踏面を滑らかにする特性があり、これが水の介在による摩擦係数の不安定化を生じたり、車輪／レール間の粘着係数を下げる（この場合も

水が介在すると空転・滑走が起きやすい）という問題がありました。鋳鉄のように適度に粘着力が得られ、しかも自由な設計ができる焼結合金が検討されました。これは金属、炭素、セラミックスなどの粉末を固めて焼成する成形法（ホットプレス）で、古来の陶磁器製法の延長線にある技術です。パンタグラフすり板には、終戦後間もなく研究が開始され使用されてきた経緯があります（9.5.1項参照）。ブレーキでは、1970年代（昭和40年代後半）にまず私鉄で実用化され、国鉄では1975（昭和50）年に積雪地帯を走行する特急電車に採用されました[8]。組成は、銅（Cu）、鉄（Fe）、黒鉛（C）、硬質粒子、潤滑材などです。合成制輪子と比べると、摩擦係数や耐摩耗性はほぼ同等。粘着係数は鋳鉄ほどではないですが良好。ただし価格は高めです。現在は、合成制輪子では対応できない新幹線のディスクブレーキ制輪子に使用されています。

8.3 ディスクブレーキの摩擦材

8.3.1 ディスク

ディスクブレーキ方式は、車輪踏面を相手材とせず、別に設けた円板（ディスク）を両面から制輪子（自動車ではパッドといいますが、鉄道では保持台に摩擦材を厚く貼り付ける意味で**ライニング**[40]と呼びます）ではさみ込み制動する方式です。この方式は、車輪踏面と異な

図8.10　東急電鉄7000系（現 水間鉄道1000系）のディスクブレーキ（提供：水間鉄道）

りディスクとライニングのみでブレーキ性能を追究できるため、踏面ブレーキでは制約のある高速車両やブレーキ頻度の高い都市通勤電車に向いています。ただし、ディスクはばね下質量を増加させるので、それ自体の軽量化はもとより、車輪、車軸、駆動装置などの軽量化で相殺することが要求されます。新幹線では、他の章でも記述されているように、特に300系から軽量化が進みました。ちなみに、ブレーキ装置も0系以来の「梃子押付方式」から300系以降ボルスタレス台車採用(2章参照)とともに「浮動型キャリパ方式」へ変わり、油圧シリンダが小型化し軽量化されました[14]。

狭軌の在来線では、動軸には主電動機や駆動装置があるためにディスクのスペースがなく、主として従動軸(軸ディスク)に用いられました。新幹線は標準軌であり、しかも全軸駆動なので車輪の両側面(側ディスク)に取り付けました。図8.10は台車枠の外側にディスクを配置した東急電鉄7000系の例です。

ディスクは摺動面間の放熱用フィンで空冷できる構造となっています。在来線では、当初、鋳鋼、**ミーハナイト鋳鉄**●[21-4]、**球状黒鉛鋳鉄**●[21-2]なども検討されましたが、最終的には鋳鉄制輪子と同じ片状黒鉛とパーライトからなる「ねずみ鋳鉄」が選定され、使用されています。

新幹線の場合は、ディスクが車輪の両側にあるため放熱フィンはそれぞれの摺動面の裏側にあります。高速からのブレーキ負荷が大きくなるために耐熱性を考慮して、クロム・モリブデン(Cr-Mo)鋳鋼、モリブデン(Mo)鋳鋼、普通鋳鉄、ニッケル・クロム・モリブデン(Ni-Cr-Mo)低合金鋳鉄(NCM鋳鉄)などについて試験が行われ、摩擦面の荒れ、熱き裂の発生状態、ディスクの熱変形などの程度から、当初はNCM鋳鉄が採用されました[8]。

1964(昭和39)年の新幹線開業後、ディスクの状態を追跡調査したところ熱き裂が発生・成長することが確認されました。熱き裂の材料対策として、NCM鋳鉄の改良や各種の試作合金鋳鉄が検討されましたが、NCM鋳鉄に優る特性を示すものはなく、き裂の大きさが一定の限度に達したら交換。これは摩耗限度の交換に比べれば短寿命でした。

山陽新幹線の開業に当たってはさらに耐熱性の向上が求められ、鍛鋼製の「ハット型ディスク」(帽子のつばが摺動面になるかたち)が当時の住友金属工業で開発されました[15]。しかし高速からの繰り返しブレーキのような過酷な条件下では熱き裂から脆性割れが発生、実用化には至りませんでしたが、**靭性**●[17]を向上させる鋼種の検討を進めて、耐熱き裂性、耐摩耗性を考慮したAISI4330改良鋼(Ni-Cr-Mo鋼)を開発、鍛鋼ディスクの先駆けとなりました。

鍛鋼では、鋳物のように冷却用の細かいフィンが成形できないので、鍛造で成形可能な放熱効率のよい形状が設計されました。しかし、ディスクが反り返りライニングの偏

8章 ブレーキ

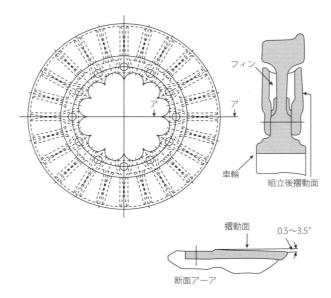

図8.11　熱変形を逆そりで相殺した鍛鋼ディスク

摩耗や取付けボルトが抜けなくなるなどの熱変形の問題がありました。そこで、従来の半円2枚を組み合わせる構造から一体型にして曲げ剛性を大きくし、図8.11[16]のように反り返りを見越した逆反り形状とするなど改善を行い、1992(平成4)年に営業を始めた300系以降の新幹線車両では全面的に採用されています。

　1975(昭和50)年以降になって、ディスク本体は強度の高い鋳鋼、摩擦面のみをブレーキ材として実績のある片状黒鉛鋳鉄にする「クラッドディスク」が考えられました。クラッドとは異種金属を圧着して貼り合わせた材料です。実車試験の結果は、熱き裂は発生しますが、ある長さに達すると進展が抑制され取り替えまでの期間が大幅に改善されることが確認され、1988(昭和63)年に実用化。100系で一部に採用されましたが、その後普及しませんでした。

　一方、在来線でも、高速化やメンテナンスコスト低減を目的としたディスク材の改良が検討されました。候補の第一は**CV**(Compacted Vermicular)**黒鉛鋳鉄**●[21-3]でした。この鋳鉄は黒鉛形状が片状と高強度の球状の中間的で、芋虫(バーミキュラ)のようになることから名付けられたものです。強度は片状黒鉛鋳鉄の2倍程度、き裂が発生しにくいという特徴があります。しかし、耐摩耗性については、近郊形、通勤形さらには特急形車両へと使用範囲が拡大するにつれて不十分と判定されました。次の候補は、新幹線で実績のある

表8.5 主なブレーキディスク材料

分類	材料名称	材質	特徴	引張強さ〔MPa〕	実績	参考規格
鋳鉄系	ねずみ鋳鉄	FC28	摩擦特性安定、安価	≥275	在来線	JRS12209
	NCM鋳鉄	Ni-Cr-Mo	摩擦特性安定	≥245	新幹線0系、200系	JRS12209
	CV黒鉛鋳鉄		高強度、黒鉛形状では耐熱き裂性改善できず	500	在来線一時使用	
	（鋳鉄／鋳鋼）クラッド材	FC20／SCC60	高強度、耐熱き裂性改善	200/600	新幹線0系、200系、100系	
鋼系	鍛鋼	4330M	高強度、耐熱き裂性良好	800	新幹線100系以降	SNCM431相当

記号：FC28、20（数字は引張強さ下限値（28、20kgf/mm²）、SCC60（炭素鋼鋳鋼、引張強さ下限60kgf/mm²）

NCM鋳鉄などの低合金鋳鉄や鍛鋼、鋳鋼でした。ただし、鍛鋼や鋳鋼ディスクについては、鋼用のライニングの開発が必要でした。これらを試験した結果、在来線でもNCM鋳鉄などの低合金鋳鉄ディスクが広く使われるようになりました[8]。表8.5[8]に主なディスク材を示します。

今後のディスク材として候補にあげられる軽量材には、「炭素繊維／炭素・複合材料」（C/Cコンポジット）、「セラミックス粒子分散型アルミニウム合金基複合材料」、などがありますが、価格の壁があります。

8.3.2 ライニング

当初の在来線用のライニングは、前述の合成制輪子と基本的に同じで、表8.3に示されています。アスベストは1990年代には代替材に変更されました。代替材としては、耐熱性のある繊維状物質が想定されますが、セラミックス繊維は一般に高価です。自動車用のレジンモールド材パッドにはチタン酸カリウム繊維の例があります。通称チタカリは安価な「ウィスカー」（猫の髭のように細い単結晶材）として知られていますが、ウィスカーも微細であるため発がんの危惧があるといわれています。積雪地帯を走行する車両用には一部を焼結合金ブロックにしたものが採用されています。

新幹線用のライニングは、合成系、銅系や鉄系の焼結合金が試験され、最終的には銅系焼結合金がNCM鋳鉄ディスクやその後の鍛鋼ディスクに使用されています。ライニングの例を図8.12に示します。

8章　ブレーキ

図8.12　ライニングの例（新幹線）

◆「8章 ブレーキ」参考文献

1) 水島とほる：『蒸気機関車誕生物語』p.153，グランプリ出版（2004）
2) 江崎昭：『輸送の安全からみた鉄道史』p.11，グランプリ出版（1998）
3) 丸山弘志：『鉄道の科学』ブルーバックス B431，講談社（1980）
4) 宮本昌幸：『図解　鉄道の科学』ブルーバックス B1502，講談社（2006）
5) 宮本昌幸：『ここまできた！鉄道車両』オーム社（1997）
6) 中澤伸一：「空気ブレーキの制御」，『RRR』Vol.69 No.6, pp.28-31, 鉄道総研（2012）
7) 新井浩，加藤博之，浅野浩二：「高速対応用基礎ブレーキ装置の開発」，『JR EAST Technical Review』No.22, pp.7-10（2008）
8) 辻村太郎：「ブレーキ材料」，『金属』Vol.70 No.2, pp.33-41, アグネ技術センター（2000）
9) 上田ブレーキ（株）ホームページ（http://www.uedabrake.co.jp/）
10) 半田和行：「列車を安全に止める制輪子」，『RRR』Vol.66 No.1, pp.11-14, 鉄道総研（2009）
11) 出村要：「合成制輪子の現状と問題点」，『日本機械学会誌』80巻701号, pp.385-399（1997），p.385より作成
12) 宮内瞳甾：「鋳鉄複合制輪子」，『RRR』Vol.68 No.12, pp.34-35, 鉄道総研（2011）
13) 宮内瞳甾：「合金鋳鉄制輪子を複合構造にしてレアメタルを減らす」，『RRR』Vol.69 No.10, pp.20-23, 鉄道総研（2012）
14) 狩野泰：「ディスクブレーキ装置」『RRR』Vol.66 No.1, p12, 鉄道総研（2009）
15) 坂本東男，仲田摩智，外山和男，平川賢爾：「高速車両用ブレーキディスクの開発　第2報：ハット型及びECBブレーキディスク」，『住友金属』Vol.45 No.6, pp.23-32（1993）
16) 坂本東男，仲田摩智，外山和男，平川賢爾：「高速車両用ブレーキディスクの開発　第1報：フィン付鍛鋼ブレーキディスク」，『住友金属』Vol.45 No.6, p.21（1993）

9章 集電

集電とは、走りながら車両が外部から電気を集めるシステムをいいます。最近は自動車でも電動機駆動が進められていますが、電池搭載が不可欠です。
鉄道でも燃料電池の応用が進められています。ただ現状では車両が重いのと、長距離運行には現在の電池技術ではパワー不足です。集電方式には、リニアモータを応用した車両（たとえば大江戸線）の電磁誘導・非接触集電と、地上設備の架線からパンタグラフで接触集電するシステムがあります。本章では、材料として特殊性がある後者の方式について紹介します。

1895（明治28）年日本最初の電車、京都電気鉄道

9.1 集電方式の変遷

　電気鉄道の歴史が欧米に始まり、その後日本に導入された経緯は、本章末の「文献1」に詳しく述べられています。特に材料の変遷については、日本における鉄道電化15 000 km突破記念として刊行された「文献2」や「文献3」があります。以下ではこれらを参考に略史として紹介します。

　電動機を車両の駆動源とする試みは、1834年アメリカの電池搭載実験車に始まるそうですが、出典が不明です。その後1837年、ロバート・ダヴィッドソン（Robert Davidson）も同様の電池機関車を試作、1842年、王立スコットランド技術協会（Royal Scottish Society of Arts）の展示会に「ガルバニ号」と命名した機関車を披露しました。ちなみにガルバニとは、18世紀に蛙を用いて2つの異なる金属間に電位差が生ずることを発見したイタリアの解剖学者です[4]。ともかく当時の電池では持続的な出力にも限界があり、実用化には至りませんでした。のちに炭鉱・鉱山などガスや粉塵による爆発の危険性があるトンネルでは、電池機関車が用いられています。

　1879年、ジーメンス（Werner von Siemens、現在のジーメンス社創業者）は、ベルリン貿易博覧会で「第三軌条」集電方式の電気機関車けん引旅客列車（今の遊園地に見られる程度。図9.1）を円形軌道300 mで走らせ、延べ8万人が試乗したとあります。歴史的には、初の集電システムといえるようです。第三軌条（以下サードレールという）とは、2本の走行レールと別に給電路として設けた第三のレールのことで、その上に集電器を接触走行させて、列車の外部から電気を得る方式です。電圧は150 V、サードレールは軌道の中央に設けて、集電器はローラでした。その後、ジーメンスの創立したSiemens & Halske社は、ベル

図9.1　ジーメンスの電気車デモ（Siemens Corporate Archives, Munich）

リン郊外の建設資材運搬用の軌道を利用して、2.4kmのDC180Vサードレール方式トラム(tram way)の認可を受け開業(リヒターフェルダー線:Lichterfelder Strassenbahn)。これが初めての電気鉄道(トラム)となったようです。しかし、地上にあるサードレール方式は感電などの危険性があり、列車の上空に集電架線を設ける架空電線方式が考案されました。1881年のパリ国際電気展にジーメンスがアイデアを展示。1883年オーストリアのトラムに実現しました。これは、二線式U字型パイプの中をシャトルのように走る集電装置をワイヤで引っ張る方式でした。

サードレール上を集電靴(collector shoeの直訳、すべり接触の集電器。ちなみに制輪子もbrake shoeというがこちらは靴とはいわない)を走行させる方式(図9.2)は、トンネル断面が小さくて済み建設工費を節減できることから、現在も地下鉄などで用いられています。イギリス国鉄(BR)の南東路線では、160km/hの高速運転も行われましたが、ユーロトンネル開通後、欧州大陸とのTGV直通運転の区間は架空電車線方式になりました。

一方、1880年、アメリカの発明家スプレイグ(F.J.Sprague)がポール式集電装置を発明、安全で架設が容易な架空電線からの集電方式を考案。これを用いて、1888年、リッチモンドにDC500Vトロリシステムのトラムを誕生させました。その後、欧米のトラムや都市近郊の電車に普及。日本では1895(明治28)年京都電鉄(後の市電)に導入されました。トロリ(trolley)の語源は、上記U字型パイプに跨がった小型のカートをワイヤで引っ張る様子が、トロール漁法(流し釣り)のように見えたことに由来するともいわれています。ホイールを用いるようになり「troll=転がる」の意も掛けたのでしょうか。アメリカは発明国でもあり摺動架線のことを「trolley wire」と呼び、日本でもトロリ線としていますが、英語では「contact wire」です。

図9.2　第三軌条集電方式(横川・軽井沢アプト式ED40)(鉄道博物館展示物／撮影:松山)

9章 集 電

図9.3　ポール搭載の山手線、ホデ6110形、1911（明治44）年（提供：鉄道博物館）

図9.4　ビューゲル搭載の広島電鉄500形、1960（昭和35）年（提供：三品 勝暉 氏）

　トロリ・ポールは、分岐を渡るとき車掌が紐を引いてポールを操作する、なびき方向にしか走れないので方向転換するときは中央1本ポール車では車掌が引き廻す（明治村で今も動態保存）、終点に転回ループ線路を設ける、前後に往路復路用の別のポールを設ける、などが必要でした。転がり接触なので走行中ローラが架線から外れることが頻繁でした。図9.3は、明治末期のポール集電の山手線電車です。車両前部にある、紐の下先の丸い装

166

置(リトリバー)は、ポールが外れたときいきなり立ち上がらないよう紐をゼンマイで巻き取る工夫がされています。2本のポールは、直流区間の**電食**●43-1を防止するためにレールを帰電路にせず、2本のトロリ線を給電・帰電に複線としたからです。

　1887年、ドイツの技師、ライヒェル(Walter Reichel)がビューゲルを発明、前述のリヒターフェルダー線のトラムで試験走行に成功します。これはすり板がすべり接触のために、車両が逆方向に動くと摩擦力で自動的になびき方向が変わり、また分岐部分でもすり板の接触幅が大きいために離線の心配がなくなりました(図9.4)。Bügelとはドイツ語で「湾曲したもの」の意です。ドイツ語では、Lyra-Stomabnehmer:竪琴型集電器とも。しかし、ビューゲルは、架線高さにより押上力が変化すること、なびきの方向性があることなど、高速鉄道には問題がありました。

　そこで登場したのがパンタグラフです。「パンタグラフ」とは、語源がギリシア語で、panto(凡て)とgraph(描く)から、拡大縮小用製図器の一種として知られています。初めは、屈曲できる腕を対向して菱形に組み合わせただけの平面パンタグラフで、1895年、アメリカのBaltimore & Ohaio鉄道と、1900年にSiemens & Halske社が開発しました。ビューゲルのような横方向の自由度がないため、逆U字型のみぞ付き棒(銅製の剛体架線)の中を摺動する方式だったようです。ほぼ同時期、サンフランシスコ湾岸鉄道Key System社のブラウン(J.Q.Brown)が発明したというローラ摺動の菱形パンタグラフが、後述するように日本で最初に導入されました。

　架空電線は、初めは直接吊架(以下、ちょう架)でしたが、ちょう架支点のスパンが大きくトロリ線自体が懸垂曲線(カテナリ)で、速度には限界がありました。「カテナリ」(catenary)とは、鎖や紐を両端で支持して垂れ下がる懸垂曲線のことで、ラテン語の鎖(catena)が由来。

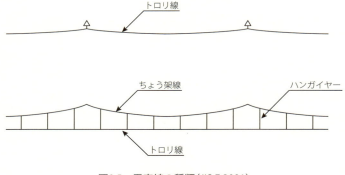

図9.5　電車線の種類(JIS E 2001)

9章 集電

そこで速度向上のために、「ちょう架線」(カテナリ)の下に短い間隔(約5m)で設けた「ハンガイヤー」で「トロリ線」を吊り、集電線であるトロリ線には張力を与えて水平に保つ方式、「シンプルカテナリ架線」が考案されました(図9.5)。張力は滑車で錘を下げる「テンション・バランサ」などが用いられ、温度変化による伸縮を調整します。欧州では1907年に、日本では1914(大正3)年、初めてパンタグラフを用いた京浜線(品川―横浜)から使用されました。

9.2 トロリ・ホイール

図9.3のポールの先端にあるトロリ・ホイール[5),7)]は、図9.6(a)[5)]に示す構造で、電流経路に可動接触部が2か所あります。1つは架線からホイールへの転がり接触部で、もう1つはホイールの軸受に電流が流れないように周速の小さいホイール中央のボス部両側面に押し付けた「燐青銅板ばね」のすべり接触部です。電流はここからハープ(「可鍛鋳鉄」製のホイール支持器)、ポール(引抜鋼管)を通り、「主幹制御器」を経てモータに流れます。ホイールの材質は**砲金鋳物**●41-3 (Cu=88%、Sn=10%、Zn=2%、旧JISのBC3に相当、**黄銅鋳物**●41-2 の例[8)]もある)。転がり接触での集電では接触面のアークによる損傷、酸化が激しく、寿命は3000～10000kmであったようです。日本での架線電圧は600Vでしたが、ホイール/架線間の接触抵抗は速度、集電電流とともに増大するため電圧が降下し、速度に限界がありました。さらに前述の操作上の問題もあり、トラムでは次第にビューゲルに変更されていったのです。ただし、トロリバスは電車線が給電・帰電の2本線であるためにビューゲルやパンタグラフが使用できないこともあって、すり板(slider)を使用した2本ポール集電器が使用されました。これは図9.6(b)[7)]に示すように、首振り可能な球面座に高硬度(≧HS70)カーボンや砲金のすり板が用いられていました。

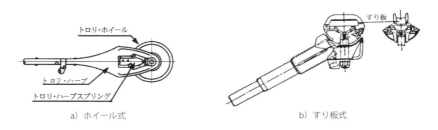

a) ホイール式　　　　　　　　b) すり板式

図9.6　ポール集電器の先端構造

9.3 ビューゲル

わが国での初めての使用は、1902(明治35)年江之島電鉄と伊勢電気鉄道。ドイツよりの輸入品でしたが、なぜかその後ポールに変更されました。摺動部はパンタグラフと同様なすべり接触のすり板を用いています。初期のすり板は「アルミ合金鋳物」で、図9.7のように片面が摩耗すると裏を返して使用できましたが、次第にアーク発生が少ないカーボンに変えられました。押上力は、脱架線がないのでパンタグラフと同じ5kgf(50N)。ビューゲル[9], [10]やポールは、前述のように高さにより押上力が変わり架線への追随性が悪いため、Z型(現在のシングルアームパンタグラフの前身ともいえる)に折り曲げたビューゲルが開発され、現在も地方鉄道で使用されています(図9.8)。

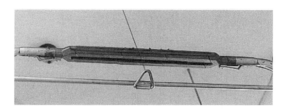

図9.7　ビューゲルのすり板(旧交通博物館展示物／撮影：松山)

図9.8　Z型ビューゲル(伊予鉄道モハ50形、2012(平成24)年／撮影：松山)

9.4 パンタグラフ

9.4.1 菱形パンタグラフ

　日本でのパンタグラフ[9), 10]（以下、パンタと略称）は1914（大正3）年に京浜線の1200V電化に始まりました。最初はGeneral Electric（GE）社製のローラ接触型が電車とともに輸入されました。後に国鉄のPS1形となります。

　図9.9は当時の有楽町駅で、左の京浜線電車（デハ6340形）に搭載されており、押上力11kgfと大きく、いかにもばね上質量（パンタ本体がばね、舟体がばね上質量。輪重のばね下質量に相当する）が大きく追随性が悪いことが想像される代物です。右はすでに営業していた山手線でまだ2本ポール（図9.3のホデ6110形）。架線は直吊式です。ローラ式集電器は、現在でも低速のクレーン用に銅製ローラの例があります。京浜線は、東京駅開業式と将軍凱旋祝賀会の同時開催のために急がされたずさんな工事で、初日から架線事故。電車運転再開はなんと約5か月後。鉄道院総裁の面目丸潰れといういきさつがあります（「Column C」p.187参照）。その後、すり板式に改造されました。スタートはつまずきましたが、高速化には不可欠の技術改良でした。郊外電車では大正末期（1925年）に予定された自動連結器への一斉交換（以下、自連化という。「Column A」p.38参照）を控え、1920（大正9）年から次第にパンタへ切り替えて、1922（大正11）年には改修が終了しています。それま

図9.9　初のパンタグラフ搭載電車（京浜線開通時の有楽町駅-1914）（提供：鉄道博物館）

での「緩衝器・リンク式連結器」は、列車中間に電動車が入ると起動時に前後の付随車の動揺が激しいことなどの理由で、自連化は運転区間が限定されている電車から実施するとされたのです。ところが、列車長を短縮するために連結間隔を狭くすることが要求され、連結部で折り畳んだポール同士が干渉するという問題がありました。そこで既存車両では自連化の前にパンタへの交換が優先されたというわけです。この時期には、ポールとパンタを両方備えた過渡的な車両もあったようです。私鉄も事情は同じで、パンタ化が進められました。

　国産のパンタは、まずGE社製の図面を元に東洋電機製造社で製作され、阪神急行電鉄で使用されました。これを改良小型化して次第に独自の設計になり、1923年、鉄道省が採用したのがPS2形（図9.10[9]）です。枠は、当時欧米で鋼管製造法の主流だった鍛接鋼管と思われます。1925年には、鋳物のエアシリンダにより上昇、自重で下降する方式が登場、1931（昭和6）年に製造された電気機関車用PS10形では、枠にジュラルミンが採用され軽量化が図られています。第二次大戦の頃には、資材不足から下枠は溶接角管、上枠鋼管はたすき補強材をやめて溶接による横梁補強、PS2から用いていた玉軸受もなしのPS13形が用いられ、戦後の量産車モハ63形電車（(図9.11)昭和26年、桜木町火災事故で問題になった）まで使用されました。その後資材供給が安定してくると、枠材は再び耐食性のよいア

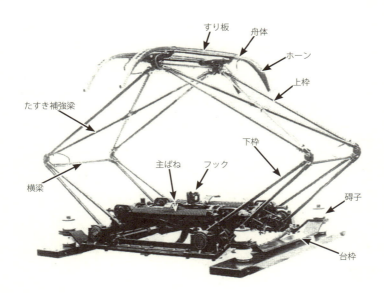

図9.10　鉄道省初の国産形式PS2パンタグラフと部材名称

図9.11　PS13形パンタのモハ63形電車（提供：三竿 喜正 氏）

ルミ合金管（A5052）、舟体はA5052板のプレス加工などが用いられています。

さらにトンネルなど腐食性環境で使用される機関車や海岸線を走る電車などにステンレス枠（SUS304）も使用されています（関門トンネル用交直両用ステンレス車体EF30、秋田―青森電化時に投入されたED75の下枠交差耐雪耐塩害パンタなど）。

新幹線は、トロリ線高さが一定に設計され、パンタも小型軽量になりました。0系では上枠を小型化できる下枠交差形（PS200）として、台枠を高い位置に碍子で支持。枠はA5052管、舟体は熱処理型のA6061**押出**●29-6**角管**などが使用されました。

9.4.2　シングルアーム形パンタグラフ

新幹線では、速度向上とともに、パンタの風切り音や風圧による押上力変動（「揚力変動」という）が問題になり、その対策としてフードの設置やT型パンタ（500系）が開発されましたが、現在では舟体を平行に保つイコライザーアームなど中空管に納めた1本アームで、管の材料はJIS G 3445 機械構造用炭素鋼鋼管STKM13Aとなっています（図9.12(a)）。

在来線でも、現在は菱形が見られなくなり、シングルアーム形パンタが主流となっています（図9.12(b)）。枠はSUS304プレス加工材の溶接組み立てです。

シングルアーム形は、1955（昭和30）年、フランスのフェブレー社（Faiveley S.A.）が開発したもので、各国の相互乗り入れの関係から欧州で普及していました。1994年2月12日、東京地方は昼から大雪になり、JRをはじめ首都圏のほとんどの鉄道が不通になりま

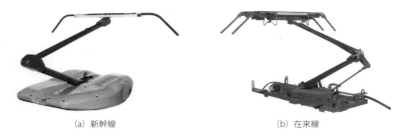

(a) 新幹線　　　　　　　　(b) 在来線

図9.12　シングルアーム形パンタグラフ（提供：東洋電機製造）

した。これはパンタが着雪の重みで下がり、トロリ線との接触抵抗が増大、発熱して各所でトロリ線が溶断したり、あるいは溶断防止のためにパンタを降ろしたことが原因でした。道路も大雪に準備のない多くの車が放置されバスも運行不能。交通難民が馴れない雪道を歩くという事態になったのです。このとき京王線だけがかろうじて通じていたのは、パンタ枠に着雪防止塗料を施していたからということでした。これも1つの契機となって菱形パンタから着雪面積の小さいシングルアームへの転換が始まりました。折しも1980年代、フェブレー社の特許も切れ国産化が可能になったのでした。

9.5　すり板

　すべり接触部品は摩耗により寿命が決まる比較的短命な消耗品です。すり板とトロリ線の材料同士には相性があります。トロリ線は長大使用材であり、銅が主体の合金で、材料の多様な選択肢はありません。これに比べて、すり板は小さくて試験も容易なために、実に賑やかに試作・淘汰・実用が繰り返されて来ました。
　すり板材料に要求される特性は以下のとおりです。
　1）接触抵抗が小さいこと（発熱防止）
　2）摩耗が少ないこと（保守軽減、経費節減）
　3）潤滑性が付与されていること（耐摩耗性）
　4）トロリへの攻撃性の小さいこと（保守軽減）
　5）衝撃に対する靭性が大きいこと（欠損・破損防止）
　6）軽量（高速での追随性向上、離線防止）
　7）低価格（経費節減）

9.5.1 金属系すり板

すり板の材質はパンタ導入以来純銅が用いられていました。阪急電車では1972(昭和47)年まで硬銅すり板を使用していた(京都線のみグラファイト潤滑使用)といいます[11]。トロリ線は硬銅ですから、すり板に同種金属を使うことは、「ともがね」といって摩耗しやすい組合せです。擦られている面同士は、摩擦熱で局部的に金属が融解し、溶接と同じ原理で相互に接合されるからです。接合箇所がちぎれたりくっついたりしながら次第に大きな摩耗粉になるというのが**凝着摩耗**●45-2と呼ばれる摩耗形態です。通電されている状態では、接触点に接触抵抗で生ずるジュール熱(電気抵抗の発熱)も加わり凝着は激しく、さらに摺動面の荒れから「離線」(すり板の上下動が揺れているトロリ線に追随しなくなって互いに離れること)によるアーク熱で溶融も起きて、トロリ線、すり板の双方の摩耗も激しくなります。「ともがね」でも使用できたのは、適切な潤滑材を併用したからです。

第二次大戦中は銅の節約でカーボンが使用されましたが、往時の炭素材質は脆く、すり板破損とアーク発生に悩まされました。特に灯火管制下(爆撃目標にならないよう外に光が漏れないようにした)でのアーク発生には困惑。架線改良に奔走しました[12]。架線力学発達史の裏街道ともいえそうです。戦後も物資の枯渇は甚だしく戦時中そのままの材料が継続されたため、架線溶断から電車焼損など事故が絶えませんでした。そこで昭和24～26年、電気車摺板改良研究委員会(鉄道電化協会、委員長:宗宮友行)が設置され、カーボンに代わり成分系の配合が自由で潤滑成分も加味できる銅系焼結合金すり板が開発されました[13]。「焼結合金」とは、金属単体や合金の粉末を加熱・加圧して焼き固めるセラミッ

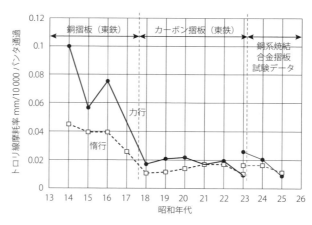

図9.13 すり板材料によるトロリ線摩耗の推移

表9.1　トロリ線とすり板の摩耗比較

すり板種別	銅	カーボン	銅系焼結合金
カーボン基準のトロリ線摩耗比	3	1	1.2
すり板寿命（走行 km/mm）	3 400	1 000	3 000

図9.14　桜木町電車火災事故（1951年4月25日毎日新聞／提供：毎日新聞社）

クスと同じような製法による合金です。現車試験の結果、すり板材質によるトロリ摩耗は図9.13[13]のように推移し、トロリ線とすり板の摩耗比較は表9.1[13]のようになりました。これが銅系焼結合金採用のいきさつです。

　折しも1951（昭和26）年4月24日、架線事故がらみの桜木町事故（63形電車が炎上、窓が狭くドアも開けられず閉じ込められた乗客が106名焼死、図9.14）が起きたため、すり板が原因ではなかったものの焼結合金すり板への転換も急がれました。

　焼結合金でも銅系のものは、硬銅トロリ線と「ともがね」になることから、鉄系焼結合金も開発されました。

　上述のすり板への要求でどれが優先されるかは、鉄道会社や線区によってさまざまです。表9.2[14]は2000（平成12）年までに国鉄・私鉄で使用されてきた主な材料の一覧です。これらは摺板改良研究委員会に引き継いで、国鉄最後の1986（昭和61）年度まで活動した集電摺動委員会（鉄道電化協会）と材料メーカの精力的な研究開発の成果ですが、その陰にはこの何倍にも及ぶ各種材料の試作と現車試験が行われてきました。その結果、実用化されたものだけでもこれだけあるのです。銅系焼結合金のうちCR1、CR2は寒冷地用

9章 集電

として開発されたものです。寒冷地ではトロリ線に霜が付き、離線によるアークが激しくなります。そのために耐アーク性がよく、トロリ線への移着(相対する金属が摩擦相手側に付着すること)が起きにくい材料が選定されました。

鋳造合金は黄銅系、鉛青銅系、アルミ青銅系などが実用化されましたが、前二者が私鉄数社によって使用されました。

表9.2 2000年までの主な金属系すり板材料

成分系	名称	製造法	主成分〔%〕					潤滑成分〔%〕				諸特性			規格
			Cu	Fe	Ni	Cr	その他	Sn	Pb	MoS_2	黒鉛	固有抵抗 $\mu\Omega\cdot cm$	硬さ HB	衝撃値〔kg·m/cm²〕	
鉄	M39		0.1~3	残	0.1~3	≤5	Mo=0.1~5	–	17~27	≤0.2		≤30	65~95	≥1.0	JRS
	M54X		0.4~1.5	残	0.5~2	0.5~2.5	Mo=3.5~7.5	–	10~20	≤0.2		≤40	70~115	≥1.0	JRS
	BF31		–	残	1~3	–	Ti=1~4 W=0.5~4 Mo=1~5	–	5~15			≤40	70~115	≥1.0	JRS
	TF5A		–	残	–	10~16	P≤0.2	–	2~10	2~7	–	≤40	70~115	≥1.0	JRS
	DM		8~10	残	–	–		1~2	4~7	–	5~7	≤40	35~45	≥0.2	JRS
銅	BC30	焼結	残	17~25	–	–	Mo=9~15	2~5	2~6		–	≤40	70~115	≥1.0	JRS
	BC16		残	–	–	10~13	P≤0.5	7~10	2.5~5	–	≤1	≤30	65~95	≥1.0	JRS
	K16		残	–	–	10~13	P≤0.5	7~10	2.5~5	–	≤1	≤30	65~95	≥1.0	JRS
	BB		残	3~6	–	–		9~12	–	–	2~5	≤23	60~60	≥2.3	JRS
	TCS103		残	–	–	3~5	P=0.3~0.6	8~11	–	–	2~4	≤30	60~60	≥0.5	JRS
	BC		残	10~15	2~4	–		8~10	–	–	3~5	≤34	55~65	≥1.2	JRS
	CR1		残	4~7	–	–	Mo=6~7	4~6	–	1~3	–	≤30	≤85	≥0.7	JRS
	CR2		残	–	8~11	–	P≤0.2	5~7	–	3~7.5	–	≤30	≤85	≥0.7	JRS
	BEM	鋳造	93	–			Cu-FeS,5			2	≤3		38~50	≥1.0	
	BE11		90	–			Cu-FeS,5	5				≤23	50~65	≥1.0	
	IH(1)		57~63	–			Zn=33~37 Al=0.3~0.5		4~6			≤30	40~50		
	IH(2)		62~66	–			Zn=残	≤1.0	1.5~4			≤20	HS18~21	≥1.0	
	NG10		75					3	22			≤13	30~35		
	NK-3		83	1				5	10						

9.5.2　新幹線すり板

　電化協会の研究会は、国鉄の主導のもとでその後も継続され、新幹線に向けて高速用すり板の開発が行われました。新幹線用のすり板性能は、東京－大阪7、8往復（7～8000km）、衝撃値（切欠き無しシャルピー試験）1.5kgf・m/cm^{2}以上、トロリ線交換寿命は10年を目標としました。開業前の試運転では、多くの試作合金の中から選ばれた銅系、鉄系焼結合金各1種類、鉛青銅系鋳造合金1種類が試験されました[15]。このうち鉄系焼結合金が目標寿命を満足したため、開業に当たってはこれが全車に取り付けられたのです。しかし、トロリ線を削るような異常摩耗（旋盤やカンナの削りくずのような摩耗片を生じた）が起きたために、銅系を別途試験に組み入れたところ、トロリ線摩耗は増大。他方、すり板側は鉄系と銅系を6：4で混合併用すると摩耗寿命が鉄系単独より2倍に伸びたのです。その後、長いことこのような混用状態が続きました[16]。東海道新幹線は、開業以来、当時在来線の交流電化で採用されていた**BTき電方式**[●44-1]が続き、列車は1ユニット2両ごとにパンタを備えており、多数パンタによる架線振動や「ブースターセクション」でのアークに悩まされました。山陽新幹線からブースターセクションのない**ATき電方式**[●44-2]が登場。1991（平成3）年に東海道新幹線のATき電化が完了すると、パンタ間の「ブス引通し」が可能になり、100系では1編成3基、300系では2基までパンタ数を減らすことができたのです。ブス引通しとは、パンタ同士を屋根上の母線（ブスバー）で電気的に接続することで、これにより一方が離線しても他方から転流することでアーク発生を抑制できるようになりました。その結果、パンタ当たりの集電容量が増加し従来の銅系焼結合金すり板では対処できなくなり、鉄系のみが使用されるようになりました。

9.5.3　カーボンすり板

　終戦直後まで使用されたカーボンは国鉄では敬遠されましたが、トロリ線の摩耗が少ない、摺動音が小さいなど捨てがたい魅力があり、私鉄では継続して使用した実績があります。京浜急行電鉄では断線対策のために、張力を負担する銅撚線の添線の下に硬銅トロリ線を抱き合わせて強化した合成電車線（寿命40年）を用いて、カーボンすり板を継続使用してきました[17]。

　欧州では高速車両にもカーボンすり板が普及しており、DB（ドイツ国鉄）はカーボンすり板とアルミ合金の舟体を接着して一体化し、ICEで寿命15万kmの実績をあげています。開発したのは航空機製造のドルニエ社。舟体の曲線はビューゲルに似ており、これが伝

表9.3　2000年までの主なカーボン系すり板

名称	製造法	導電補材 Cu	潤滑材 Pb	潤滑材 Sn	密度 [g/cm³]	固有抵抗 [μΩ·cm]	硬さ HS	曲げ強さ [kgf/cm²]	衝撃値 [kg·m/cm²]
SW	焼結	-			1.7	3000	85	400	0.02
MY7D	焼結	28	12		2.5	1000	92	1040	0.028
MYX258	焼結	32	14		2.9	300	94	1250	0.04
PC58	焼結	60			3.7	180	80	1200	0.04
PC78	焼結	39〜50	4〜6	≤0.5	3	230	95	1200	0.042

承されているのかもしれません。SNCF(フランス国鉄)のTGVでは、DC1500V区間(2パン1000A)を銅合金すり板、AC25kV高速区間(1パン600A)を鋼(Si-Mn鋼)すり板(寿命12万km)を使用していましたが、1990年初頭にカーボンに変えています[18]。すり板が欠損したときは自動的にパンタを下げる工夫もされたといいます[19]。

わが国でも1990年代後半(平成10年頃)になって、「メタライズド・カーボンすり板」(銅粉を混合して焼結、あるいは多孔質カーボンに銅を溶かして含浸する)が、JRでも広く使用されるようになりました。

表9.3[14]は、その頃の主なカーボンすり板です。

金属すり板と混用すると、金属すり板がトロリ線を荒らすためにカーボンすり板の寿命は短くなります。特に混用条件で雨が降ると、トロリ線に付着した潤滑材としてのグラファイトカーボンが流出するため、この傾向がいっそう激しくなるといわれています。全車両がカーボン系になりトロリ線がなじめば、雨の影響は混用のときのように大きくはなりません。

さらに最近は、炭素繊維で強化した**CCコンポジット**●46-3の適用が進められています。これは炭素繊維で強化したプラスチック(**CFRP**●46-2)とは異なり、グラファイト自体を炭素繊維で強化したもので、高強度で耐熱性を兼ね備えた材料ですが高価でした。そのため、航空機のブレーキ材料や宇宙開発など特殊な用途に限られていましたが、すり板として実用可能な程度まで価格が低減できたこともあり、フランスでは2003年からTGVで実車試験が行われました。特にDC1500Vの集電電流の大きな区間での成績もよく、トロリ線を含めて保守費の低減も含めた総合的観点から実用化の方向が出てきました[20]。わが国でもカーボン繊維にグラファイト粒子と銅粉を混合したC-Cコンポジットすり板が実用段階に入り、JR在来線や大手私鉄で現車試験が行われています[21]。

9.5.4 潤滑材

在来線の多くは銅系の焼結あるいは鋳造合金が使用されてきました。トロリ線ともに摩耗低減が必要で、多くのユーザは「外部潤滑」材を用いています。これには架線側で「塗油器」(パンタがトロリ線を押し上げるとグリースが出る)を設ける、パンタ側にグリースや「減摩材」と称する固形潤滑材を2列のすり板の間に配置する、などの方法があります。すり板潤滑材にはユーザごとの苦労が反映して、表9.4[22]のようにさまざまなものがあります。

架線側で塗油する場合は、効果の持続距離が短いのでトロリ線の異常摩耗が置きやすい場所、たとえば駅に近い低速域での機械的摩耗を低減するのが目的で用いられました。すり板側でもグリースは充填後、走行距離に応じてトロリへの付着量が減り、潤滑効果が低減します。また、雨で流出したり摩耗粉と混合するなど、その効果や保守上問題が多々ありました。そこで、このような問題のない固形潤滑材がいろいろと開発されてきたのです。すり板摩耗は、無潤滑に比べて、グリースで1/4以下、固形潤滑材は有効距離が長いので

表9.4 これまでに使用された主な減摩剤(2000年時点)

名称	製法	パラフィンワックス	黒鉛	MoS_2	エステルゴム	グリース	バイセンT40	強化・改良材
CS減摩材	溶かし込み	20	60		19	1		
NPW	ワックス	残	30±3	0.5±0.2				
EG38N	カーボン		100					
EG-NPL	ワックス含浸カーボン	9	残					
固形潤滑材DT		83	13	4				
固形潤滑材NS		50	20					30
CS減摩材		15	60〜65		15			2
NPW-3-2		30	30	0.5			30	エチレン酢ビコポリマー YET=10
パンタグリースG						鉱物油+Ca 増ちょう材		
減摩材LAP						鉱物油+Li 増ちょう材		
減摩材C						鉱物油+Li 増ちょう材		
固形グリース		残	15〜30	0〜5				10〜30
白色固形潤滑材	台形成型品	50					テフロン=5	40
CS減摩材		9	62		7	3	シリンダ油19	
油浸カーボン			残					
ワックス系固形潤滑材		残	15±2	5±1				30±5
CS減摩材基黒鉛系						シリンダ油+CS+C		

1/16程度の低減になりました。

　一方、すり板に含有させる「内部潤滑」成分は、錫Sn、鉛Pbなどの低融点金属の添加が有効です。最近はPbをSnに代替する方向です。二硫化モリブデンMo_2Sは鉄道以外の分野でも広く用いられる代表的な固体潤滑材です。粉末焼結や鋳造など高温プロセスが長時間にわたると酸化が進行してMoO_3になりますが、それでも潤滑性があるといわれています[23]。ただし、電気抵抗はカーボンより二桁大きくなります。黒鉛（グラファイト）は耐熱性も備えた優れた潤滑材で、それ自体をすり板にしたカーボン系が上述のように普及してきた所以です。

9.6　架線・トロリ線の材質

　最近の架線構造と主な部材の名称を図9.15で見ておきます。電車線用語は、JIS E 2001に詳細に図とともに記述されています。

　トロリ線はできるだけ水平になるよう「テンション・バランサ」で張力を与えます。バランサは、一端に滑車を介して錘を下げる方式や、図9.15のようなばね式などがあります。これを一定の間隔のハンガイヤーでちょう架線に吊ります。ちょう架線は電柱梁に碍子で固定され、電柱間は前述の懸垂線（カテナリ）となります。トロリ線は、曲線区間では曲

図9.15　架線の部材名称（中央線市ケ谷駅付近／撮影：松山）

線引金具で横に引き、直線区間ではすり板の局部摩耗を防ぐために一定の電柱間隔でジグザグに張られます。このほか、変電所からの給電する「き電線」（餽電と書きますが常用漢字にありません。「餽」とは「送る」の意。他方、変電所へ電流が戻る「帰線路」は通常は走行レールが用いられます）が別に架けられますが、図9.15ではちょう架線がき電線を兼ねています。

9.6.1　ちょう架線・き電線

　ちょう架線(アメリカ：messenger wire、イギリス：catenary)はたわみやすい「鋼より線」の使用から始まりました。これは電流回路ではなく、トロリ線を平坦に支持するのが目的ですから、導電性より力学的強度が必要です。その後、ちょう架線の耐食性を上げるために、1937（昭和12）年から一部線区（東海道本線：京都－吹田間、仙山線：作並－山寺間）で亜鉛めっき鋼より線が採用され[24]、その後普及し現在に至っています。

　き電線(line feeder)は架線に平行して設置され、一定間隔でトロリ線に配電されます。これは「硬アルミより線」、「硬銅より線」、トンネル内などたわみの少ない区間では亜鉛めっき鋼を中心に配した「鋼芯アルミより線」などが使用されています。戦後鋼材が払底して、一時硬銅より線をき電線を兼ねた「き電ちょう架方式」として用いた時期もありました。この方式は、トンネルのような温度変化が小さく屋根上高さが低い区間で用いられましたが、最近は図9.15のような2本の硬銅より線をき電ちょう架線とした構造が都市電車区間に用いられています。表9.5に主な架線材料を掲げます。電線以外の架線金具類については、JIS E 2201電車線路用架線金具にまとめられています。

表9.5　主な電車線用材料

部材名	材料	JIS	JIS 材料記号	特徴（断面積）
き電線	硬銅より線	C3105		$100 \sim 325\text{mm}^2$
	硬アルミより線			$300、510\text{mm}^2$
	鋼芯アルミより線 (ACSR)			330mm^2
ちょう架線	亜鉛めっき鋼より線	G 3537		180mm^2（新幹線）
	亜鉛めっき鋼より線			$90、135\text{mm}^2$（在来線）
ハンガイヤー	アルミ青銅鋳物	H5120	CAC702C	
ハンガ	リン青銅棒	H5120	C5191B-1/2H	
	冷間圧延ステンレス鋼帯	G4305	SUS304-CP	
振止、曲線引金具	アルミ青銅鋳物	H5120	CAC702C	
	アルミニウム合金	H4040	A5052B	

9.6.2 トロリ線

トロリ線はパンタグラフすり板と直接接するために、以下のような性能が要求されます。

1) 導電率が大きいこと:長距離架線の電圧降下の防止のために、JIS E 2101みぞ付き硬銅トロリ線(Grooved Trolley:略してGT)では導電率≧97.5% IACSが要求されています。「導電率」とは**固有抵抗**●47(ρ:物質固有の電気抵抗)の逆数($1/\rho$)ですが、「IACS」とはInternational Annealed Copper Standardの略記で、1913(大正2)年国際電気委員会が制定した基準です。当時の焼なまし純銅の20℃における固有抵抗 $\rho =1.7241\,\Omega\cdot\mathrm{cm}$ の逆数(0.58)を基準に%表示します。

2) 耐摩耗性が大きいこと:摺動材料は消耗品であり、寿命を延ばすには相手すり板との組合せで摩耗低減が必要です。

3) 耐熱性が大きいこと:特に冷房など停車中の電流による発熱や降雪時パンタ押上力が弱まることによる発熱で軟化することを防止するには、**再結晶温度**●48(冷間引抜加工で硬くなった銅やアルミの線が、温度上昇で急激に軟化し始める温度)の高い合金が必要です。

4) 「波動伝搬速度」を上げること:列車速度が300km/h以上になると、パンタがトロリ線に起こす波(前後に伝播しますが、ここでは列車進行方向への波)に列車が追いついてしまう現象が起きます。フランスでは「マッハ現象」とか「カテナリの壁」などとも呼ばれています。列車速度が波動伝播速度の70%を越えると、パンタの上下動がトロリ線の上下動に追随できなくなり、離線が激増します。「波動伝播速度」v(m/s)は、次式で表されます。

$$v=\sqrt{(T/M)}$$

ただし、T:トロリ線張力(N)、M:トロリ線1mの質量、すなわち線密度(kg/m)。波動伝播速度を十分に高くするには、高強度材料を用いて張力 T を大きくするか、軽量材料により線密度 M を低減させることが必要です。

5) **疲労強度**●37が大きいこと:パンタ押上力が大きいほど離線は減少しますが、トロリ線の曲げ応力振幅が大きくなり疲労が問題になります。

初期のトロリ線は、1890年BS規格(英国規格)にみぞ付き硬銅線が制定され、それを各国で踏襲しました[2]。これは「タフピッチ銅」(純銅の1つでJIS H 3100の合金番号C1100に相当、酸素がやや多く溶接には注意が必要)の**冷間引抜**●29-2, 29-5材でした。JISには上述のE 2101(GT)とE 2102(円形硬銅トロリ線 Round Trolley:RT)の規格があります。

第二次大戦中は銅節約のために、極軟鋼線やアルミ系代用トロリ線(合金アルドライ、銅の摺動部をアルミで掴む複合材スタール線など)が使用されたことがあります[24]。極軟鋼やアルミ系などは、銅合金との**異種金属接触腐食**●49-1の問題があり、長期に使用できなかったようです。

摺動面は摩擦熱のみならず接触抵抗によるジュール熱などに曝され、接触面のごく表層の軟化やすり板に潤滑目的で添加した低融点金属の溶出などは、**摩擦係数**●32-2を下げます。一般には高速になるほど機械的摩耗(**アブレシブ摩耗**●45-1)は低減しますが、離線が増えるためにアークによる溶損摩耗が増えます。新幹線では「外部潤滑材」は使用しないので、低速区間では機械的摩耗が多いですが、高速では**アーク溶損**●45-4が多くなります。

トロリ線は純銅または「高銅合金」(Cu≧96%で添加合金成分が少ない)、「銅基複合材」が主体です。電線はいずれも冷間引抜で**加工硬化**●28した状態です。高銅合金は、導電性を損なわない程度のわずかな合金元素(Ag、Cd、Cr、Sn、Zrなど)を加えるだけで、**析出硬化**●50によってさらに強度が向上するだけでなく、温度上昇したときの軟化温度(**再結晶温度**●48)も高くなり耐熱性が向上します。引抜加工した純銅では250〜300℃以上になると急激な軟化が見られますが、銀入銅ではこの軟化温度域が100℃位上がります。トロリ線の許容限界温度は150℃とされていますから、不慮の温度上昇でも100℃の余裕ができるのです。

表9.6 2000年までに使用された主なトロリ線材料

種類	合金成分質量〔%〕	引張強さ〔kgf/mm²〕	引張強さ〔MPa〕	導電率 IACS〔%〕
みぞ付き硬銅トロリ線 JIS E 2101	タフピッチ銅 C1100W-H 相当 ※1	≧35	≧343	≧97.5
軟鋼線	0.05〜0.15C			
イ号アルミ合金線(アルドライ)	Al-Si-Mg			
銅覆アルミ鋼線(スタール)	銅覆アルミ線			
珪銅線	Sn≦1.5、Si=0.02〜0.52	42〜53	412〜519	65〜40
カドミウム銅線	Cd=1.2〜1.4	45〜65	441〜637	95〜85
カドミウム錫銅線		42〜49	412〜519	65〜80
銀銅線(G合金)	Ag=1.4			
銀銅線	Ag=0.1〜0.2	50	490	97
錫銅線	Sn=0.3	46	451	79
PHC(析出硬化銅)	Cr=0.4、Zr=0.14、Si=0.05	58	568	80
アルミ被覆鋼線(TA) ※2	Al/SWRH67B	47	461	82
銅被覆鋼線(CS) ※2	OFC/SWRCH25K	60	588	60

※1　JISでは導電率、引張荷重、伸び以外の材質規定はない。引張強さはこれから推定した値
※2　被覆部、芯部合わせての平均値

2000(平成12)年頃までに使用あるいは開発されたトロリ線の材質の一覧を表9.6[14]に示します。

珪銅線は硬銅に比べて耐摩耗性が優れていますが、導電率が低く、アークや短絡電流に対する特性が劣ること、さらに高価であるなどの理由で使用されなくなりました。

カドミウム(Cd)入り銅線はイタリア国鉄や新幹線のちょう架線に使われたことがありますが、Cdが有害金属であるために使用されなくなりました。

銀入り銅は、1972(昭和47)年に起きた北陸トンネル内の列車火災事故以後、耐熱性向上のためにトンネル内トロリ線として登場しました。地下鉄やそれに乗り入れる線区、海外ではドイツ国鉄なども使用しています。

錫入り銅線は、1975年頃開発されて国鉄の在来線に普及し、硬銅線よりも摩耗が30%低減したといいます。欧州ではドイツ、イタリア国鉄がちょう架線に使用しているようです。

PHCはICチップのリードフレーム用材料から転用開発されたもので、銅素材には「無酸素銅」(タフピッチ銅より酸素を低減、溶接の問題をクリアした純銅の1つ。JIS H 3100のC1020相当)が使用されています。JR在来線での試験結果では、摩耗率が錫入り銅線の約1/2の成果[25]が得られ、実用化が進みました。

これらの一体銅線に対して、張力を鋼芯で負担し波動伝播速度を向上させ、導電性を銅やアルミで補償する複合線材が高速用として開発されました。鉄－アルミの頭文字で「TAトロリ線」と呼ばれた複合材の鋼芯には、初めSS400などが試行されましたが、高強度を目的に高硬線材に変更されました。新幹線の一部高速区間で試験されましたが、その後広範な実用化には至っていません。アルミ／鋼トロリ線は中国でも開発されました[26]。アルミで被覆すると軽量化にもなり、波動伝播速度向上には有利ですが、「異種金属接触腐食」が起きることや、ハンガイヤーで吊る金具のグリップが弱いなどの問題がありました。これに対して銅被覆の「CSトロリ線」(Copper-Steel)は、硬銅との互換性があ

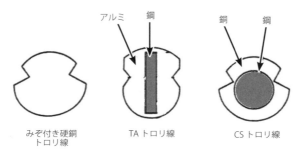

図9.16　トロリ線の断面

ります。軽量化にはなりませんが、張力向上の分だけ波動伝播速度が上げられます。

波動伝播速度は硬銅トロリでは、360km/hであるのに対して、TAは約500km/h、CSは約520km/hです。CSトロリ線は長野新幹線(現 北陸新幹線)に開業から使用されました。図9.16に断面形状を示します。

9.6.3 剛体電車線

剛体の集電路は、東京地下鉄銀座線・丸ノ内線などに見られる「集電靴」(シュー)用のサードレール、パンタグラフ電車が直通で入る地下トンネル架空式剛体電車線[27],[28]、新交通システムの側壁に設置された剛体電車線などがあります。これらはトロリ線と異なりき電線も兼ねており、大電流が流せる、断線の危険がない、摩耗に強く保守軽減になる、などのメリットがあります。

サードレールは極低炭素鋼を用いて、軌道レールと同様の断面の孔型ロールで圧延製造されます。強度は特に要求されませんが、導電率に基準があります。**表9.7**[6)]はいささか古い資料ですが、外国でのサードレールの材質例と日本における現行レールの材質(レールメーカ規格)です。日本の場合、レール断面形状は走行レールと同じで、15m定尺をアーク溶接して所定の長さにします。最大の連続長さは温度伸縮を考慮して、営団地下鉄では、地下800m、地上300mと定めています。**固有抵抗**●[47]はIACS基準銅の7.2倍(12.4$\mu\Omega\cdot$cm)以下が仕様です。

近年トンネルが「シールド工法」(掘削先の岩盤に鋼の筒を先行させ、その中を回転する刃で掘削、後方は円弧状セグメントでトンネル壁を構築していく)により円形断面で建設されるようになり、下方両側より上部空間に余裕があるため、架空剛体電車線式のほうがトンネル直径を小さくできるといいます。また、昭和31(1956)年の首都圏整備法により郊外鉄道の地下鉄への直通運転が志向され、サードレール方式の新設はなくなりました。

表9.7 サードレールの材質

鉄道会社	化学成分〔%〕					固有抵抗
	C	Si	Mn	P	S	〔$\mu\Omega\cdot$cm〕
Norh eastern RR	0.05	0.20	0.40	0.10	0.08	12.5
metropolitan District	0.035	0.00	0.315	0.056	0.059	11.2
London & south Western R.	0.047	—	0.34	0.053	0.055	11.7
London Elctric Railway	0.05	0.03	0.19	0.05	0.05	11.1
New York subway	0.10	0.00	0.60	0.10	0.05	—
日本の地下鉄	≦0.08	≦0.03	≦0.30	≦0.03	≦0.03	≦12.4

外国例は文献6)

9章 集 電

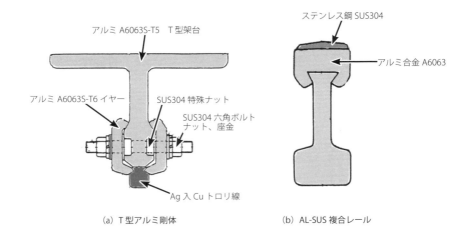

(a) T型アルミ剛体 (b) AL-SUS複合レール

図9.17 剛体電車線の例

　トンネル内の剛体電車線は、図9.17(a)[27]に示すようなT型材(き電線を兼ねるので耐食性アルミ合金、A5083S、A6063Sなどの**押出加工材**[●29-6])にアルミ合金イヤーで硬銅トロリ線あるいは銀入り銅トロリ線を抱かせるもの、導電性鋼(断面15kg/mのレール)にき電線としてのアルミあるいは銅帯を抱かせたもの、などがあります。このように異種金属が接触する構造であるので、漏水などにより**異種金属接触腐食**[●49-1]が生じやすく、T型材とトロリ間を塗装したり、トロリ線を錫めっきして防食しています。剛体とはいってもT型材にトロリ線を連続的に固定しないと部分的にトロリ線が垂れ下がります。このような部分を「軟点」と呼ぶようです。地下鉄トンネル区間では「明かり区間」ほどの温度変動はないものの、アルミは熱膨張率が大きいだけに、温度伸縮に対する配慮が必要です。T型材はアルゴンガス・アーク溶接で長尺化しますが、標準で250mごとに伸縮継目を挿入します。サードレールの不連続部には「エンドアプローチ」(集電靴への衝撃を緩和する勾配付導入部)が設けられていますが、集電靴への衝撃は避けられません。

　ゴムタイヤ式の新交通システムやモノレールでは、単相、三相交流式によって2線、3線の側面集電方式となっています。ほとんどが明かり区間ですので耐食性、耐摩耗性、等を考慮して摺動部(ステンレス鋼SUS304)と通電架台(アルミ合金A6063)を複合したAL-SUSレール(図9.17(b)[27])などが使用されています。

Column C　東京駅開業と京浜線の電化[29]

　2012（平成24）年、旧東京駅復元が完成しました。その開業は、1914（大正3）年、京浜線の電化で高島町まで新鋭電車列車の運行開始と合わせて行われる予定でした。同年始まった第一次世界大戦で日本もドイツと戦争になり、開戦早々ドイツ租借地・青島を陥落させた師団長神尾司令官と加藤艦隊司令官の凱旋祝賀会と駅開業祝賀会を併せて挙行することになったのです。東京駅開設は、日清、日露戦争で延び延びになったこともあり、戦勝祝賀で盛り上げようとしたのです。開業は12月20日と決まり、京浜線の敷設・電化は突貫工事、十分な試運転の余裕もありませんでした。祝賀式典は18日。翌日の読売新聞曰く、「午前十時三十分凱旋将軍神尾中将を乗せた四輪ボギー電車はすべるが如く新東京駅に進み入った、そもこの響き！　大東京を飾る新停車場（ステーション）に於ける初一番の此の響きこそ、やがて関釜連絡線を通じて遠く欧大陸に響くなる！」とは大仰な記事。将軍は品川駅で出迎えられて乗車、大隈総理はじめ政府首脳陣の待つ東京駅に入ったのです。この線路は山手線としてすでに営業しており、問題は起きませんでした。ところが、折り返して貴族院と衆議院の議員を乗せ高島駅に向かった一番電車は、品川を過ぎて新設線区に入るや子安付近で架線事故。横浜で待つ関係者はやきもきするも、二番も三番も架線事故で動けなくなる始末。翌日の各新聞に「本日開業式に御来臨の栄を得て京浜間の電車に御試乗を頂き候処、不幸にして途中停車の事故相生じ候ため各位に多大の迷惑相懸け候段、誠に恐縮の至りに存侯。　早速一々挨拶可致筈の処不取敢以紙上陳謝仕候。大正三年十二月十八日　敬具　鉄道院総裁仙石貢」[29]と平謝り。「欧大陸に響く」どころか、横浜にも響かなかったのです。

　原因は、路盤の不安定による横揺れで、重いローラ・ヘッドのパンタがトロリ線から外れ、おそらくアークで溶断された架線がパンタに絡みついた、ということではないでしょうか。外国技術の導入を十分に自前の技術に転化できていない時期の突貫工事が祟ったのでした。

（松山）

◆「9章 集電」参考文献

1) 舟石吉平：『国鉄電化の生い立ちと背景』（社）鉄道電化協会（1969）
2) 鉄道電化協会 編：『電気鉄道技術発達史』p.243, 鉄道電化協会（1983）
3) 『電車線工業の歩み』電車線工業協会（1983）
4) 松山晋作：『新版今昔メタリカ』p.88, オフィスHANS（2011）
5) 電気学会 編：『電気学会大学講座　電気鉄道1』p.169, 電気学会（1951）
6) 電気学会 編：『電気学会大学講座　電気鉄道2』p.312, 電気学会（1951）

7) 鳥居泰之介：『電気車の科学』p.184，(1973)
8) 『電気鉄道便覧』p.255，オーム社 (1956)
9) 小野寺正之，新井博之：「日本におけるパンタグラフの歴史と東洋電機Ⅰ」，『東洋電機技報』No.108 (2001-9)
10) 森口真一，菅野博一：「パンタグラフの歴史」，『日本機械学会誌』85-766，pp.1031-1036 (1982)
11) 時田忠司：「阪急電鉄」，『技術報』No.416, p.417 (1989)
12) 岩瀬勝：『電気鉄道』，18-8, p.18, (1964)
13) 有本弘，岩瀬勝：『電気鉄道』，28-5, p.25 (1974)
14) 松山晋作：「パンタグラフすり板とトロリー線」，『金属』Vol.70 No.2, p.42，アグネ技術センター (2000)
15) 岩瀬勝：『高速鉄道の研究』p.434，鉄道技術研究所 (1967)
16) 岩瀬勝：『電気材料のトライボロジー』p.89，リアライズ社 (1989)
17) 柳田良規：『鉄道と電気技術』，1-10, p.15 (1991)
18) J.DAFFOS : *Revue General des Chemins de Fer*, Vol.110, p.13 (1991/juillet/aout)
19) 真鍋克士：「集電設備における日欧の技術比較」，『OHM』81(4), p.50，オーム社 (1994)
20) G.Auditeau : Un Carbone haute intensite pour pantographes, *Revue generale des chemins de fer*, pp.8-19 (2010-dec.)
21) 土屋広志，久保俊一：「CC複合材のパンタグラフすり板への適用」，『RRR』pp.10-13 (2009-4)
22) 「パンタグラフすり板の昨日・今日・明日」，『車両と機械』4, (1990)，鉄道各社の報告（連載）より
23) 『固体潤滑ハンドブック』p.84，幸書房 (1978)
24) 『日本国有鉄道百年史11巻』p.487
25) 長沢広樹：『電気鉄道』52, p.2, (1999-7)
26) 頼振華：「FH型複合滑板試験研究」，『日中金属表面処理会議論文集』p.91，1995年10月
27) 大浦泰：「剛体電車線」，『鉄道と電気技術』Vol.7 No.5, pp.11-15 (1996)
28) 日本電気鉄道技術協会編：「よくわかる地下鉄電気設備の話」，p.65 (1993)
29) 新出茂雄・弓削進 著，電気車研究会 編：『国鉄電車発達史』，p.6 (1959)

10章
軌　道

「線路は続くよ、どこまでも……」、地平線で1点に重なる2本の光ったレール。
この平行な2本の"レール"、その下に敷き詰められた"まくらぎ"、さらにそれらの下の砕石層などの道床をひっくるめて、工学的には"軌道"と呼ばれます。法律上では、この"軌道"の敷地が一般道路のように公共の場合、そのような線路を使用する交通機関を「軌道」、専用である場合は「鉄道」と称されます。
まくらぎの上に固定されたレールは、列車を支える梁としては土木建築材料ですが、車輪を転がしガイドするリニヤ・ベアリングとしては機械材料でもあり、さらに電気車から変電所への帰線路や信号回路としては電気材料でもあるのです。
本章では、レールとそれに付随する溶接技術、分岐器、締結装置などを紹介します。

Plasser & Theurer社製マルチプルタイタンパー

10章　軌　道

10.1　レール

10.1.1　レール小史　石から鋼へ

　"鉄道"はフランス語では"chemin de fer"，ドイツ語では"Eisenbahn"と、正に鉄の道ですが、英語の"railway"、米語の"railroad"はレールの道です。Railは、語源的にはラテン語regula（規則）に由来。軌制ある道、漢字では「軌道」がまさにそれに当たります。「軌」は「わだち＝轍」の意です。明治初期には「鉄道」のほかに「轍道」とした文書もあるようです。日本語ではレールは「軌条」と訳されました。"まくらぎ"のほうは、以前は栗のような堅木製の"枕木"でしたが、現在ではコンクリート製のものも多いので、「まくらぎ」と表記されます。レールは圧延肌のままで風雨に曝されて使用され、しかも来歴がマークされているという鋼製品の中でも珍しい使い方をされる存在で、古レールのファンもいるくらいです（「Column F」p.232参照）。

■石のガイドウェイ

　重いものを移動させるのに丸太のようなコロを利用する工夫は、有史以前に始まって、紀元前3000年頃には輪切りの丸太製車輪を荒削りの木製車軸に取り付けた輪軸が出現。

図10.1　コリント地峡の石畳（英語版Wikipedia／Diolkos, Western End, Pic.04）

10.1 レール

図10.2　木製レールと木製車輪（ベルリン技術博物館展示物／英語版 Wikipedia、Permanent way(history)）

その後、車輪の直径が大きいほど転動に要する力が小さくて済み、地面へのめり込みも少ないということで、合板製の大車輪も製作されました。軌道に関して知られている最初の記録は車輪に比べてかなり後のこと。

　ギリシアのコリント地峡は、今では運河が掘られていますが、その昔はエーゲ海とアドリア海を結ぶ舟の近道として、舟をそりに乗せて人力や馬で陸上をけん引していました。ここにBC6世紀、石灰岩に溝を付けてそりを滑らせたのが軌道の始まりといわれています（図10.1[1]）。AD1世紀の半ばまで長期にわたって使われたようです。馬車が登場すると、石を刻んでガイドウェイを構成するようになり、ローマ時代に普及します。それには車輪間隔が一定であるほうが都合よく、シーザーが馬車の車輪間隔（ゲージ）を定めたと伝えられています[2]。

■木製レール
　16世紀には鉱山坑道内で木製レールが用いられました（図10.2[3]）。1604年にイングランド、ノッチンガム西方に、炭坑から近くの川まで約3kmのトロッコ用木製軌道（Wollaton Wagonway）が建設されました。地上ではこれが初めてで、今日のシステムと同じ原理のフランジ付き車輪が使用され、馬のけん引重量が4倍に増大したといいます。18世紀にはこの形態の軌道がイングランドやウェールズの炭鉱地帯に大いに普及しました。その後

191

10章　軌　道

1767年に、レールの耐摩耗性の改善や摩擦低減のために薄い**鋳鉄**●21帯(strap rail)で頭頂面を上張りする方策がとられましたが、木製車輪の摩耗が増えたり、輪重で鉄帯が剥がれて巻き上がり、車両や乗客を傷つけることがあったそうです(snake headといわれたとか)。

　産業革命時代の18世紀中葉には、鋳鉄車輪も現れ、レールも鋳鉄製に変わっていったのです。

■鋳鉄レール

　1776年、アメリカ独立宣言の年、イギリスのコールブルックデール製鉄所(Coalbrookdale Iron Works)が、全鋳鉄製のレールを初めて世に出しました。このレールは「プレートレール」と呼ばれ、形状は「トラム」(Tramway)の命名者でもあるベンジャミン・アウトラム(Benjamin Outram)の考案です。長さは915mm。横断面はL型で、長いほうの脚がフランジのない車輪の転動面、短いほうの脚が垂直に立ちガイドウェイです(図10.2左奥参照)。1805年に、このレールを用いた世界最初の公共馬車鉄道がロンドン−クロイドン間約17kmに開通し、現在の有料道路と同様に、一般の馬車が通行料を支払って乗り入れて、滑らかで、かつ速い乗り心地を楽しんだといいます。

　1789年、アウトラムのパートナーであったウイリアム ジェソップ(William Jessop)によって、フランジ付き車輪とフランジなしの「エッジ・レール」が発明されました。このレールの両端の部分の断面形は今日の平底レールとよく似ていますが、中間部の断面形は高さが大きく幅が狭く、全体を横から見ると腹の出た魚のように見え、「魚腹レール」(fishbelly rail)と呼ばれました。このレールの特徴は縦剛性が大きくかつ曲線敷設が容易なことで、今日のレールにおいてもこの特徴は生かされています。

　1825年に開業したストックトン アンド ダーリントン鉄道は、ジョージ・スチーブンソン(George Stephenson)の蒸気機関車ロコモーション号(図10.3)を用いて、世界最初の公共的運輸営業を開始しました。その43kmの線路に敷設されたレールは1816年製の魚腹型エッジ・レールで、その1本の長さは914mm、重量は12.7kgでした。ロコモーション号は総重量約90tで、33両の客車をけん引、19km/hの速度で運転されました。当初はプレート・レールを用いる予定が、スチーブンソンの再三にわたる意見具申によって背の高いエッジ・レールの採用が決定されたといいます。これより今日のフランジ付き車輪が背の高いレールの上を走るのが鉄道の定式となりました。そしてレールの頭部内側の距離(軌間＝ゲージ)も、当時の4フィート8.5インチ(1435mm)が採用され、後に世界的な標準軌間となりました。これより軌間が狭いのが狭軌、広いのが広軌です。日本の鉄道では古くから「広軌・狭軌論争」があり、国鉄では「建主改従」論(鉄道網拡張が先で改軌は

10.1 レール

図10.3　ロコモーション号（提供：坂本 東男 氏）

後）が主流になり、イギリス商人の勧めた狭軌1 067mmが敷延しました。ただ広軌（標準軌のこと）願望は止まず、1917年には横浜線で3線式、4線式の改軌実験も行われました。1939年には軍部からの後押しもあり、東京－下関のいわゆる弾丸列車計画（英語の新幹線訳Bullet Trainはこれに由来か？）の調査会が発足。標準軌を想定して、1940年には日本坂トンネルや新丹那トンネルの掘削が進められましたが、戦況悪化でそれどころではなく中断。戦後の新幹線でようやく標準軌の夢が叶ったのです。

　鋳鉄製レールは長さがせいぜい2m程度と短いため継目が多く、ここでの折損が絶えませんでした。

■錬鉄レール
　上述の蒸気機関車による営業運転に先立つ1820年に、ジョン・バーキンショー（John Birkinshaw）が初めて**錬鉄**[20-1]の圧延レールの特許を得ます。鋳鉄の場合に比べて5mに近い長尺の製造が可能で、重さは13kg/m。このレールは継目を鋳鉄製の台（チェアー）で支持する構造で、これが高価でした。今日のようにレールを枕木に犬くぎで直接固定できる圧延錬鉄製平底型レールは、アメリカ人スチヴンス（Robart L. Stevens）が考案。当時レール圧延ができるイギリスで製造し、1831年にアメリカの自分の鉄道に敷設しました。その後1835年にU型（橋型）レール、1837年に双頭レール（一方の頭が摩耗したら、上下を変えて使えるよう上下が同じ頭部形状を持つ）、1836年ヴィニョール（Charles Vignoles）考案の平底レールなど、次々に開発されます。これらの断面形状の変遷を図10.4に示します。1860年代に現在のレール形状に落ち着くまでの試行錯誤の様子がよくわかります。

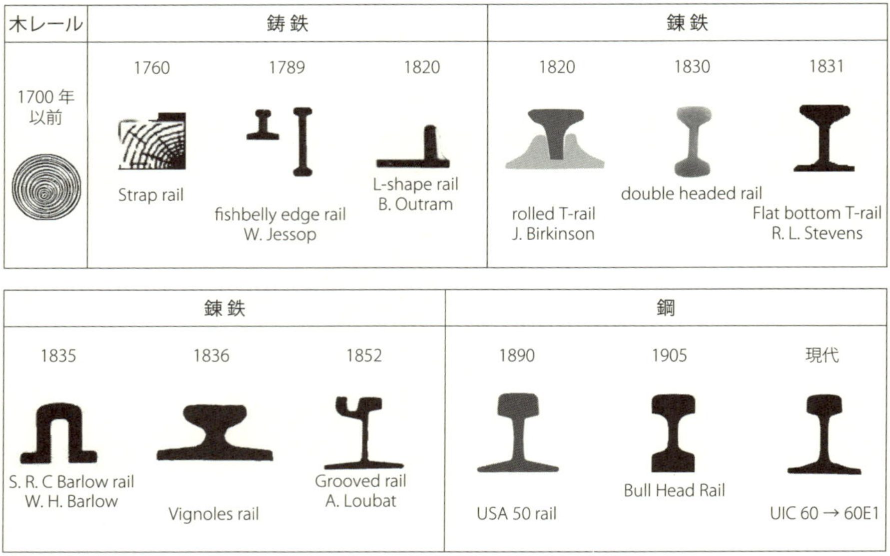

10章 軌道

木レール	鋳鉄			錬鉄		
1700年以前	1760	1789	1820	1820	1830	1831
	Strap rail	fishbelly edge rail W. Jessop	L-shape rail B. Outram	rolled T-rail J. Birkinson	double headed rail	Flat bottom T-rail R. L. Stevens

錬鉄			鋼		
1835	1836	1852	1890	1905	現代
S. R. C Barlow rail W. H. Barlow	Vignoles rail	Grooved rail A. Loubat	USA 50 rail	Bull Head Rail	UIC 60 → 60E1

図10.4　欧米におけるレール形状の変遷

　1872年10月14日に開業した新橋－横浜間28.97kmのわが国最初の鉄道は、軸重9.1tのイギリス製蒸気機関車を用い、平均時速29kmで、運賃は米1升(1.43kg)が5銭の時代に下等(3等)でも37銭5厘と、現在の10倍以上でした。これに用いられたレールはすべて当時世界最大の製鉄国(錬鉄年産320万t)イギリスより輸入されています。ほとんどは1870年製・錬鉄圧延双頭レール(重さ 60lb/yd:29.8kg/m、長さ 24ft:7.3m)ですが、ほかに摩耗の著しいところには鋼製レール、六郷橋梁上レールにはT型レール、また側線には逆U型(橋型)レールが用いられました。

　当時の錬鉄双頭レールを現在の60kgレール(レール1m当たりの質量)と比較して図10.5[5)]に示します。双頭レールの化学組成(質量%)の一例は、C 0.03、Si 0.14、Mn 0.15、P 0.02、S 0.02、また、**引張強さ**[●14-6]:37kg/mm^2、**伸び**[●14-7]:24%で、9.1tの「軸重」(一軸にある一対の車輪が軌道に与える荷重。一方の車輪当たりの荷重は「輪重」というが、両側で同じとは限らない)には軟らかすぎる材質です。

　ベッセマー転炉[●20-3]が1856年に発明されて、約5年後に工業化に成功。1864年には**平炉**[●20-5]、1877年には**トーマス転炉**[●20-4]が出現。鋳鉄より**靭性**[●17]があり錬鉄より硬い鋼製の寿命の長いレールが得られるようになって、1885年頃より、錬鉄レールは姿を消していきました。

10.1 レール

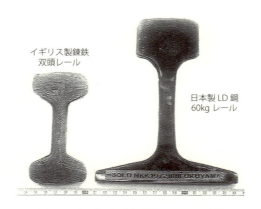

図10.5　わが国最古と最新のレール形状

■鋼レール

　最初の鋼レールはイギリスのマシェット（Robert F. Mushet）が開発。彼はベッセマーが解決できなかった課題、吹錬を長くして不純物を除去しようとすると炭素も減少するジレンマ、に解法を見いだしたのです。それはスピーゲルアイゼン（spiegeleisen、ガラスのように輝く鉄）という鉄とマンガンの副炭化物（Fe＋Mn＋C）を炭素の減じた溶鋼に添加して複炭（炭素を増やす）させることでした。技術的には成功したのにもかかわらず資金調達に失敗。健康も害していた1866年、16才の娘がベッセマーを訪れ父の窮状を訴えたところ、この技術なくして自分のプロセスでの改質は不可能と、20年以上にわたって資金援助をしたという苦節の物語が……。かくして生まれた鋼レールは、1857年、鉄道の要衝で「通トン」（軌道上を通過した列車重量（t）の積算値、月別、年別で表すこともある）の多いダービー駅構内に敷設され、それまで最長半年、最短3か月で交換していた鋳鉄レールが、日に700列車の厳しい条件下でも6年以上健在で、機関車専用線では16年も使用されたと記録されています。その後、鋼レールは世界に普及していきます。

　アメリカでは南北戦争（1860～1865年）のさなか、1862年に大陸横断鉄道が着工されて1869年に完成。イギリス製鋼レールで東海岸と西海岸との間が結ばれました。アメリカ最初のベッセマー鋼レールが北シカゴ工場で圧延されたのは1865年でした。1870年から1873年にかけて、鋼がまだ高価であったため頭部は鋼で腹底部は錬鉄という複合レールの研究もありました。やがて鋼の値段も下がり、レール全体を鋼で作るほうが経済的になり、1900年頃までにアメリカにおける鉄道レールはすべて「平底型鋼レール」に交換されています。

わが国では、鉄道開業6年後の1878(明治11)年から3年かけて、大津－京都間のトンネルを含む工事を、井上勝を技師長とする日本人技術陣のみによって完成させます。ここに、重さ30.5kg/m(60.5lb/yd)、長さ7.2m(24ft)の鋼製双頭レールが用いられました。わが国における双頭レールの使用はこれが最後で、その後はすべて平底型鋼レールになりました。

なお、これらのレールの呼称には単位長さ当たりの重量が用いられ、その単位はアメリカ以外ではkg/m、アメリカではlb/ydで、2(lb/yd)≒1kg/mです。

10.1.2　鋼レールの国産化

1901(明治34)年に筑豊炭田のある北九州の八幡で官営製鉄所が操業を開始しました。北九州に勅任官が2人、その1人は門鉄局長、もう1人は製鉄所長でした。まず製造されたものの1つが30kgレールで、ベッセマー転炉鋼製でした。しかし大正時代には国内需要に十分対応することはできず、残りはアメリカ、ドイツ、フランス、ベルギー等々の16にも及ぶ製鉄所からの輸入に頼らざるを得ず、欧州からのものはトーマス転炉鋼製、アメリカからのものは塩基性平炉鋼製と、その仕様はさまざまでした。

この時代の古レールは建築材として柱や梁などに使用されており、この発見を楽しむレール・ファンもいます。それは、レール腹部に、製造年月、製造所、客先(現在はなし)な

表10.1　毀損軌条平均成績分類表(1918〜1919、大正7.12〜大正8.11)

製造所	品質不良 ※1〔%〕	(毀損) 軌条数 ※2〔%〕	寿命年 〔年〕	平均寿命 〔年〕	抗張強 〔T/in²〕	換算σB 〔MPa〕	HB	化学成分〔%〕				
								C	P	S	Si	Mn
八幡	84	78	35.6	4〜12	8	44.2	643	201	0.34	0.109	0.047	0.09	0.67
Union〜1890	54	50	22.8	31	31	34.4	502	157	0.23	0.112	0.065	0.02	0.63
Union 1900〜	11	9	4.1	12	12	41.9	586	183	0.37	0.083	0.054	0.06	0.61
Cammell	64	22	10.0	10〜35	21	48.3	682	213	0.45	0.069	0.13	0.08	1.22
Barow	20	5	2.3	21〜33	24	40.7	570	178	0.35	0.062	0.141	0.08	0.9
B.V.	25	20	9.1	16〜25	26	41.3	589	184	0.36	0.092	0.085	0.03	0.93
Carnegie	42	24	11.0	4〜13		50.7	749	234	0.51	0.102	0.064	0.08	1.14
Dowlais	75	4	1.8	1,9		43	618	193	0.28	0.123	0.02	0.06	0.6
Illinois	1	2	0.9	1,21		44	605	189	0.34	0.071	0.065	0.17	1.07
R.S.W		2	0.9	9		42.1	624	195	0.37	0.201	0.046	0.09	1.02
Sandberg		1	0.5	3		47.4	682	213	0.37	0.076	0.021	0.28	0.85
Orebi.		1	0.5	24		38.1	541	169	0.37	0.056	0.049	0.05	1.11
Krupp		1	0.5	33			534	167	0.24	0.11	0.1	0.21	0.85

※1　品質不良とは、損傷の原因が製造欠陥(圧延きず、偏析、…)によるもの。それ以外は作業中のミス(打痕など)。摩耗は除く。
※2　調査は当時の全国の院線、本線に使用された75lb/yd、60lb/yd (1,2,3種) 軌条。敷設総延長と本数は、75lb/yd：900哩 (1440km)、29万本、60lb/yd (1,2,3種)：4800哩 (7680km)、163万本。軌条数は損傷を生じたレール数で、それぞれの銘柄の敷設延長がどのくらいあったかは明らかではない。

表10.2　わが国のレール鋼の化学組成

レール種類（年代）	化学組成〔%〕								
	C	Si	Mn	P	S	Cr	Mo	V	Nb
PS50 (1929-1949)	0.45/0.60	≦0.20	0.60/0.90	≦0.0552	≦0.050				
(1949-1951)	0.55/0.70	≦0.20	0.60/0.90	≦0.055	≦0.050				
特採 (1949-1951)	0.50/0.80	≦0.20	0.60/0.95	≦0.060	≦0.055				
(1951-1954)	0.60/0.75	≦0.20	0.60/0.90	≦0.045	≦0.050				
低炭素 (1951-1954)	0.50/0.60	≦0.20	0.60/0.95	≦0.045	≦0.050				
(1954-)	0.60/0.75	≦0.40	0.60/0.95	≦0.045	≦0.050				
中Mn (1958)	0.45/0.55	0.10/0.40	1.10/1.40	≦0.045	≦0.050				
50N (1961-)	0.60/0.75	≦0.40	0.60/0.95	≦0.045	≦0.050				
50T (1961-)	0.60/0.75	≦0.40	0.60/1.10	≦0.045	≦0.045				
50NLD (1965-)	0.62/0.77	0.10/0.30	0.70/1.00	≦0.035	≦0.035				
50N,40N (1966-)	0.60/0.75	0.10/0.30	0.70/1.10	≦0.035	≦0.040				
60 (1967-)	0.63/0.75	0.15/0.30	0.70/1.10	≦0.030	≦0.025				
NHH (1976-)	0.70/0.82	0.10/0.30	0.70/1.10	≦0.035	≦0.015				
HH340 (1994〜)	0.72/0.82	0.10/0.55	0.70/1.10	≦0.030	≦0.020	≦0.20	−	≦0.030	−
HH370 (1994〜)	0.72/0.82	0.10/0.65	0.80/1.20	≦0.030	≦0.020	≦0.25	−	≦0.030	−
NSⅡ (1983-)	0.70/0.82	0.70/1.00	0.60/1.00	≦0.030	≦0.025	0.30/0.70			≦0.020
AHH (1989)	0.70/0.82	0.40/0.60	0.80/1.10	≦0.030	≦0.020	0.40/0.60		≦0.10	
DHH (1987)	0.72/0.82	≦0.60	0.80/1.20	≦0.030	≦0.020	≦0.20			
THH (1989)	0.65/0.80	0.05/0.30	0.50/0.95	≦0.025	≦0.015	0.03/0.20	0.02/0.10	0.02/0.06	

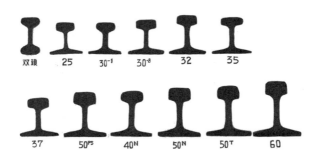

図10.6　わが国におけるレール形状の変遷

どが浮き出しマークに記されているからです（「Column F」p.232参照）。参考までに1919（大正8）年当時の国産・輸入レール製造所別の「毀損（きそん）」統計と化学成分、**機械的性質**●14を表10.1[6)]に示します。これから当時の輸入レールの組成、特性の一端がわかります。この調査は、当時の官房研究所（現鉄道総研の前身）で行われたもので、戦後の国鉄時代も鉄道技術研究所が継続して、毀損（損傷のこと）レールの原因分析を精力的に実施[7)]。後述する「レール研究会」を通じて製造メーカへフィードバックされ、材質改善に努めてきた歴史

があります。

　八幡製鉄所においては、1927(昭和2)年にベッセマー転炉から塩基性平炉への転換が行われ、レール製造能力も逐次増強されて、路面電車用溝付きレール以外は全部国産でまかなえるようになりました。1929(昭和4)年に最初の鉄道省制定・軌条仕様書が公布され、50kgレールの炭素含有量は0.45〜0.60%、引張強さ65kg/mm^2(約650MPa)以上と、どちらかといえば欧州仕様の中炭素鋼です。当時から現在に至るまでの主だったレール鋼の化学組成を表10.2[5]に、形状の変遷を図10.6[8]に示します。

　1937〜1945(昭和12〜20)年にかけての戦時中は、輸送量の急増、鉄道資材の節約、戦時規格への格下げ、材料の入手困難、爆撃被害等々で、線路保守にとっては最悪の事態が続きました。

　1945(昭和20)年、終戦時の線路の荒廃状態はかなりのものでしたが、復員輸送、戦後復興のために最善の努力が尽くされて、鉄道輸送が停止することはありませんでした。

　1947(昭和22)年占領軍総司令部(GHQ)民間運輸局(CTS)のシャグノン中佐から、レールと車輪の硬質化の勧告を受け、国鉄技師長室が推進役となり、急遽その検討が施設局と技術研究所で開始されました。試作レールが八幡製鉄所で圧延され、東京鉄道管理局管内の曲線軌道などに試験敷設、頭頂面摩耗の観察が行われました。この結果、1949(昭和24)年レールはC:0.55〜0.70%、引張強さ:70kgf/mm^{2}に、さらに1951(昭和26)年C:0.60〜0.75%、引張強さ:75kgf/mm^{2}と段階的な硬質化が進められ、以後これがJRS規格(国鉄規格)とJIS規格になりました。これで従来からの欧州仕様の組成がアメリカ仕様になったのです。シャグノンは、当時人員整理など含む国鉄機構改革の主導者。国鉄内では不評を買っていたようで業者との癒着などもあり、1951年密かに船で帰国したといわれています。

10.1.3　戦後のレール材質改善

　ベッセマー転炉などの製鋼法開発の動機の1つが大量の強靭なレールに対する需要であったように、鋼とレールとの間には昔から強い協力関係があります。わが国のレール改善研究に関しても、戦前には軌条調査委員会、戦後には軌条研究会、レール研究会と、主要ユーザである国鉄とレールメーカとの共同研究が継続され、適切な時期に適切な措置がとられてきました。1987年の国鉄分割民営化の際にこのレール研究会は解散しましたが、戦後42年間の主な業績のいくつかを以下に振り返ってみます。

図10.7　黒裂

■山陽線レール黒点き裂（黒裂）
　第二次世界大戦の終結とともに、わが国の製鉄工場は賠償指定を受けて、八幡製鉄所も約3年間操業を中止しました。当時の米ソ関係の悪化とともにこの指定は解除、1948（昭和23）年には海外原料輸入も許可されました。全国的な戦災復興機運の上に、1950（昭和25）年に朝鮮戦争が勃発して鉄鋼需要も増大。これに対応するために、老朽設備と不慣れな原料（東南アジアからの輸入鉱石、不要になった軍需特殊鋼スクラップ）に悩まされながら急激な鉄鋼増産が行われました。鉄道向けとしても1949～1951（昭和24～26）年には概算12万本の50kgレール（25m）が圧延されています。当時、山陽本線では線路強化のために、37kgレールから50kgレールへの「重軌条更換」工事が大々的に行われていて、上記レールの中の約3万本が投入されました。その頃、D52は改造されて軸重16tが16.5tに、貨物列車のけん引定数（列車運行の保安上定められた上限）は1 000tから1 200tに増大されていました。さらに動輪の摩耗低減および燃費節減の目的でレールに散水しながら運転することが常時行われていました。そのためにレール頭頂面にき裂が生じる事態が各地に見られるようになったのです。特に、1951（昭和26）年頃から山陽線、瀬野―八本松間（通称「セノハチ」）では、図10.7[5)]のような黒い斑点を伴ったき裂が多数生じて、これが急に発達してレールが破断する場合もあり、1952（昭和27）年、国鉄本社の要請を受けて鉄道技術研究所に「レール黒点亀裂対策委員会」が、さらに1958（昭和33）年には大学教授など部外の専門家も含めた「レールおよびタイヤ黒裂対策委員会」になり精力的な調査研究を行いました[9)]。セノハチは、22.5‰の上り勾配が10km以上も続く難所で、SL時代（最後の主役はD52とC59）の貨物列車は先頭の主務機のほかに2両の後部補機（D52、旅客は1両）

図10.8　山陽本線 瀬野-八本松を補機付きで登坂するD52けん引貨物列車（撮影：三品 勝暉 氏）

を増結（図10.8）。上りの貨車は筑豊炭満載という重軸重列車の運行区間でした。1955～1961（昭和30～36）年間の集計では、黒裂発生数が約1.8万本に及びました。前述の1949～1951（昭和24～26）年製レールの特異点としては、出荷時の落重試験不合格率が異常に高くて50％に及んだ例もあること、表層に脱炭層があること、不純物元素の含有量（％）が、銅：0.37（0.13）、ヒ素：0.13（0.05）、錫：0.05（0.015）−（　）内の通常値に比べて異常に高い値であること、などです。落重試験は、図3.5に車輪タイヤの例が示されています。レールの場合は1.5m実物レールを2点で支持し、その中間に約1tのおもりを自由落下させて打撃する曲げ試験です。破損、き裂、欠損など異常がなければ合格です（JIS E 1101付属書4参照）。不純物の原因は、東南アジアの錫鉱山に隣接したところから採掘された鉄鉱石にあると考えられます。現在はブラジルやオーストラリアからの良質の鉱石が使用されているのでその懸念は皆無です。上記対策委員会のタイトルにもあるように、黒裂は動輪踏面にも発生しました。これらはいずれも**転がり疲れ**[37-2]き裂の一種です。き裂はレール表面直近を起点として、列車方向にわずかに傾斜しながら内部に進むと、き裂面の上が凹みます。凹みは車輪が接触しなくなり塵埃やさびで接触部照り面のなかに黒く見え、この名が付きました。

　当時の結論では、レール材質不良のみでなく、機関車の散水にも問題ありとして、散水停止試験を行ったところ黒裂が減少したことから、1959（昭和34）年セノハチでは散水を中止しました。その後、1962（昭和37）年に広島までの電化が完成し、黒裂の異常発生は

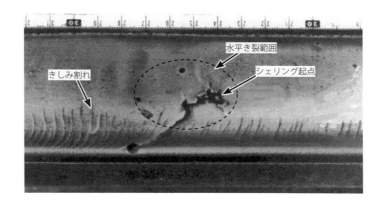

図10.9　シェリングときしみ割れ

収まりました。

　後になって、シェリングと呼ぶ類似のき裂(図10.9[5]))が東海道新幹線や在来線にも発生しました。同時に、車輪フランジが当たるレールのゲージコーナに「きしみ割れ」と呼ぶ多数のひび割れも多発しました。1976〜1981(昭和51〜56)年にかけて午前中4時間の列車運休でレールを50Tから60へ交換、分岐器、架線などを更新。新幹線若返り作戦の原因の1つともなったのです。このき裂は漏水の甚だしいトンネル内では発生しやすく、他方、乾燥したトンネル内では降雨のある明かり区間よりも発生率が低く、やはり水の影響が認められています。

■シャッターき裂

　1952(昭和27)年に富士製鉄釜石製鉄所においてもレール製造が開始されました。当時、八幡では4.3t**鋼塊**●20-8(50kgレール25mが3本分)を用いて、**分塊圧延**●20-8後の**ブルーム**●20-10を常温まで冷却することなくレール断面まで圧延する、いわゆる「直送圧延方式」がとられていました。一方、釜石では6t鋼塊(50kgレール25mが4本分)を用いて、分塊圧延後のブルームを常温まで冷却した後に、再加熱してレール断面まで圧延する方式でした。1955(昭和30)年頃まではケイ素(Si)濃度が0.08％程度の**セミキルド鋼塊**●20-13が用いられ、レール歩留まり(鋼塊のうち製品になる割合)が85％以上にも及んで、戦後復興期の「少しでも多くのレールを」との鉄道現場の要請に応えるには好適でしたが、鋼塊頭部側に相当する「第一レール」(鋼塊頭部から底部に向かって第一、第二、…と呼ぶ)には濃厚な不純物

201

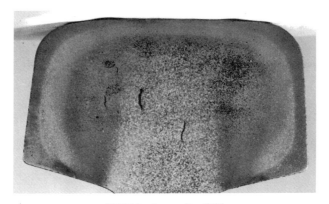

図10.10　シャッターき裂

の**偏析**[●20-14]、**非金属介在物**[●27-1]などの内部材質欠陥や表面気泡に由来する線状傷が多くて、レールの短命損傷（傷や欠陥からの疲れ破壊）の原因となりました。第一レールは、耐摩耗性を上げるための頭部焼入れや溶接に際しては割れを生ずる懸念があり、1956（昭和31）年より、第一レールの**サルファープリント**[●23-3]**試験**による偏析管理や、0.15％程度のケイ素ならびにアルミニウムやチタンなどの強力脱酸剤の併用による**キルド鋼**[●20-12]化が開始されました。

　その結果、1958～1960（昭和33～35）年直送圧延方式で製造されたレール頭部の中心に、冷却後シャッターき裂と呼ばれる細かいき裂（毛割れ－hair crack）が多発したのです（図10.10[5)]）。この損傷はすでに戦前から兵器向けの高強靱鋼の鋼塊で起きることが知られており、き裂が内部で閉じていて酸化されないために破面が白く見えるので**白点**[●19-4]と呼ばれていました。

　その原因は、キルド処理により溶鋼中に溶けている酸素が少なくなり、その分水素の溶解量が増えて、圧延後のレールの空冷中に400℃から150℃の温度範囲で介在物周辺に水素ガスとして析出し、その圧力で割れが生じたものです。ブルーム再加熱圧延方式の場合には、加熱により水素が放出されて、内部き裂も熱間圧延時に圧着されてレールには欠陥が残存しません。このシャッターき裂対策として、圧延後のレールの冷却時に上記の温度範囲を約8時間かけて水素を放散させる徐冷処理（CC処理－Controlled Cooling）が実施されるようになり、1961（昭和36）年4月よりレール鋼のキルド鋼化が軌道にのり、当時平行して検討が進められていた東海道新幹線用レール（50T）の製造に間に合ったのでした。高力ボルトの「遅れ破壊」（11.2.2項参照）と同様に、水素割れは材料強

度が高いほど発生しやすく、レール鋼の場合には引張強さが700MPaを超えると特に配慮が必要です。しかし、徐冷処理は場所、手間および時間を要するため、1970(昭和45)年直送圧延方式は廃止されました。

現在は、溶鋼の**真空脱ガス処理**[20-15]により圧延レールに残存する水素は微量になり、問題がなくなりました。

10.1.4 新幹線用レール

1964(昭和39)年10月開業の新幹線に使用するレール仕様に向けて、1958～1961(昭和33～36)年にかけて調査研究が行われました。建設費当初予算の15％を世界銀行の借款(しゃっかん)に頼ったために、国際的にも開かれた仕様でなければならないということで、イギリス、アメリカ、ドイツ、フランスよりレールサンプルを輸入しての調査も実施。250km/hという高速運転に対処するために継目は原則として溶接されるために、**溶接性**[15-2]が重視されました。そのために、偏析[20-14]や内部疵の少ない「押湯(おしゆ)」付き鋼塊を使用し、圧延後のレール徐冷処理も実施されました。押湯(hot top)とは鋳造用語です。最終凝固部は不純物が多く集まり、冷却時に収縮して湯不足(「引け」という)を起こすので、最終凝固部位が製品鋳型の上になるよう筒状に設けた湯だまり(湯とは溶融金属のこと)のことです。最後に「押湯」を切り捨てます。新幹線用に開発された50Tレール(53.3kg/m、ちなみにTは、幹線Trunk lineの頭文字)の化学組成は、ほぼ共析鋼に相当し、組織は純**パーライト**[25-3]組織です。ただ溶接性の観点から、炭素量の上限を0.72％としました。溶接については、別項で述べますが、フラッシュ・バット溶接、ガス圧接、テルミット溶接およびエンクローズドアーク溶接のうち、開業直前の突貫作業時施工のテルミット溶接部には損傷が多発し、ボロミットなどと呼ばれたこともあります。後に、この溶接部強化の目的もあって、1967(昭和42)年に山陽新幹線用60kgレール(60.8kg/m)が制定され、新幹線全線において逐次この型のレールへの切替えが行われました。このとき、高速走行時の「輪重抜け」という現象が問題になりました。これは、圧延後冷却床での曲がり(肉厚の小さい底部が先に冷えて温度の高い頭部が圧縮されて生ずる)を直すローラ矯正機(いくつかの上下ローラでわずかの曲げ塑性変形を与える)の最終ローラ間隔に相当する波長のわずかな波状変形が残るためでした。そのため、測定長さ1.5m以内において、波高0.12mm以下という厳しい規定が制定されています。

■純酸素上吹転炉法と連続鋳造法

　銑鉄●20-2中の炭素の約2/3以上を燃焼除去して鋼に変えるには、鋼1t当たり約50m³の酸素を必要とします。第二次世界大戦以降の工業用酸素製造技術の発展に伴って、純度の高い酸素の大量使用が可能となり、さらに成分迅速分析、良質耐火物、排ガス処理技術、溶鋼温度測定技術などの進歩とあいまって、1952年12月にオーストリアにおいて**純酸素上吹転炉**●20-6が操業を開始しました。開発した製鉄所所在地LinzとDonauwitzの頭文字をとって通称**LD転炉**●20-6と呼ばれています（アメリカではBO転炉：塩基性酸素Basic Oxygen）。従来の主流であった塩基性平炉鋼（レール刻印OH、Open Hearth）に比べて、LD鋼の品質は同等以上であり、かつ所要製鋼時間は約1/7と格段に優れていたために、この方法は急速に世界中に普及しました。わが国へは1957年に技術導入がなされ、1963年にはLD鋼の生産量1205万tと世界1位に達し、かつ平炉鋼生産量を追い抜く勢いでした。この趨勢に対応して、従来塩基性平炉法と電気炉法だけが認められていた国鉄レール規格（JRS）に1965（昭和40）年8月6日付でLD転炉法が導入され、翌年1月末から2月中旬にかけて合計2 000tのLD刻印の50Nレールが八幡製鉄および富士製鉄の両社により圧延され出荷されました。不純物の偏析状態の検査（**サルファープリント試験**●23-3）の結果も、従来の平炉鋼レールに比べて格段に良好でした。これはスラグや溶鋼の温度、酸素濃度の制御精度の向上などによるものです。以後LD鋼レールの使用量は順調に増加して、1969（昭和44）年に塩基性平炉法はレール規格から削除されました。

　1970（昭和45）年に八幡製鉄と富士製鉄が合併して新日本製鐵が誕生。その際にレールなどに関する独占禁止法の関係で日本鋼管（NKK）が富士製鉄釜石製鉄所のレール製造と熱処理関係の技術を継承し、1972（昭和47）年に福山製鉄所に移転しました。

　レールの溶接性、熱処理性の改善のためにキルド鋼塊が用いられるようになったことは前述しましたが、この鋼塊法の代わりに**連続鋳造法**●20-9（CC法：Continuous Casting、略して「連鋳」とも）を用いれば、溶鋼からレール鋼材への歩留まりが飛躍的に向上します。わが国では1963（昭和38）年頃より連鋳のレール用**ブルーム**●20-10の**マクロ組織**●23-2、必要圧延比、表面疵、等々に関しての研究が逐次実施されて、やがて鋳造技術の確立に至り、1978（昭和53）年試験敷設用レールの国鉄規格JRSが制定されました。その化学組成、機械的性質および使用区分は鋼塊法によるレールと全く同じとされました。パイプ疵やマクロ偏析の点で格段の改善効果が認められ、かつての鋼塊第一レールのような溶接や熱処理に対する制限がなくなりました。また、鋳造直前の溶鋼に真空脱ガス処理を施し、鋳造途中の溶鋼流を外気から遮断することによって、鋼中水素濃度が3ppm未満になり、水素割れの懸念なしに自由に圧延・熱処理設計を行えるようになりました。かくして、連続

鋳造法は1980(昭和55)年より50Nレールに本格的に適用されるようになり、1983(昭和58)年からは、特殊レール以外の全レールに適用されています。

10.1.5　熱処理レール

　HB260程度の普通レールは直線区間では10年使用しても継目部以外はさほど摩耗しませんが、山手線のような電車線の急曲線外軌レールはわずか3か月で「ゲージコーナ摩耗」(側摩耗ともいう)が限界値に達して、更換しなければならない場合もあります。レール頭部の硬さをHB360程度に硬くすると、寿命が約3倍に延びて保線経費が大いに節減されます。

　レールの硬さを上げるには、合金元素添加と熱処理との2つがあり、前者の代表はドイツ、後者の代表は日本です。

　レール全長にわたって頭部を硬くする熱処理の実験は古く、1903年にイギリスにおいて圧延余熱を用いて行われており、その流れを汲んだスウェーデンの技師、サンドベルグが、1914年に技術を完成させました。それは圧延ロールから出てきたレールの頭頂面に、圧縮空気や水蒸気によって細かく分散された水を注ぐことによって**スラッククエンチ**[22-3](以下、**SQ**[22-3]法という)を施すという熱処理法でした。やがて、素材レールの炭素濃度の上昇とともに前述のシャッターき裂の問題が出てきて、欧州におけるレール熱処理の勢いは下火になっていきました。

　わが国では、第二次大戦以前から重油加熱炉を用いてのレール頭部再加熱焼入法が試みられており、1951年に「全長頭部熱処理レール」(Head Hardening：通称HHレール)の国鉄規格が制定されました(全長とは後出の端部と区別)。1954年頃より本格的に急曲線外軌レールとして使用、所期の耐摩性向上効果を得ています。この熱処理には、八幡製鉄では「中周波誘導加熱法」が、また富士製鉄では「高炉ガス炉加熱法」が用いられ、いずれも連続的に水焼入れ後直ちに焼き戻す方式(**QT**[22-2]法)で、**セメンタイト**[25-2]が粒状化した組織でした。表面硬さはブリネル硬さHB360、約15mm深さで素材硬さHB260に逓減します。**焼戻マルテンサイト**[25-5]が存在する層の厚さは約5mmですが、**転がり疲れ**[37-2]強さの観点からは好ましくないこととして、焼戻時間が短いと深さ3mm程度のところに低硬度層が生じ、また焼戻しが長すぎると表面が内部より軟らかくなるという問題があり、良好な硬さ分布を得るには微妙な焼戻条件の調整が必要でした。また、素材レールがセミキルド鋼製であったため、鋼塊トップの第一レールは除外され、さらにレール表面の脱炭層・線状疵対策として、鋼片表面の「ホットスカーフ」(ガスバーナで溶かし、ひと皮むく方法)が必要でした。

10章 軌　道

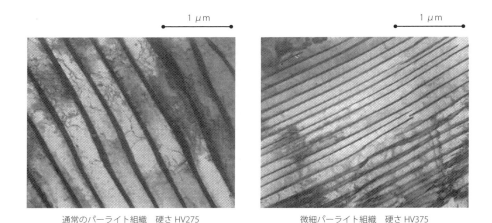

通常のパーライト組織　硬さ HV275　　　　　　　微細パーライト組織　硬さ HV375

図10.11　電子顕微鏡で観察したパーライト組織の微細化と硬さの変化上昇

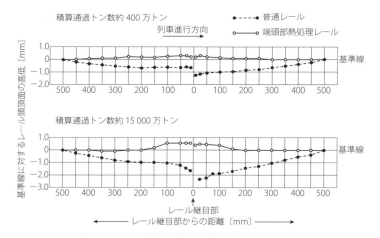

図10.12　継目落ちに対する端頭部熱処理の効果

　アメリカでは1962年頃からレール製造工場におけるレール全長熱処理の開発が盛んになって、USスチール社からは、1967年にレール頭部中周波誘導加熱、圧縮空気冷却（後段では水冷）方式による全長頭部熱処理レールが「Curve Master」の商品名の下に市販され、またベスレヘムスチール社からは、レール全体を炉で過熱し、油焼入れ後、550℃焼戻方式による全断面熱処理レールが市販されるようになりましたが、いずれもSQ法です。こ

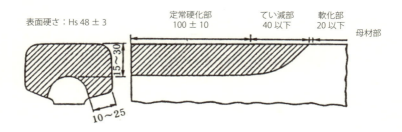

図10.13　レール端部熱処理（JIS E 1123）

のSQ法によるレール鋼の硬化の機構は、図10.11に見られるように**層状パーライト**[25-3]の層間隔の微細化で、結晶粒の微細化の場合と同様に、強度上昇とともに靭性向上をもたらすというきわめて好ましい効果を持っています。これに対して、QT法による**焼戻マルテンサイト**[25-5]は硬くするほど脆くなる背反的性質があります。

　わが国のレール熱処理にこのSQ方式が採用されたのは、1966（昭和41）年に国鉄規格が制定された「端頭部熱処理レール」（End Hardening：通称EHレール）が最初です。

　レール交換の95％は摩耗です。残りの5％の損傷レールのうちの40％は継目部の破損（頭頂の端面が潰れたり欠けたりする損傷と、継目ボルト孔からの疲れき裂「破端」）でした。レール継目は、剛性が不足しており、さらに車輪の衝撃により頭頂面が潰れたり、レール自体が次第に沈み込みます。これを「継目落ち」といいます。線路保守作業労力の大半が継目のバラスト嵩上げ補修に費やされていました。そこで、レール端頭部の潰れを防ぐ目的で開発されたのがEHレールです。その効果を図10.12に示します。レールの溶接接合が普及すればその必要がなくなりますが、レール費用の40％にも及ぶ溶接費用が障害になってその普及が進まない中進国などでは、EHレールに対する需要が大きいのです。図10.13に示すように、このEHレールの端部から100mmまでの範囲（定常硬化部）内の頭部の表面硬さはHB330で、さらに40mmの間にゆるやかに素材硬さHB260に推移します。定常硬化部の硬化深さ等は全長熱処理レール（HHレール）の場合と同じです。この程度の硬さならばSQ方式で十分ということで、八幡製鉄所では「中周波誘導加熱」噴霧冷却法が、また富士製鉄ではガス火炎加熱・圧縮空気冷却法が採用されました。

　1976（昭和51）年頃より、鉄鉱石輸入先のブラジル・オーストラリアをはじめ、北アメリカの重量貨物輸送鉄道からの高軸重鉄道用レールの要望が強まりました。わが国の鉄道は高速旅客輸送が主な使命で軸重が比較的低く、新幹線0系で16t程度でしたが、上

記の諸鉄道では貨物輸送が主な使命で、その象徴的列車は、長さ1マイル、総重量1万tの長大貨物列車(マイル・トレイン、軸重25〜30t)です。しかもカナディアンロッキーやネブラスカの山中には、曲線半径が200mというような苛酷な条件のところもあります。そのような要望に応えて、136lbレールのような大型レールの場合でもSQ方式で頭部表面硬さHB380が得られるように成分系や加熱方式を改良した、NHHレール(New Head Hardening)が誕生しました。山手線や東海道新幹線でも敷設試験を行い、HHレールに比べて2〜4倍の耐摩耗性を示し、国内でもHHレールからNHHレールへの切替えが進みました。現在は、普通レールをQT方式熱処理したHHレールはなく、1994年以降、熱処理レールはすべてSQ方式で、化学成分も別に定めています(表10.2)。JIS E 1120「熱処理レール」では記号HHを踏襲して、HH340、HH370の2種(数値はHV硬さ)を定めています。

10.1.6　合金鋼レール

■高荷重鉄道用レール(外国向け)

　上述のHHレールは炭素鋼の成分で熱処理硬化したものでした。これにさらにクロム(Cr)、モリブデン(Mo)、バナジウム(V)などを目的に応じて加えたものを合金レールと呼びます(表10.2参照)。1983年には、低合金NHHレール(メーカ呼称：Super Ⅱレール、AHHレール)が高荷重鉄道向けに開発されました。これはCr、Vなどを微量添加して、「フラッシュバット溶接」による軟化部を狭くして「硬さ回復熱処理」を不要にしたレールで、表面硬さはHB400にも及びます(10.2節「レール溶接」参照)。

　1987年より1989年にかけて、当時のソ連鉄道技術研究所、環状試験線(モスクワ近郊)において、Super Ⅱレール、AHHレールの耐久性試験が実施され、いずれも積算通トン5億tを超えても損傷レール数が少なくて、試験の延長が希望されたほどの好成績でしたが、その後、Super Ⅱレールには端頭部角の欠損が起き、AHHレールには頭部表面から深さ約9mmのところで圧延方向に沿って線状に配列した球形アルミナ粒子を起点とする転がり疲れはく離損傷(Deep Shell)が生じています。

　前述のように、この頃には「真空脱ガス処理」、「連続鋳造」が軌道にのり、水素割れの懸念なしでレール熱処理設計が可能になったので、省エネルギー、省力化への時代の要請に応えて、1986年より圧延余熱を利用するレール熱処理が検討されました。レール圧延後直ちに圧縮空気冷却によって、頭部表面硬さをHB340あるいはHB370と注文に応じた硬さにすることのできる熱処理が可能になりました(メーカ呼称：DHHレール、THHレール)。DおよびTの文字は、硬化層が深いことを意味します。

この方法の場合には、レール底部にも弱い空気冷却を行って曲がりを制御し、靱性を高めることができ、かつ腹部の冷却を遅くすることでレール残留応力分布を改善、端面腹部に発生した割れのレール長手方向進展を抑制することができます。ロシア流の全体油焼入レールや、ドイツ流の合金鋼レールよりも安全な硬化法でした。しかもコスト軽減により価格引下げが可能なために、国内でも試用しました。ところが、曲線外軌のように片側のレールだけに使用すると、その合金元素(Si、Cr、Vなど)に由来する高い電気抵抗のために信号の誤作動が生じる可能性がある、ということでNHHレールに戻るという経過がありました。1987〜1989(昭和62〜64)年にかけてその対策研究が進められ、Si-量を下げるなどの措置により問題は解決されました。北アメリカでは両側のレールに同時に使用されるためにこのような問題はありませんでした。

　2005(平成17)年以降、北アメリカ、オーストラリアなどの貨物列車軸重は40tに達し、さらなる耐高荷重レールとして、「過共析鋼」(炭素量：0.9〜1.0％、表面硬さHB420)が開発されています。これまでの共析鋼(炭素量0.8％、100％パーライト組織)に比べて、限界摩耗量に達する寿命は、急曲線(曲率半径290m)で38％伸びたとの報告[10]があります。

■耐シェリング・レール
　図10.14[11]は新幹線開業の1964(昭和39)年から1982(昭和57)年までのレール折損統計です。溶接部は主に前述のテルミット溶接部の破損です。開業後しばらくは溶接部破損が多いですが、別の溶接法で補修されて昭和48年度をピークに危険な溶接部は減っていきます。一方、同年度からはシェリング損傷(レールでの外観は図10.9参照、ゲージコーナ

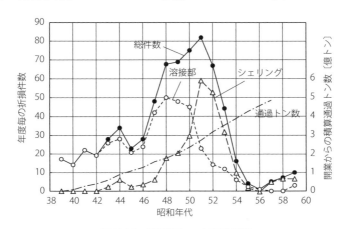

図10.14　新幹線レール折損経緯

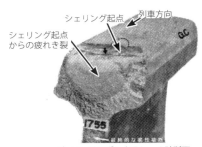

a) シェリングによるレール破断面 　　b) シェリングの成長

図10.15　シェリング損傷

の「きしみ割れ」も含みますが、これが起因の「横列」折損はまれ）からの折損が急激に増加し、1976（昭和51）年度にピークに達します。その後は50Tから60レールへの更換が進むにつれて減少しました。

シェリング損傷(Shelling)とは、図10.15[7]に示すように、起点付近の転がり疲れき裂の貝殻のような模様（同図(b)）が名称の由来で、これが頭頂面下を水平に発達（図10.9の破線で囲った部分）した後、レールの繰返し曲げ応力で疲れき裂として下方に向かい、その後頭部首下から急速な脆性破断（横裂と呼ぶ）に至る可能性がある危険な損傷です。

レールの材質改善で損傷発生を抑止できないかと、表10.3[11]に示す低合金の4鋼種（A〜D）が提案され、昭和52年に敷設試験を開始。高炭素系のHS、DHは成績が思わしくなく4年（通トン約1.5億t）で撤去。低炭素系LCと中炭素系MCは1985（昭和60）年まで約8年（約2.5億t）観察が続けられました。しかし、試験区間は頭頂面の「グラインダ削正」作業を禁止したため、「溶接部の落ち込み」が大きくなり試験を終了しました。溶接部でも、ボルト継目ほどではないですが、硬さ変化などにより次第に部分摩耗や車輪打撃による凹みが生じるため、定期的なグラインダ補修が必要です。

表10.3　耐シェリングレール

レール鋼種		化学成分〔%〕						引張強さ〔kg/mm²〕	伸び〔%〕	硬さ HB
		C	Si	Mn	P	S	Cr	他		
A(LC)	低炭素Cr鋼	0.25/0.40	0.20/0.40	1.00/1.40	≤0.035	≤0.015	1.00/1.40	Mo,V or B	≥100	≥8	≥275
B(MC)	中炭素Cr鋼	0.50/0.65	0.30/0.50	1.20/1.60	≤0.035	≤0.015	0.80/1.20	V	≥100	≥8	≥275
C(HS)	高炭素Si鋼	0.65/0.80	0.80/1.10	1.10/1.50	≤0.035	≤0.015	−	−	≥95	≥8	≥265
D(DH)	高炭素Cr鋼	0.60/0.75	0.20/0.40	0.70/1.10	≤0.035	≤0.015	≤0.5	Ti,B	≥88	≥10	≥250
NHH	改良頭部熱処理	0.70/0.82	0.15/0.30	0.70/1.10	≤0.030	≤0.025	−	−	≥90	≥8	≥255
NS II	低合金熱処理	0.70/0.82	0.70/1.00	0.60/1.00	≤0.030	≤0.025	0.30/0.70	Nb≤0.020	≥125	≥8	≥275
NK II	低合金NHH	0.70/0.82	0.40/0.60	0.80/1.10	≤0.035	≤0.030	0.40/0.60	−	≥125	≥10	341/405

LCはベイナイト[25-6]組織で、一部にはく離も生じましたが、シェリング発生頻度がほかより少なく、きしみ割れの間隔も広いという特徴が見られ、後にベイナイト・レールとして登場します。結果として、これらの4鋼種から直ちに実用化に至ったものはありませんでした。第2次試験として、NHH、NSⅡ、NKⅡの3鋼種の微細パーライト系の高強度レールが提案され、1983(昭和58)年試験敷設されましたが、これらも期待した効果は得られませんでした。

　従来レールと同等あるいはそれ以上の高強度化を志向した材質変更では、シェリングは抑止できないことから、レール頭頂面の疲労蓄積を除去する方策として、①頭頂面研削、②摩耗促進により表層にあるシェリングの芽を摘む方策、③レール頭部加熱による疲労回復法、が提案されました。①はレール削正車(スイス、スペノ社製：本来の目的は波状摩耗など頭頂面不整の削正)により通トン1.5億tで削正する区間と削正しない区間を定め、2.5億tまで観察した結果、損傷発生が約1/3に低減(溶接部は4/5)。その後、削正車の配備も増やして作業を一部恒常化しました。適正な削正量は通トン5 000万tごとに0.08mm程度です[12]。②は、レールを軟質化することにより摩耗を促進させるとしたのが、先のLCを引き継いだベイナイト系レール[13],[14]です。軟質化には炭素量を下げる必要があり、それでも強度を十分確保するにはベイナイトは妥当な組織です。1994(平成6)年から在来線で敷設試験を行い、JIS規格範囲の下限域であるHB255～275のレールが目標とした摩耗量(普通レールの1.2倍)を達成でき、シェリングの抑止も確認、実用化されました。他方、③の加熱による疲労回復法はアイデアとしてはおもしろい発想でしたが、実用化に至りませんでした。

■耐食レール

　レールの腐食は、特に漏水のあるトンネル内で著しく、狭い空間なのでレール更換も難作業です。そのため、レールを防食する方法も各国でいろいろ検討されてきました。たとえば、アルプス山脈の長大トンネルを管理するフランスやスイスでは、1960(昭和35)年代に亜鉛やアルミの溶射(溶融した金属の吹き付け)、塗装、防錆油吹き付けなどを試みています。またレール腹部と底部の肉厚を増して「腐食しろ」を見込んだ重レールも採用されてきました。わが国でも、1958年、軌道防食研究会が設置され、腐食が特に問題になるレール継目の防食法を含めて検討されました。

　レール自体の耐食性を合金添加で向上させる試みも何度かありました。その先駆けは、5Cr-0.3Mo-0.1Cと3Cr-0.07Nb-0.2Cの中合金2鋼種で、八幡製鉄所で10mレールを試作。SL時代の筑豊本線の漏水トンネル(約3km)に1964～1972(昭和39～47)年の8年間試験

表10.4 耐食レールの化学成分と機械的特性

レール鋼種		化学成分〔%〕								引張強さ		伸び〔%〕	絞り〔%〕
		C	Si	Mn	P	S	Cr	Cu	Mo	V	〔kg/mm²〕	〔MPa〕		
FLC	低炭素Cr鋼	0.28	0.31	1.22	0.012	0.005	1.22	-	0.17	0.07	94.5	926	19.1	50
FMC	中炭素Cr鋼	0.53	0.85	1.36	0.013	0.007	0.83	0.17	-	-	66.5	652	19.5	50

敷設され、腐食減量が1/3に低減した実績があります。当時、ソ連では、高合金13Crマルテンサイト系ステンレス鋼レールも試作されています。

その後、海底の新関門トンネルと青函トンネル、海上の本四連絡橋に向けた低合金鋼耐食レールが検討されました[15]。1973～1976(昭和48～51)年、さまざまな低合金鋼試験片を関門トンネル、掘削工事中の青函トンネル先進導坑、明石大橋建設予定の垂水海岸試験鉄塔において「暴露腐食試験」(試験片を風雨に曝して、一定期間ごとに回収、秤量して腐食による減量を調べる)を行い、有望と思われた鋼種(表10.4[15])で試験レールを圧延。1979～1985(昭和54～60)年の約6年間、新関門トンネルに試験敷設されました。試験後(通トン約7400万t)のレール実体の曲げ疲労試験の結果、底部が引張りになる姿勢では底部腐食により強度が1/3と大きな低下を示し、低合金鋼程度では耐食性が格段に向上はしないと結論されました。青函トンネルには同鋼種レールが1986(昭和61)年海底部区間に敷設され、1988(昭和63)年開業後、特に目立った評価もないまま、最初のレール更換まで使用されていたようです。本四連絡橋の場合は塩分が雨などで流されるので、特別の防食は不要とされ普通レールが採用されています。

10.2 レール溶接

10.2.1 初期のレール溶接

1907(明治40)年、東京市電で路面軌道用溝付きレールにテルミット溶接を施工したのが日本における最初のレール溶接です(図10.16)。鉄道省で採用したのは1925(大正14)年になってからで、田端駅構内で施工されました。その後登場するのは「ガス溶接」(1937(昭和12)年)です。2つのレール端をわずかに空けて突き合わせ、上部をV字形にカット(**開先**[12-5]という)して、酸素−アセチレン混合ガスバーナにより、フランス製アルトールアルテムと呼ばれる低炭素鋼系被覆棒(溶接金属ワイヤのまわりに溶けたときに上に浮いて酸化を防ぐフラックス剤を被覆した溶接棒)で溶接します。その後、再びバーナで850℃に

図10.16　日本における最初のテルミット溶接（提供：ゴールドシュミット・テルミット ジャパン）

加熱し焼なまします。当時は、溶接したロングレールは、温度による伸縮が少ないトンネル区間に敷設されました。ガス溶接は、そのほか材修場（レール補修工場）での側線用古レールの接合、車輪空転などで凹んだレール頭頂面の部分を**肉盛**●39して補修する、などに適用されました。

次が電弧（アーク）溶接（1942（昭和17）年）です。レール端を開先加工し、予熱後、低水素系低炭素鋼被覆棒でアーク溶接、焼なまし処理がされました。1953（昭和28）年、50kgレールの200mロング化に適用されて以後、ガス溶接に代わって用いられましたが、施工に1.5時間を要し性能も十分でなく、いくつかの試用の後中止されました。

10.2.2　フラッシュバット溶接

この方法は、レール端面を通電（400〜800kVA）しながら断続的に接触させ、スパークにより表面の酸化物を飛散（フラッシュ操作）、その後圧力を上げて通電加熱し圧接させる半溶融溶接工法です。バットとは「突き合わせ」のことです。

新品レールは、最初幹線の直線軌道で稼働した後、材修場で両端部1mと空転など損傷部を切断除去して再生、曲線区間、閑散線区、構内側線などに転用するリサイクルシステム（「Column F」p.232参照）がとられていて、その際の工場溶接として活躍しました。

1940（昭和15）年、まず仙台鉄道管理局―長町材修場でシーメンス製溶接機が稼働し、以後国産機（日本冶金／日立製）が大阪鉄道管理局―草津、東京鉄道管理局―千葉、広島鉄

道管理局―八本松、名古屋鉄道管理局―大府の材修場などに配置されました。ガスやアークのように溶融箇所が接合面内を移動すると、加熱・冷却の時間差で内部に**残留応力**[11]が発生するので、再加熱して応力を解放する処理(Stress Releasing、SR処理と略す)が必要となります。しかし圧接法では、全接合面を一度に等加熱するのでSR処理は不要なうえ、溶接金属を用いないので、溶接部はレールの**母材**[12-6]組織、**パーライト**[25-3]のままです。溶接部は圧力で外側にはみ出す「ばり」ができるので、熱いうちにこれを刃物で押抜きする「トリミング」を行い、冷めてからグラインダ仕上げします。世界的に広く普及し優れた生産性と溶接性能を持ちます。軌道建設に適応できる可搬式機(ソ連製―K355/シュラッター製)もできて新幹線建設や大規模軌道改修工事などに活躍しました。目下JR東海の浜松レールセンターでは、60Kレール―200m長尺レールを造り、専用工事列車に積載しで新幹線の各現場に供給しています。

10.2.3 ガス圧接

国鉄技研でガス圧接(1955 昭30-定置式)技術は完成しました[6]。直角レール端面を研削仕上げ洗浄後、油圧機構で加圧しながら酸素-アセチレンの還元性火焔中で加熱して半溶融溶接するものです。SR熱処理不要、溶接金属なし、トリミングなど、加熱方法以外はフラッシュバットと同一で、優れた強度特性があります。レール集積基地で活躍し、特に東海道新幹線の建設に際しては8万口中5万口を施工し、世界の注目を浴びました。

その後、機器は可搬式に改良され、軌道内施工にも適用されるなど日本のレール溶接の主力になっています。海外での実用例は少なく、日本の開発者はこの技術の海外展開に努力しています。

10.2.4 エンクローズアーク溶接

国鉄技研と日本鋼管工事社で共同開発(1961(昭和36)年)したアーク溶接の改良方式です。レール端の開先加工はなく、最初にレール底部域をアーク溶接してから、腹部頭部外側に水冷式銅ブロックを当て、その囲み範囲内で連続溶接します(図10.17[16])。溶接金属はC:0.2%、Cr-Mo鋼。680℃加熱のSR処理が必要です。溶接部組織は**ベイナイト**[25-6]です。熟達した技能と2時間にわたる施工時間を要し、かつ溶接金属層がレール母材よりもやや軟質で局部的な摩耗や変形の問題がありますが、一部区間で使用されています。

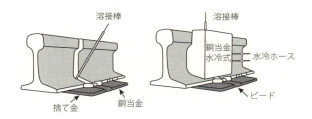

図10.17　エンクローズアーク溶接

10.2.5　テルミット溶接

　1895（明治28）年、ドイツのゴルドシュミット（Hans Goldschmidt）はアルミを用いてクロムの純度を上げる方法として、「テルミット法」の特許を得ます。この方法を酸化鉄の還元（$Fe_2O_3+2AL \Rightarrow 2Fe+Al_2O_3+850kJ$）に用いて溶鋼を得るのが、レール溶接への応用です。図10.18の上部にある「るつぼ」に酸化鉄（溶接金属原料）とアルミ粉末を入れて点火すると、アルミが花火のように閃光を発して燃え、その熱で上記反応が起きます。レール端25mm隙間に工場製珪砂のモールド（鋳型）を目地砂で固定して組み立て、その空間に、反応が終わった「るつぼ」からテルミット溶鋼を注入、鋳造することで接合します。

　前述したように日本で最初に導入された技術ですが、日本におけるさらなる開発はありませんでした。

　一方、欧州では敷設現場工法として改良が進められており、日本でも1982（昭和57）年以降、ドイツ製SkV（短時間予熱式）法が輸入され、50N、60普通/熱処理レールに適用され

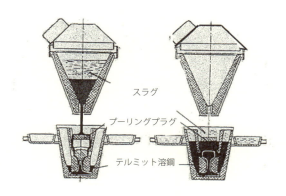

図10.18　テルミット溶接

ています[17]。溶接金属層の化学組成はレール鋼とほぼ同じで、パーライト組織。凝固後は空冷のままで所要の性能が得られるという優れものです。鋳造組織ですがSR処理や脱水素などを目的として再加熱する「後熱処理」は不要。頭頂硬さはレール母材よりHB20程度高く、**熱影響部**●12-7（通称HAZ、Heat Affected Zone）はわずかです。

軌道内レール溶接の本命として、優れた作業性、耐摩耗性、耐疲労性が評価され世界各国で採用されており、日本でも毎年2.5万口が施工されています。

10.3　分岐器

分岐器は、図10.19に示すように、「トングレール」を含むポイント部、交差する「クロッシング」部、交差で異線進入を防ぐガード部、およびそれらを繋ぐいくつかのレールで構成されます。

また、用途によって図10.20のようにいろいろな形態（手前から、「片開き分岐器」、「シーサス・クロッシング」、「シングル・スリップ・スイッチ」など名称がある）がありますが、材料を扱う本書では、図10.19を基本形態として解説します。わが国の鉄道創業当時の分岐器は、60lbs双頭レール、継目板、ボルトナットがイギリスの錬鉄製、締結も「鋳鉄チェアー」（図10.30参照）だったとする以外の記録は残されていません。構成や機能は現在と大差ないはずです。摩耗が激しいトングレール、クロッシングおよび「ガードレール」などは、当時高級品であった**酸性転炉**●20-3鋼製ではなかったかと想像され興味のあるところです。

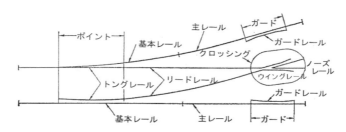

図10.19　分岐器の各部名称（JIS E 1303）

10.3 分岐器

図10.20 さまざまな分岐器(京王線高幡不動駅にて／撮影：松山)

10.3.1 30K/37K（ASCE）、50K（PS）レール用分岐器（大正14年型－1925年）

大正14年型とは、初の国産分岐器です。レール材を切断、切削、曲げ加工し、付属の締結部材(間隔材、ボルトナットなど)と組み合わせて構成されています。

ポイント・トングレールは、先端部が転換のため「床板」上を滑動し、後端は「リードレール」と可動継手で結合されます。30/37K用はレール材を加工、熱処理なし。50K用はレールと同一成分の圧延鋼材による帽子型レール(図10.21[18])が採用されました。床板と固定のための後端底部のピボット穴部は**ショア硬さ**●[30-2]HS50に熱処理されています。

クロッシングは、曲げ加工した2本の「ウイングレール」(翼レール)と切削成形した長・短の「ノーズレール」は間隔材(鋳鉄製)とボルトで結合され、さらに「床板」(鋼板)に各レール底部をリベットで固定し組み立てました。熱処理はなしです。

217

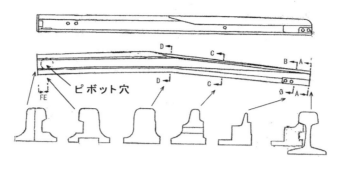

図10.21　50Kレール用帽子型レール

10.3.2　40N/50N/60レール用分岐器

「ポイント・トングレール」は、下級線用(40N/50N)ではレール材を切削加工して、熱処理はなし。幹線用はレール材と同一成分の特殊レール(JIS E 1101：50S/70S/80S)レール(図10.22)を切削加工して造られます。後端を溶接し弾性域(底部のフランジを削除し横に曲げやすくした一種のばね)を設けて先端を転換滑動させるものもあります。レール頭部域を火焔加熱し、当初は水焼入れ・焼戻し(**QT**[22-2]処理、ショア硬さ HS47〜53、**焼戻マルテンサイト**[25-5]組織)でしたが、国鉄からJRになる1987(昭和62)年以降、圧縮空気冷却による**スラッククエンチ**[22-3](**SQ**処理、HS50〜55、微細パーライト組織)になりました。閑散線区や側線用クロッシングは、レール材を用いた床板なしのボルト締結による組立式。熱処理なしです。

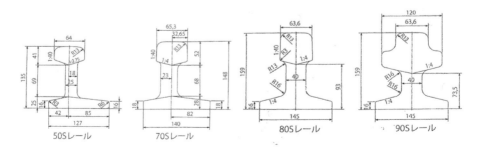

図10.22　分岐器用特殊レール(90Sレールを除き、JIS E 1101)

10.3.3 マンガンクロッシング

1882(明治15)年、イギリスのハドフィールド(R.A.Hadfield)がC:1.2%、Mn:12%の高マンガン鋼を発明。「ハドフィールド鋼」と呼ばれる「オーステナイト鋼」の誕生です。この**オーステナイト**●25-7は不安定で荷重がかかると**マルテンサイト**●25-4(加工誘起マルテンサイトという)になり硬化します。この性質を利用してクロッシングの摩耗対策としたのが、C:1%、Mn:13%の「鋳鋼」マンガンクロッシングです(図10.23[18])。

鋳鋼とは、溶解温度の高い鋼を複雑な形状の鋳造品にするもので、炭素鋼やステンレス鋼など高合金鋼もあります。

関東大震災の起きた1923(大正12)年頃から市街鉄道用溝付きレールの分岐器として輸入(ローレン/エドガーレン製)。後に大阪-金子鋳鋼や大同製鋼などで国産化され普及しました。クロッシングは、鋳造後、**水靭処理**●22-7(1 000℃に加熱-水冷)により靭性を向上させます。オーステナイト鋼なので水冷してもマルテンサイト変態は起きませんが、車輪に踏まれるとマルテンサイトを生じ、初期の硬さHS30(HB200)からHS60(HB430)以上にも硬化し、耐摩耗性が向上するのです。

1950(昭和25)年以後、国鉄など主要鉄道で本線用として多用が始まりました。

アメリカでは「インサートクロッシング」と呼ぶ轍差交点(ノーズ先端)付近だけを高マンガン鋳鋼のピースにし、これを外側から2本のレールで囲んで組み立てたものも存在しました。また高軸重に耐えるよう、使用に先立ち頭頂面に火薬による爆圧で硬化させたものも登場します。

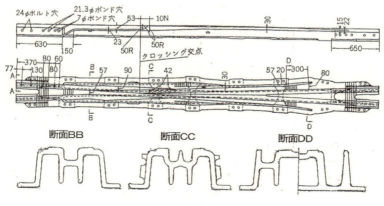

図10.23　マンガンクロッシング

欠点としては、鋳造欠陥が内在すること、非磁性材で膨張係数が大きく普通レールと溶接できない、などがあり高速区間では問題です。すべてのクロッシングに高マンガン鋼を採用しているフランス国鉄(SNCF)では、最近になり、クロッシングと接合するレール端にC:0.03％のオーステナイト・フエライト組織の二相ステンレス鋼をフラッシュバット溶接(SR処理あり)であらかじめ付けておき、その合金鋼域を長さ10〜20mmに加工後、マンガンクロッシングの本線側の両端に溶接する方式を推奨しています。

■新幹線用ノーズ可動クロッシング

図10.24[18]のようなマンガンロッシングの1つです。1961(昭和36)年、過去経験のない200km/h以上の高速運転に耐える分岐器の開発に、当時の国鉄は大きな勢力を投入してこれを完成させました。欠線部がなくなり直線側のガードも廃止された構造です。分岐角度が小さい18番(番数が多いほど角度が緩くなる)では全長が約17mに及ぶ分岐器です。

「可動ノーズ」は、細長いV字形で基準線側(直線方向)の固定端をボルトで「クロッシング構」に締結します。その先の弾性部はフランジがなく横に曲げやすく、一種のばねとして作用する部分で、そこからノーズ先端までが滑動して転換します。隣接レールに繋がる部分は、欠線がないよう斜め継ぎですが、そのうち一方はレール温度伸縮などによる軸力を避けるため伸縮継目となっています。主な部材である、ノーズ部、その下部や側面で可動ノーズを支えるクロッシング構、ウイングレールは別々に鋳造して、ボルトで締結して組み立てます。

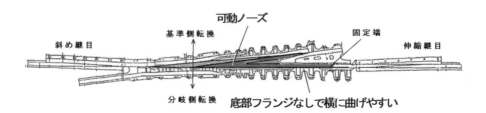

図10.24　ノーズ可動クロッシング

10.3.4　溶接クロッシング

　1968(昭和43)年に、新幹線と在来線のネットワークを生かして効率化するために、在来線を130km/hまでスピードアップする目標が設定されました。そのために、分岐器の直線側通過速度制限を撤廃すべく溶接熱処理クロッシングを開発試作。その翌年より1972(昭和47)年にかけて現場敷設試験が実施され、その実用性が確認されました。

　材質は、溶接性を重視した低炭素合金鋼(C:0.4%、Mn-Cr-Mo)で、間隔部材を不要にするため、腹の上部にアーム付きの特殊断面90Sレール(図10.22参照)を圧延。切削加工でウイングレール部、ノーズレール部に成形し、後端をレール形状に鍛造成形後、頭部硬化QT[22-2]熱処理を施し、これらをアーク溶接で一体化。さらに全体を加熱してSR[22-5]熱処理を施し完成させました。

　海外に類を見ない重量の大きい独特な分岐器で、本線側の両端を溶接して使用されました。保守労力は軽減されましたが、ノーズ先端欠線域の局部摩耗が大きくて十分な耐用度が発揮されずに終わりました。

　その後、1990(平成2)年になって、ロボットによる電子ビーム溶接技術を導入し、ノーズのガス圧接のない改良形溶接クロッシングが開発され、多用されています。

　ドイツ国鉄(DB)では、これらに類似した溶接・接着クロッシング(レール成形加工、頭部SQ熱処理硬化、接着強力結合型組立)が広く普及しています。

10.3.5　圧接クロッシング

　登場したのは、1988(昭和63)年。素材は50N/60K普通レールです。ウイングレールは轍差交点付近を熱間鍛造して成形。ノーズレールは、ノーズ先端範囲をレール鋼ブルーム[20-10]材から切削成形し、これに2本の頭底部を側面からV字状にアーク溶接で接合して一体化。これをノーズ側後方部分とガス圧接して組み立てます。その後2本のウイングレールと合体したノーズレールは、ガスバーナで加熱後圧縮空気冷却によるスラッククエンチを施しショア硬さHS50〜55の微細パーライト組織にします。さらにそれらは接合面に接着剤を介して、いくつかの間隔材、高力ボルトで結合されて完成です。

　基準線側の両端はテルミット溶接して高速軌道の機能を発揮。マンガンクロッシングを駆逐して普及しつつあります。

10.4 軌道部品

10.4.1 レール継目

■継目板

　欧米では「fish plate」または「joint bar」と呼ばれています。図10.25に示すレール継目部は、鉄道特有のリズム音源ですが、10.1.5項でも触れたように、軌道構造として剛性が小さく「継目落ち」による保守が欠かせない問題の多い場所です。

　継目遊間(ゆうかん)(すきまのこと)は、春秋の時期は6mmに設定されます。ところが、夏日の高温時にはレールの膨張で'0mm'、すなわち密着状態になり、圧縮力が過大になるとレールが横に曲がって張り出す「軌道座屈」を起こし運転に支障をきたします。また冬期の低温

図10.25　普通レール継目（撮影：松山）

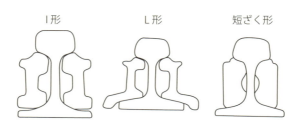

図10.26　継目板の種類

時には'10mm'を超える過大遊間となり保安度低下を招きます。

経歴の長い古レールが多く、まだ溶接ロングレールが普及していなかった1960(昭和35)年頃、国鉄でのレール損傷は年間5000件近く発生し、その約75％はレール継目のボルト穴(継目穴という)からの疲労破壊、すなわち「破端」と呼ばれるものでした。

レール継目は継目板、締結ボルトナットおよび継目板用ばね座金で構成されています。継目板は、熱間圧延材を鋸断、穿孔して造られます。断面形状は、図10.26[18)]に示すようなI形-40N・50N・60用、L形-30K・37K用、短ざく形-50K用があります。I形には、継目板上下部がレール上あご・底部とぴったり接触させるヘッド・コンタクト形(30K、37K、50K、40N、50N用)と、上部をレール上あご隅部に密着させ、レール頭部側面下に隙間を設けたヘッド・フリー形(60用)があります。

継目穴の数は、50K、40N、50N用では4穴(レールは片側2穴ずつ)、60用では高力ボルト締付でレールと継目板の摩擦力を上げて、継目剛性の増加を期した6穴(レール片側3穴ずつ)としています。ボルトは四角頭で継目板の縁にはまり、締付時のとも回りを防止します。30K、37Kレール時代のL形は、プレス打ち抜きの4穴。穴形状は、とも回り防止のためにボルト頭部首下軸部を楕円断面にして、穴も楕円。ただしナット側は円穴です。そのため、継目板が軌道の内側外側のどちらでも使用できるよう、楕円穴と円穴が交互に空けられています。

材質は、戦前まではレール材と同一の鋼材が使われましたが、レールが高炭素鋼になった後も(10.1.2項参照)、継目板は構造用鋼として靱性のある中炭素鋼のままにとどまりました。

30K、37K、50Kレール用はC:0.35～0.50％炭素鋼、熱処理せず圧延のまま。

40N、50N、60レール用はC:0.40～0.55％炭素鋼、QT熱処理してHB262～331。

現在のJISは、表10.5に示すように国際規格ISOとの整合性から材料は全レール同一規定となっています。

継目板には、構造的強度のほか、レール接触部では、微小すべりによる「フレッティング摩耗」(前述のヘッド・フリー化はその対策の1つ)、温度伸縮による摩耗などの対策が必要です。また、トンネル内など腐食環境が厳しい区間では肉圧減・劣化もあり、グリースなどの潤滑・防食の手段がとられます。

使用数はわずかですが、摩耗して頭部高さが減った古レールと段差のある新レールを結合したり、37Kと50Kレールなど異なるレールを結合するための「異形継目板」(JIS E 1116)があります。前者は普通継目板を鍛造成形、後者は別途に鋼材を鍛造成形して造られます。

継目板ボルト・ナットは、レール種別により別々だった規格から、1998(平成10)年、**ISO規格**●31 に整合させるべく一本化しメートルねじ(JIS E 1107)となりました。材質は表10.5に示すとおりです。座金には、丸断面の一巻きコイルの「ばね座金」(ロックナットワッシャー)が用いられます。

■絶縁継目

軌道に信号回路として閉塞(へいそく)区間を設けるには、配置する信号機ごとにレール継目を電気的に絶縁する必要があります(踏切警報機も同様)。木ブロックのボルト締めでスタートしましたが、後に合成樹脂材製の絶縁板を両レール間と継目板内面に、ボルトには絶縁チューブを挿入して軌道現場で組み立てました。しかし、普通継目に比べて剛性がさらに小さく、継目落ちや絶縁不良も多く、耐用が1年程度で保安上も問題がありました。

そこで、剛性が高く、耐用寿命を改善し、ロングレールに適用できる「接着絶縁継目」が開発され、1970(昭和45)年JRS規格として登場しました。その後の使用経験に基づき1979(昭和54)年に曲線別の区分、長さの増加(6穴)、**超音波探傷**●36-1 の導入など改正があり、1995(平成7)年、JIS E 1125(接着絶縁レール)が制定されました。

組み立ては分岐器製造工場で行います。まずレールと継目板は**ショットブラスト**●42 で表面を清浄化し、ガラス繊維強化熱硬化性エポキシ樹脂の絶縁シートとボルト用絶縁チューブを、接着下地のプライマー(エポキシ化フェノール樹脂系)を塗布した継目板とレール接触面にはさみ込み、高トルク締結で加圧組立します(図10.27)。その後、220℃-1hの加熱硬化(キュアリング)することで完成されます。長さは6～10mで、両端を軌道上で溶接して使用します。

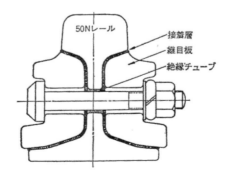

図10.27　接着絶縁継目(JIS E 1125)

■レールボンド（JIS E 3601）

図10.25に見られる継目間に付けられた電線です。電化区間の軌道は帰線回路として架線とともに重要な任務を背負います。レール継目部も支障ない通電の義務があります。日本ではレール端頭部外側またはレール腹部に、銅より線の端子を鉛-錫系合金でハンダ付けする手法が多用されています。

海外ではテルミット接合でレール底部に取り付けられる方法が主力を占めます。これは酸化銅とアルミニウム粉末によるテルミット反応（$3CuO + 2Al \Rightarrow Al_2O_3 + 3Cu$）により、銅より線をレール底部上面に溶接するものです。その際、レールの熱影響層に有害なマルテンサイトの発生の恐れがある場合には、再加熱徐冷の後熱処理が施されます。

■伸縮継目

溶接ロングレール用の斜め継目構造です。レールは「弾性締結」の普及で下部軌道構造に固定化され拘束されていますが、温度変化に伴う伸縮を吸収してレールの軸力を緩和することが必要です。

構造はポイントの基本レールとトングレールの組合せに類似して、レールが長手方向に移動しても正しい軌間が保持されます（図10.28）。

この中に斜め継目の構造の絶縁機能を持つ、絶縁伸縮継目もあります。

特殊な例として、1988（昭和63）年開通した本四連絡橋、瀬戸大橋の両側に設けた伸縮継目があります。列車が長大スパン橋を通るとその重みで橋梁がたわみ、両端のレールが10cmほど伸縮するからです。そこで、主桁と地上とのつなぎに伸縮可能な「緩衝桁」を設け、その上に図10.29に示すような伸縮継目が設置されています。最大伸縮を確認するために電気機関車9重連の試験も実施しました。

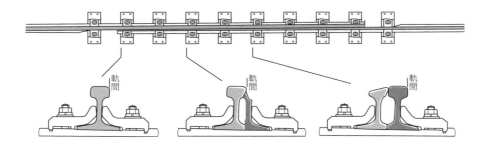

図10.28　伸縮継目60kgレール用（JIS E 1126）

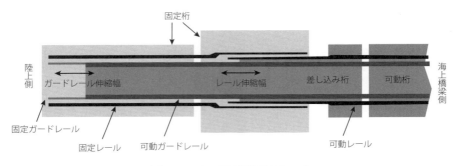

図10.29　本四橋緩衝桁伸縮レール

　左陸上側の固定レールは、移動レールとすべり接触する部分は特殊なL形で、ブルームから熱間鍛造後850℃空冷の焼ならし、その後冷間で**ひずみ**[14-3]矯正。最終形状は削り出しです。これを頭部のみスラッククエンチしてさらにひずみ矯正。本レール側に60NHHレールを圧接して一体化しました。移動レール（トングレールに相当する）は60レールから削り出しでNHH相当の頭部スラッククエンチです。

10.4.2　締結装置

　創業当時の締結装置は、2本のくぎで木まくらぎに固定した鋳鉄チェアー（図10.30）の上に、60lbs双頭レールを配し、レールの軌間外側に木ブロックをはさみ締めする構造で、イギリス製でした。

図10.30　双頭レールの締結装置（撮影：松山）

アングル鉄材で左右レールを結合したフランス製の鋳鉄ポットスリーパー（図10.31）もありました。レール締結で最も単純なのは、木まくらぎに打ち込む「犬くぎ」です。当初は頭部が図10.32のような犬の頭の形で、「Dog Spike」の名称が付けられましたが、ハンマで叩きやすい丸形になり、首下がバールで引き抜きやすいようになって広く普及しました。

先にねじを立ててねじ込むタイプの「ねじくぎ」は、「木まくらぎ」上に「タイプレート」を設ける際に採用されました。頭部はボックススパナで締め込むために四角です。その後、「PCまくらぎ」が登場してからは、まくらぎのポリエステル樹脂製埋込み栓（めねじ）にボルト（六角頭、角ねじ）をねじ込む方法が広く普及しています。

「タイプレート」（図10.33）は、ショルダーでレール底部を軌道内側にやや傾けて固定し、レール底面の接触面積を広げて「木まくらぎ」への食い込みを減少させます。レールの傾斜は車輪踏面の傾斜に合わせて摩耗を低減させるために、当初は新製車輪の勾配1/20でしたが、後に平均摩耗車輪の勾配1/40になりました。「PCまくらぎ」や「スラブ軌道」な

図10.31　京都－大津開業時に使用された鋳鉄製ポットスリーパー（鉄道博物館展示物／撮影：松山）

図10.32　犬くぎ（提供：栗原）

10章　軌　道

どでは、コンクリートのレール座に勾配を持たせ、「防振パッド」などを介してレールを締結します。

　温度伸縮、列車の「力行」・制動時の車輪摩擦力などにより、レールが長手方向に移動する現象を「ふく進」（匐進：クリープともいう）と呼びます。「アンチクリーパ」は、レール底部に取り付け、まくらぎ側面に当てることでこれを阻止するための金具です。

　上記の犬くぎやねじくぎのようにレールを直接押さえる方法に対して、ばねを介して押さえる方式を「弾性締結」と呼びます（図10.34）。

　板ばね式は、中央に締結ボルトのための楕円穴が開けられたU字型のばねで、ボルトを締め付けてレールの足を押さえます。写真に見られる形のほか、いろいろな品型があります。

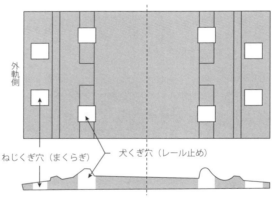

図10.33　タイプレート

図10.34　板ばねとパンドロール締結方式（撮影：松山）

表10.5 主な軌道部品の材質(JIS 2003による)

部品	用途	材料	熱処理	σ_B〔MPa〕	伸び〔%〕	硬さ	規格
継目板(1種)	30A、37A	S38/S50C	なし	≧569	≧15	−	JIS E 1102
同(2種)	40N、50N、60		QT	≧686	≧12	HB262/331	
継目板ボルト(B種)[※2]	30A、37A、50	S45C	QT	等級8.8[※1]		HRC26/36	JIS E 1107
	40N、50N、60	SCr440	QT	等級10.9[※1]		HRC32/39	
同ナット		S45C	QT			HRC27/37	
同ばね座金		硬鋼線材 SWRH62／82B	QT			HRC40/46	
犬くぎ	木まくらぎ	SS41(旧規格のまま) 圧延角棒、鍛造	なし				JIS E 1108
ねじくぎ	木まくらぎ	SS400、熱間転造、溶融 Zn めっき	なし				JIS E 1109
タイプレート	木まくらぎ	熱間圧延炭素鋼		380/480	≧24		JIS E 1110
				480/620	≧18		
アンチクリーパ		S40C、S45C、鍛造	QT			HB262/352	JIS E 1111
板ばね		ばね鋼 SUP9 (Mn-Cr 鋼)	QT			HB363/415	JIS G 4801
パンドロール		硬鋼線材、熱間成形	QT				

※1 JIS B 1051 に規定されたボルト強度等級、10.9 とは引張強さ1000MPa 級、ピリオド以下は耐力が引張強さの90%を表す。
※2 A種は熱処理なし、現在は製造されていない。
表中のA／Bは、A〜Bの範囲を表す。
QT：焼入焼戻し。

　線ばね式は、木まくらぎ用の「ばねくぎ」がありますが、最近の線路上に多く見かけるのは、イギリスで開発されたパンドロール(Pandrol)式です。PCまくらぎに埋め込んだ鋳鉄製受台(ショルダー)を支点に圧入し、レール底部を絶縁材を介して締結します。専用器具を用いれば取付け・取外しも容易で、高い締結力とふく進抵抗が強く、世界的規模で高速鉄道、高軸重鉄道に広く普及しました。日本でも国産化されて、従来の板ばねに代わり多用されています。

　以上の主な部品と材料を表10.5に示します。

10.4.3　鉄まくらぎ

　輸入ブナ、ヒバなどの木材に浸鉱油-防食処理した木まくらぎが長期にわたりレールを支えました。しかし今は、分岐器や橋梁用に使われる以外はPC(プレストレス・コンクリート)まくらぎが主力の時代になりました。そのなかで、わずかですが鉄製のものもあります(図10.35)。

　登場したのは1915年頃、ドイツ、フランスでした。当時は「戦争に備えての鉄の備蓄の資材か？」ともいわれたようです。日本では、御殿場線(THYSSEN-1927年)と信越線碓井峠−アプト区間のいずれも勾配区間に、耐ふく進性能を考慮して使用されました。スイスでも勾配の大きい山岳鉄道などで活躍が見られます。

10章　軌　道

　日本では、省力化軌道用としてJR貨物の分岐器のほか、高軸重・耐熱軌道用として製鉄所の高炉から転炉へ「溶銑」を運ぶ「トピード車」運行区間に使用されています。耐候性構造材（11.2.3項参照）の圧延条鋼をプレス加工、締結部材を溶接して製造されます。

図10.35　鉄まくらぎ（提供：峰製作所）

Column D　戦中から戦後の材料不足

第二次大戦下の代用材料

　すべての資材が欠乏して木や竹が金属の代役をしたり、陶器の1銭硬貨や10銭紙幣が発行される暗い時代。ニッケル（Ni）、クロム（Cr）、モリブデン（Mo）など鋼の合金元素の調達ができず、合金鋼は製造困難となります。軍部の要望で日本特殊鋼（玉置正一ら）、海軍空技敞（佐藤忠雄ら）などが「代用鋼」を開発して兵器に適用されました。軍は極秘扱にして（鉄鋼材料はイ－〇〇〇号で呼ばれた）それらの組成・特性・用途は公開されませんでした。戦後になり、イ-234（中C系-Si-Mn-Cr構造用低合金鋼）などが学会論文で報告され、市場にも出て機械部品などに転用されます。当時の国鉄・鉄道技術研究所（小犬丸胤男、根津 益夫ら）の材質試験を経て車両部品にも適用されました。しかしそれらの使用実績は評価されることなく、今に残る鋼種材は存在しません。

軍貯蔵資材の国鉄移管

　終戦により陸海軍が保有していた大量の資材は、当時の大蔵省財務局に移管されました。その一部は国鉄にも交付され、資材局は特殊物件資材として扱いました。各地の軍用倉庫（東京―大島、大阪―放出、名古屋―港ほか）に保管中の譲渡鋼材は、1948（昭和23）年、鉄道技術研究所（大和久重雄ら）においてハンド・グラインダによる「火花試験」鑑定作業が行われました。

鋼材にグラインダをかけたときの火花は、炭素量や合金元素によって形態が異なり、大まかな鋼種判定ができます。JIS G 0566に見本がありますが、判定には熟練が必要です。これにより、普通鋼、構造用合金鋼（代用鋼も含む）、工具鋼、耐食合金鋼に分別整理され、一部は東京-汐留用品庫を経由して鉄道工場などに配給されました。その後、1950（昭和25）年、朝鮮戦争が勃発。特需景気で売却され在庫は一掃。それらの用途は不明ですが、再び軍需品として世に出たことになります。

(栗原)

Column E　国鉄時代の材料品質管理

製作監督検査

　旧国鉄時代の一般品の調達は「物品納入契約」ですが、車両、レールなど重要物件は「製作請負契約（太政大臣令によるといわれた）」で行われました。そのすべてに対し、製作監督官（後に員）の各工場現場への立ち入り、製作仕様書に準拠した使用材料と製作方法などの確認、および検査合格を必要としました。製作監督事務所は、東京、大阪（名古屋支所）、八幡に設けられ、鉄道の各部所から有能な技術者が選ばれて担当。必要に応じて設計者、研究者らも検査に立ち会いました。合格品には㊥の刻印が押され、検査合格証が発行されて納入時に添付されました。
　検査業務は国鉄以外からの依頼にも応じて、海外に輸出する車両、レール、軌道材料など各種に及んでいます。

用品試験所

　現鉄道総合技術研究所に至る研究所は、1907（明治40）年の発足以来、購買製品の化学分析、機械試験など用品試験をその業務の1つとしてきました。その後、試験業務は神戸、門司、札幌などに試験室を設けて分散。1923（大正12）年、地方の試験室は研究所の所管を離れ、用品試験所として関係鉄道局に移管。戦後は鉄道技術研究所からも専門要員が定期的に派遣されました。

品質管理体制の変更

　1968（昭和43）年、国鉄は資材調達の合理化手段として、「製作請負契約」による監督員の受け入れ検査を廃止。制作監督事務所や用品試験所は廃止となりました。すべてを「物品納入契約」に変更してメーカに責任品質保証を求める方式に簡略化。資材局に品質管理部が設けられ、専門の学識と経験を持つ検査役らにより、メーカの品質検査体制の書類審査、製造現場への立入りによる実施状況査察など、人員も業務量も縮小されました。

(栗原、松山)

Column F　レールの生涯－リサイクルの先達

現役時代

　レールの生涯を過去の鉄道省時代の「物品取扱規定」に従って考えてみるのも一興でしょう。調達（手続きは技術屋にはわからない複雑さ）されて用品庫、集積基地に収納されるレールは「甲種貯蔵品」と呼ばれ、出納単価は、購入価格＋扱い経費で、1957（昭和32）年当時で50kレール・1m当たり2384円でした。財産として履歴簿に記録されてから上級幹線区間の現場に出ます。多くは問題なく稼働（働き盛り）して天寿を全うしますが、5年未満で損傷したものは「短命レール」と呼ばれて調べられました。前述のように、材質欠陥-残留水素による白点きず、MnS-非金属介在物の存在などは、その後の製造技術の改善資料に提供されました。トンネルなどの腐食劣化、無潤滑の急曲線での異常摩耗、異常運転による空転きずなどは、それぞれ環境改善、保守手段、運転技術などの反省資料に供されました。

　敷設稼働レールは残余寿命の余裕を残して撤去され、用品庫・材修場に「乙種貯蔵品」として収納されます。出納単価は半値以下です。それらは材修場で修繕されて再用-古レールとして、下級閑散線区間や構内側線用として活躍します。そこで残余の命数（交換基準）が尽きると軌道から外され「丙種貯蔵品」（出納単価は1/10以下）となり、無籍ものとなりやがて廃棄されてスクラップとして売却処分されます。

御茶ノ水駅、手前支柱曲がり部に1887　UNION D の浮き出しマークが見える

図10.36　古レール利用のホーム上屋梁柱（撮影：松山）

OB時代

レールには、種別、製造方法、製造メーカ、製造年月が腹部に圧延で刻印されています。このため、他の用途に転用されても履歴は残っています。

往年のレールが使命を終え、現在もなお余生を駅構内上屋の鉄骨材に白ペンキ塗りで転用されたり（図10.34）、跨線橋などの構造物は黒ペンキで塗られ活躍しているのはご存知のとおりです。

日本最古の錬鉄製レール（イギリス製、60lbs/yd、L:24ft、Darington Iron-1872年）は、修復した迎賓館の撤去鉄筋から1973（昭和48）年発掘されました（OBレールの大先輩）。

1955（昭和30）年頃までは、売却処分された「くず鉄古レール」の一部は、当時の伸鉄メーカの手により熱間圧延機で再生圧延棒鋼材に加工されて、2級品扱いの構造用-無規格鋼材として生まれ変わり広く市場に出ました。1957（昭和32）年当時でも、廃棄古レールのいくつかは「くず鉄」とならず各種構造物に加工して転用されていました。その中には、駅構内上屋（南福井）の鉄骨が雪の重みでが崩れたり（溶接欠陥部から脆性破壊）、建設中の北陸トンネルで支保工材として使用されたものが土圧に耐えられず折損（レール頭部の転がり疲れき裂部から脆性破壊）するなど、社会問題になったこともありました。耐摩特性を重視した高炭素鋼の重いレールを、軽量で剛性、靱性の必要な構造物に転用することはもはや適切でない時代となっています。

今の現役レールに第2の用途はなく、使命が終わればすべてが高級スクラップとして製鉄・製鋼原料となります。

(栗原)

◆「10章 軌道」参考文献

1) 英語版 Wikipedia, Diolkos, Western End, Pic.04 (original photo in Dan Diffendale)
2) 松山晋作：『新版 今昔メタリカ』』オフィスHANS（2010）
3) ベルリン技術博物館展示。英語版 Wikipedia, Permanent Way (History) より
4) K.W. SCHOENBERG：Evolution of Rail Steel and Rail Sections and Wheels, *Proc. of AREA*, Vol.76, Bulletin 653, June-July (1975)
5) 伊藤篤：「レール材質の昔と今」,『金属』70-2, アグネ技術センター（2000）
6) 塚本小四郎：「毀損軌条試験成績」,『鐵と鋼』7年8号, pp.819-822, 日本鉄鋼協会（1921）, p.824
7) 栗原利喜雄：「レール損傷に関する研究」,『鉄道技術研究報告』No.1188, 鉄道技術研究所（1981）

8) (鉄道100年記念特集グラフ)『鉄道線路』20巻10号, p.12 (1972)
9) 中村林二郎, 大和久重雄, 榎本信助:「レール黒裂に関する総合報告書」,『鉄道技術研究報告』No.379, 鉄道技術研究所 (1963)
10) 上田正治, 佐藤琢也, 山本剛士, 狩峰健一:「世界の貨物鉄道を支える長寿命レールの開発」,『ふぇらむ』(日本鉄鋼協会会報) Vol.17 No.6, pp380-385 (2012)
11) 松山晋作, 栗原利喜雄ほか:「レール・シェリング対策」,『鉄道技術研究所速報』No.A-87-81 (1987-3)
12) 石田誠, 阿部則次:「レールシェリング予防削正効果に関する実験的研究」,『鉄道総研報告』Vol.19, No.12, pp.19-24 (1995)
13) 佐藤幸雄, 辰巳光正, 柏谷賢治, 上田正治, 横山泰康:「耐シェリング用ベイナイトレールの開発」, 鉄道総研報告, Vol.12, No.10, pp.15-20 (1998)
14) 佐藤幸雄, 辰巳光正, 上田正治, 三田尾真司:「ベイナイトレールの長期耐久試験による耐シェリング性の評価」,『鉄道総研報告』Vol.22 No.4, pp.29-34 (2008)
15) 露木昭治, 爪長徹, 松山晋作, 石井羊子:「海洋性環境における各種レール鋼の腐食」,『鉄道技術研究所報告』No.1203 (1982-3)
16) 滝本正:「日本のレール溶接技術」,『日独レール溶接シンポジウム』(1983)
17) 栗原利喜雄:「テルミット溶接の改良」,『鉄研報告』No.1099 (1978)
18) 高原清介:『新軌道材料』鉄道現業社 (1985)

11章
鉄道橋

鉄橋といえば、昔は鉄道橋のことでした。明治45（1912）年の小学唱歌「今は山中 今は浜 今は鉄橋渡るぞと」に始まり、戦後改作された唱歌「きしゃぽっぽ」の最終フレーズ「鉄橋だ、鉄橋だ、たのしいな」は、その世代に鉄橋を原風景としてインプットしたのです。実は技術史的にも鉄橋（正確には鋼橋）を必要とし、実現したのは鉄道でした。重い列車が走行する長スパンの橋には、圧縮材の石組や木組だけでは無理でした。鋼鉄道橋のパイオニアとなったのはジョージ・スチーブンソンの息子ロバート。錬鉄製角管の中に列車を通すというアイデアで、代表的なのはブリタニア橋です（1850年供用、1970年火災で損傷、新設橋になる）。日本は、当時の先進国欧米から一挙に鉄道や製鉄技術を導入。新橋─横浜間の開通当時は間に合わせの木橋だった六郷川（多摩川下流）橋梁も、輸送量の増大には耐えきれず、1877（明治10）年複線化に際して錬鉄橋を輸入・架設しました（明治村に保存）。ちなみに、人道鉄橋の最古は、米人設計・国内製造の八幡橋（旧弾正橋：1878（明治11）年、江東区、富岡八幡宮に隣接して保存）で、やはり鉄道橋が1年先輩です。

瀬戸大橋を想像できたか

11.1　明治から昭和20年まで

　日本の鉄道は、石材、煉瓦、木材などの材料は、当初よりほとんどが国産材料でまかなわれていましたが、鉄材料は、鉄そのものを生産する技術の習得に手間取り、国産化が遅れることになりました。1901(明治34)年に官営八幡製鉄所が、ようやく近代製鉄所として操業を開始します。

　鉄道は、レールや「鉄橋」など、文字どおり「鉄」を使うことを前提として発達した輸送システムだったので、鉄道技術が自立できるかどうかということは、鉄が国産化できるかどうかにかかっていたと称しても過言ではありません。かつて「鉄は国家なり」と呼ばれたように、鉄(特に鋼鉄)の自前調達ができるかどうかは、国家が自立しているかどうかを判断するバロメータでもありました。

　製鉄所が立ち上がったとはいえ、前の各章で述べられたように、レール、橋梁、機関車、台車などの鉄材料の品質や供給量は安定せず、昭和初期までは外国から輸入せざるを得ませんでした。日本はイギリスの指導により鉄道が建設されたこともあって、初めはイギリス製品が大半を占めていましたが、ほどなくアメリカやドイツなどからの輸入品が加わります。中でもレールは、創業期に若干量の錬鉄製レールが用いられたのみで、ほどなく鋼製レールへ移行し、イギリス、アメリカ、ドイツの主要国以外にも、フランス、ベルギー、ルクセンブルク、インド、ロシア、カナダ、清国など世界各国から輸入していたことが確認されています。

　橋梁は、初めはイギリスから輸入し、20世紀(明治30年代)に入ってからはアメリカやドイツからの輸入も始まりましたが、架設技術は江戸時代からの伝統を引き継ぐ優秀な鳶職人にめぐまれたこともあって、早い時期から日本人のみによって行われました。一方、設計技術は、外国の技術基準を参考に、外国人技術者の指導を受けながら国産化が図られ、明治末にはようやく「トラス橋」も含む標準設計が確立しました。しかし、国産化が難しかった鋼材は、レールと同様にしばらく輸入の時代が続き、おおむね昭和時代の初期まで国産材料と輸入材料を併用しています。

　初期の橋梁には鋳鉄も用いられ、兵庫県朝来市に保存されている神子畑鋳鉄橋(国指定重要文化財)は、生野鉱山の鉱石運搬のため1885(明治18)年に完成し、のちに軌道が敷設されてトロッコや牛馬による運搬が行われました。橋梁の製造は、フランス人技師が関与していた横須賀製鉄所で行われたと伝えられます(図11.1)。また、1884(明治17)年に開業した大垣－垂井間(東海道本線)では、イギリス人技師のチャールズ・アセトン・ワッ

11.1　明治から昭和20年まで

図11.1　保存された神子畑鋳鉄橋（兵庫県 国指定重要文化財／撮影：小野田）

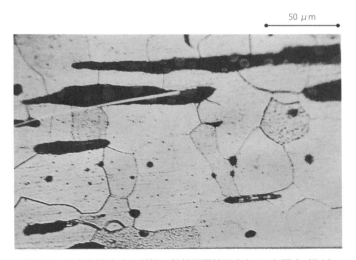

図11.2　日高本線 有良川橋梁の錬鉄顕微鏡写真（1962年調査：松山）

　トリー・ポーナルの設計による鮎落川橋梁が径間15フィートの鋳鉄製で完成したとされますが、現存はしていません。
　ちなみに、「鉄＝Iron」は鋳鉄や純鉄（錬鉄はこれに近い）に用いられ、「鋼＝steel」と区別されます。「鉄橋」は文学的文脈で用いますが、現代の「鉄橋」は工学的には「鋼橋」です。世界初の鋳鉄橋（道路橋）は、1779年イングランド中西部に架けられた通称「The Iron Bridge」です。まさに「鉄橋」そのものです。鋳鉄は脆いために石や煉瓦と同じようなアー

237

11章　鉄道橋

チ橋として造られましたが、コストも重さも石に比べて低減されたといいます。図11.2は**錬鉄**[20-1]の顕微鏡組織の例で、黒く大きく圧延方向に伸びた非金属介在物が特徴で、地は純鉄の組織です。

　日本の橋梁における鋳鉄橋の使用はごく一部にとどまり、ほとんどは錬鉄を用いていました。イギリス人技師ポーナルの設計により架設された径間200フィートの標準設計のトラス橋は基本的に錬鉄を用いました。しかし、1888(明治21)年に架設された天竜川橋梁では一部に鋼材を用いた錬鋼混合トラスとして完成し、翌年東海道本線野洲川橋梁の径間100フィートのトラスで、全鋼製が採用されて徐々に錬鉄から鋼に移行し、1897(明治30)年にアメリカのセオドア・クーパー、コンラッド・シュナイダーに設計が委嘱されたトラス橋より鋼材が標準的に用いられるようになりました。橋梁は、主としてイギリス、アメリカ、ドイツから輸入され、これらの中には1904(明治37)年に架設された中央本線・小石川通架道橋(図11.3)のように現在も使用され続けている橋梁もあります。

　なお、1912(明治45)年に完成した山陰本線・余部橋梁(2010(平成22)年一7月運用停止、現在はPC橋)では、アメリカから鋼材を輸入して現地で組み立てられましたが(図11.4)、同年に架設された東海道本線桂川橋梁は国産トラスとして汽車製造会社で製造され、大正時代には次第に鋼材を含めて国産へと移行しています。

　1910年代(明治時代末～大正時代)には鉄筋コンクリート橋梁が登場し、鋼橋とコンクリート橋が各地に架けられるようになりました。この時代の代表的な鉄筋コンクリート橋梁としては、1920(大正9)年に完成した内房線・山生橋梁などがあり、小径間の「カルバート」(水路や道路を跨ぐ径間が1～5mの小橋梁のこと：溝渠(こうきょ)とも。1m未満は橋梁とはいわず暗渠(あんきょ)

図11.3　ドイツから輸入された中央本線・小石川通架道橋(東京都／所蔵：小野田)

図11.4　建設中の山陰本線・旧余部橋梁（所蔵：小野田）

図11.5　在りし日の旧余部橋梁（橋梁上の列車はC51形蒸気機関車けん引の客車列車／提供：鉄道博物館）

という）では普及したものの、大規模な橋梁は塩害が懸念される海岸沿いなどの特殊な使用条件での適用にとどまりました。

　鋼橋では、隅田川の震災復興橋梁として1926（大正15）年に完成した永代橋（道路橋ですが、設計は鉄道省から帝都復興院に出向した田中豊―後に東京大学教授）の部材に高張力鋼の「デュコール鋼」（イギリス海軍が戦艦鋼板用に開発した**引張強さ**[14-6]600MPa級の低炭素・マンガン系高張力鋼）が用いられ、1931（昭和6）年には鉄道橋として東海道本線・源助橋架道

橋で初めて適用されました。また、造船分野で用いられていた電弧(アーク)溶接も橋梁の補強工事などで適用されるようになり、1934(昭和9)年に架設された横浜港瑞穂埠頭専用線・瑞穂橋の側径間(図11.6)などで用いられ、さらに1935(昭和10)年には貨物ヤードを跨ぐ支間53mの道路橋「田端大橋」(当時は、全溶接世界最長スパン、設計：田中豊)が建設されました。これは現在も「田端ふれあい大橋」として存在します。しかしながら、溶接

図11.6　側径間に溶接を用いた瑞穂橋(横浜市／撮影：小野田)

図11.7　山口線・徳佐川橋梁に残る現用のラチス桁(山口市／撮影：小野田)

はまだ信頼性が十分に検証されていなかったため、普及するには至りませんでした。

戦前は、戦争の影響で鋼材の供給が不安定な時期があり、鉄鋼統制なども行われたため、鋼材の使用量を節減するためのさまざまな工夫がなされました。1918(大正7)年に設計されたラチス(格子)桁は、第一次世界大戦による鋼材不足を補うために登場した特殊な桁で、山口線・徳佐川橋梁など全国に数か所が現存しています(図11.7)。

(11.1節：小野田 滋)

11.2 終戦から現在まで

戦後は、鋼材の払底、戦災からの復旧に追われ、材料から見た新しい技術は停滞します。一方、世界的に見ると、戦時中アメリカで溶接により急造された輸送船「リバティ船」の脆性破壊事故(**低温脆性**[19-1])から、破壊力学や溶接技術・溶接用鋼材の研究が精力的に行われます。この成果は船舶のみでなく橋梁など鋼構造物全体に広く適用されるようになりました。日本でも、1935(昭和10)年、海軍の臨時編成第四艦隊が岩手沖で演習中台風に遭遇し、溶接構造の駆逐艦2隻の船首が分離破断する事故がありました。原因が溶接強度不足にあることはわかっても、当時は鋼の低温脆性の本質解明には至りませんでした。戦後になって海外情報が自由に得られるようになり、造船学科が中心となり脆性破壊や溶接強度の研究が進み、日本の造船技術の画期的な展開に至ったのも、この事故が1つの遠因だったといわれます。

1950(昭和25)年に勃発した朝鮮戦争の米軍特需で、皮肉にも戦争で疲弊した日本経済が立ち直り、1.1.5項に述べられているように石炭産業と鉄道が傾斜生産方式に組み込まれ、復興から後年の高度経済成長への足がかりとなりました。

11.2.1 溶接の導入と高張力鋼

この時期、国外では溶接鋼構造の進展があり、さらに高強度の溶接用鋼(高張力鋼、通称ハイテン)の開発が進みました。

わが国では、上述の低炭素マンガン系のデュコール鋼の橋梁への適用例もありますが、ほとんどの橋梁材料は、戦前の流れを引き継ぐJIS G 3101一般構造用圧延鋼材(SS材)でした。この材料は炭素量の指定がなく、強度(たとえばSS41は、引張強さの41kg/mm^2—現行単位400MPa—以上を表す)のみで規定されています。SS材にもSS50などハイテンの部類

に入る高強度材が含まれていますが、溶接を適用するには**溶接性**●15-2が心配です。そこで、1952(昭和27)年にJIS G 3106溶接構造用圧延鋼材(SM材)が制定され、SM41、SM50(現在はSM400〜SM570)が規格化されました。一方、船舶、建築、橋梁など大型化に伴って軽量化の要請が強くなり、溶接可能な高張力鋼の開発が進み、引張強さ60kg/mm^2(600MPa)級以上の鋼種が市場に投入されます。これらは1960(昭和35)年、JISではなく日本溶接協会規格(WES3001)として規格化されました。

鉄道橋でも、1959(昭和34)年高張力鋼鉄道橋設計仕方書(案)、翌1960年溶接鋼鉄道橋設計仕方書(案)が策定[1]されますが、使用鋼はSM400、SM490です。1964(昭和39)年開業の東海道新幹線の鋼橋には、全溶接桁が使用されました[2]。

11.2.2 高力ボルト摩擦接合

この時期に、梁や桁の継手の接合法がリベット(支圧接合)から高力ボルト(摩擦接合)に替わっています。リベットはSS材と同等の軟鋼で、加熱してエアハンマで穴を塞ぐように打ち込み、リベット自体で重ねた継手のせん断力を受けます。ハンマの騒音、高所で赤熱したリベットを扱う熟練工不足など社会環境の変化もあり、時代の要請は「摩擦接合」(重ね板をボルトで強く締め付け、板間の摩擦力がせん断力を担う)方式への移行を促しました。これは、継手強度も大きくなる利点があり、同じ継手強度に要するリベット本数に比べて高力ボルト本数は少なくて済み軽量化にもなるからです。強い締付力を得るには強いボルトが必要で、1954(昭和29)年鉄道の仮設橋で、60kg/mm^{2}級(ボルトでは6Tと称する)ボルトが初めて使用されました。その後、8T、9T、11T、13Tと高強度化が道路橋などで進み、1964年 JIS B 1186「摩擦接合用高力ボルト・セット」の制定に至ります。ところが、13T級ボルトは締付から数か月経て破壊するトラブルが起きました。これは「遅れ破壊」[3]と呼ばれ、使用中の腐食作用で生ずる水素が鋼中に侵入し、強度の高い鋼ほど脆くなり破壊が生じやすくなる現象です。鋼材の高強度化は自動車の燃費改善効果など現在も進められており、「遅れ破壊」の研究もなお継続されています[4]。

鉄道橋では、中央線笛吹川橋梁で13Tを11T並みの締付けで用いて約15年観察(下が河川でボルトが落ちても支障がないため意図的に残置)したところ、2,386本中63本破断。その後10Tに交換しました。JIS見直しで13Tは削除されましたが、その後鉄道橋に用いた11Tでも破壊が起き、折しもねじ規格のISOとの統一を機に、最高強度は安全な10Tまでに制限されました。本四連絡橋では、初期に建設された大三島橋などに11Tが使用されましたが、ほとんどは10Tが用いられています。

高力ボルトの鋼材は、開発当初は従来の機械ボルトに用いられてきた低合金鋼(JIS G 4053)SNCM:ニッケル・クロム・モリブデン系、SCr:クロム系、SCM:クロム・モリブデン系の延長でしたが、主な鉄鋼メーカが競って耐遅れ破壊性を改善した新鋼種を開発。低炭素・低合金系(Cr、Mo、B、V、Tiなど添加)が普及しており、JIS規格はありません。現在は15T級までが実用化されています。

11.2.3　耐候性鋼材による保守コストの低減

鋼橋の維持管理には腐食対策が重要です。前述の余部橋梁は、日本海から海塩粒子を含んだ強風が吹き付け(1986(昭和61)年に列車転落事故あり)、六角頭のボルトが丸くなる

図11.8　デリーの腐らない鉄柱(撮影:松山)

ほどの腐食性が強い環境です。ボルトのような小部品なら亜鉛めっきなどが可能ですが、橋梁全体は塗装が主な防錆対策で塗替え保守も大変です。

　そこで、登場したのが「錆びにより錆びを制する」鋼です。この種の鉄は、すでに1600年以上も昔に造られています。インドにある「デリーの腐らない鉄柱」(図11.8)[4]です。後世に分析されてわかったことですが、リン(P)の多い鍛鉄でした。鋼の防錆処理の1つにリン酸塩処理という方法がありますが、これに近い表面錆びが内部を保護したのです。鋼の腐食を抑制する合金元素の代表格はクロムですが、高価です。ステンレス鋼はクロムを12%以上必要とする高価な合金鋼ですから、歩道の手すり程度には使われますが、橋梁本体には適用できません。そこで、低合金系で効果的な錆びを形成する鋼材がアメリカのUSスチールにより開発されました。これは1933年CORTENの名称で商品化され、貨車の外板などにも用いられました。日本には1950年代に導入され、1968年にJIS G 3114「溶接構造用耐候性熱間圧延鋼材」として規格化されています。鉄道橋では1980(昭和55)年の会津線第三大川橋梁以降適用されました。図11.9は(カラーでないと見分けがつきませんが)、主桁とアーチが耐候性鋼を無塗装で用いた例です。

図11.9　無塗装鉄道橋　第2保津川橋梁(提供：杉本 一朗 氏)

合金成分としては、通常は不純物として嫌われる銅(Cu)に少量のニッケル(Ni)、クロム(Cr)があれば、表層に緻密な錆層ができて、腐食の原因である水や酸素の内部への侵入を防ぐのです。できた表層錆びは鉄さび色(赤褐色)です。構造物へ無塗装で適用し始めた頃は、自然に錆びが安定するまで2年以上を要し、この間、錆びの流れや色のむらなどが生じて美観が悪く適用が危ぶまれました。そこで錆の安定化を図る処理が開発され、さらに着色までも可能になりました。ただ塩分の多い海岸などでは適用できなかったため、その後沿岸でも使用可能なニッケル系高耐候性鋼材が開発されています。これはニッケルを増量して表面錆をいっそう緻密にし、塩素イオンに強いモリブデンなどを添加しています。無塗装鉄道橋として、主に合成桁に使用されています[2]。

(11.2節：松山晋作)

◆「11章 鉄道橋」参考文献

1) 阿部英彦，谷口紀久：「鋼鉄道橋設計標準の改訂」，『土木学会論文集』344号／Ⅰ-1（1984）
2) 杉本一朗：「鋼鉄道橋」，『RRR』Vol.69 No.9, pp.28-31（2012）
3) 松山晋作：『遅れ破壊』日刊工業新聞社（1989）
4) 松山晋作：『新版 今昔メタリカ』オフィスHANS（2011）

【付録A】──用語解説

1	マンセルホイール（Mansell Wheel）（付図1）	
—	—	輪心とタイヤとで構成される車輪（部位名称は図3.3参照）で、輪心は錬鉄のリムと樫木のスポークからなり、タイヤとボスに鉄を使用。スポークの両側面から2分割したリムで挟み込み固定し、リムとタイヤをボルトにて締込み一体に結合する組み立て方をマンセル式という。
2	ボギー車両	
—	—	車輪・車軸を車体から分離して台車枠に取り付け、台車枠と車体を1本の中心ピンで固定し、車輪・車軸が車体の左右方向に回転する自由度がある構造の車両。この構造により曲線の通過性能が向上し、車両の大型化が可能になった。現在では、ほとんどの車両はボギー台車（2章「台車」参照）。
3	車両限界と建築限界	
—	—	トンネル、橋梁、建築物（駅のホームなど）に曲線でも車両が接触しないように、高さ・幅・床下機器下高さなどの車両側の構造物に対して定めた限界を車両限界、また、線路上の構造物側に対して定めた限界を建築限界という。建築限界断面は車両限界断面より大きくし、余裕を見込む。
4	点熱急冷法	
—	—	車両外板の歪取り方法の一種。骨組みと外板を溶接すると面が波打つような変形を生ずる。これを修正するために、外板を狭い間隔の碁盤目に区切り、この交点部分をガスバーナーで赤熱するまであぶり、その後、この点に水を掛けて急冷するとその部分が収縮。これを多点において繰り返すと、面の波打つような変形が消えて、ぴんと張った平面が得られる。業界用語では「お灸」という。
5	張殻構造	
—	—	モノコック（フランス語でMonocoque）ともいう。縦通材と横断材を組み合わせた骨組みに外板（表皮材）を張付けたパネルで構成された構造。外板が面に沿った方向のせん断力と引張力を負担、骨組みが面に沿った方向の圧縮力と面を反らせる曲げ剛性を負担し、パネル全体で必要な強度と剛性が得られる。薄い外板が強度と剛性に対して有効に働くことで軽量化が可能となる。元来は航空機の機体構造として発展してきた。

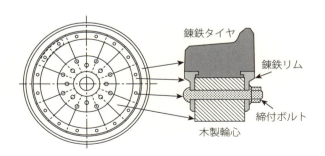

付図1　マンセルホイール

【付録 A】──用語解説

6	ばね下質量	
—	—	車軸軸受を支持する「ばね」を介さずに直接軌道側にかかる質量の総和で、車輪、車軸、軸受、ブレーキ装置、歯車装置などがある。力は加速度×質量なので、車両が静止しているときには、**輪重**（車輪がレールと接触している部分にかかる垂直力）は重力加速度のみ寄与。走行中は、ばね上の質量（車体、床下装置、主電動機など）にかかる振動加速度がばねの伸縮で緩和され輪重変動を軽減するが、ばね下質量に関わる力は直接軌道に影響を与える。車輪のフラット、レールの継目や波状摩耗など平坦でない部分があると、**輪重変動**が大きくなり、静止時より大きく（著大輪重）なれば軌道を破壊し、小さく（輪重抜け）なれば脱線の危険性（**脱線係数**＝**横圧**/**輪重**で表される）が増す。横圧（おうあつ）とは曲線を通過する場合や蛇行動により車輪がレールを外側に押す水平力。パンタでは逆にばね上質量が問題になる。
7	VVVF 制御装置	
—	—	電車が登場して以来、直流電動機の制御は抵抗器を用いて電圧を変える方式。これは電力の一部が熱となって放散されるものでエネルギー効率が悪く、特に、地下鉄ではトンネル内温度上昇が問題化。多くの熱を排出する冷房装置の使用が制限されていた。サイリスタなど高電力用の半導体が開発されると、直流を高速で on-off（チョッピング）できるため電圧制御（チョッパ制御）ができるようになり、発熱も抑制され、併せて電力回生も可能な省エネ電車が登場。国鉄では 1979（昭和 54）年以降投入された中央線の赤い 201 系電車が代表。その後、電力用半導体の開発はさらに **GTO**（Gate Turn Off）サイリスタや **IGBT**（Insulated Gate Bipolar Transistor）と進化し、直流区間でも電圧（Voltage）・周波数（Frequency）などが自由（Variable）な交流に変換できるため軽量な誘導電動機の採用が可能となった。これを **VVVF 制御**（Variable Voltage Variable Frequency）と呼ぶ。交流の新幹線では、開業当初の直流電動機・抵抗制御に必要であった変圧器が軽量となり、重い抵抗器も不要となって車両の軽量化に寄与した。
8	空力問題	
—	—	正しくは『空気力学的問題』のこと。列車が高速で移動すると、列車の進行により排除される空気が各種の物理的問題を生ずる。現在、顕在化しているのは、物体が空気を切り裂くことにより生じるカルマン渦による「騒音」、列車がトンネルに突入するときにトンネル内の空気を圧縮するために生じる「トンネル内圧力波」とトンネル出口で起こる「微気圧波」、高速で走行することにより列車の先頭部と後尾部に生じる圧力場が列車とともに移動することにより生じる「低周波振動」、それに「走行風」の五問題。現在、列車の高速化をはばむ技術的障壁は、これらの「空力問題」であるといえる。これらのうち、「騒音」は列車速度の 6〜8 乗則、「トンネル内圧力」は列車速度の 2 乗則、「微気圧波」は列車速度の 3 乗則という高次の速度依存性があり、「低周波振動」は被害度が低いものの遠距離まで空気の波動が伝播するので、問題領域が広いという厄介な問題。「走行風」はホーム上の乗客の安全に影響する重大問題。現在は 320km/h 程度の列車速度までは各種の対応策が開発されている。
9	車両構体の構造分類	
9-0	—	鉄道車両用構体を簡便に分類すると下記構造になる。それぞれの構造は、その構造から生じる特徴を持っており、製作する車両の用途・目的に応じて、それらを使い分ける。LCC（Life Cycle Cost）の観点から考えれば、大勢はシングルスキン構造からダブルスキン構造に変化していく。
9-1	シングルスキン構造	1 枚の外板（表皮材）の内側に縦通材と横断材とを組み合わせた骨組みを溶接やリベットで結合した構造。

248

9-2	ダブルスキン構造	2枚の外板（表皮材）の間に何らかの心材を設け、この心材で2枚の外板（表皮材）を結合した構造。現在、ダブルスキン構造の素材として技術的に開発済みの材料は、アルミ合金の中空形材（＝ホロー材）、ろう付けアルミハニカムパネル（Brazed Aluminum Honeycomb Panel）、ステンレス鋼ダブルスキンパネル、GC複合材パネル（Glass-Carbon Fiber Composite Panel）がある。
9-3	ハイブリッド構造	シングルスキンとダブルスキンを構体の各部位ごとに使い分ける構体構造。
10	結晶と結晶粒界	
—	—	結晶とは金属原子の規則的な立体構造のこと。溶融した液体から凝固して固体になるとき、多数の核からばらばらに結晶が成長するので、多結晶固体になる。それぞれの結晶の粒の境目を**結晶粒界**（単に粒界とも）という。粒界には、不純物が集まりやすい。結晶は細かいほど強度が大きくなる。
11	残留応力	
—	—	溶接のように局部的な加熱・冷却をしたり、焼入れなど急冷したときには、ひずみが生じ、そのひずみに抗して内部に応力が残留する。この応力は外からの力の作用とは独立しており、内部で引張と圧縮が相殺されているが、外力によって加算されたり減算される。溶接では引張応力として加算されることが多く、応力除去焼なまし（**SR処理**）が必要となる。一方、引張外力が集中して作用する車軸はめ合い部などでは、**高周波焼入れ**などによりあらかじめ残留圧縮応力を付与すれば減算効果が得られ（4.2.2項参照）、浸炭軸受では表面の適度な残留圧縮応力が転がり疲れを軽減する効果が認められている。
12	溶接用語（付図2）	
12-1	ビード	アーク溶接で溶融した線。
12-2	隅肉溶接	直角接合する角の溶接。
12-3	1パス	1回でビードを形成すること。
12-4	多層盛り	数回のパスで溶接する場合。
12-5	開先（かいさき）	接合する継目に溶接金属が盛りやすいようにカットを入れて広げておくこと。
12-6	母材	溶接される部材。これに対して外部から供給される溶融金属を**溶接金属**という。
12-7	熱影響部（HAZ）	溶接金属と母材が融合する部分の外側で熱の影響を受けた母材部分（Heat Affected Zone、略してHAZという）。**焼入性**の高い母材は、溶接終了後、周囲から熱を奪われHAZに焼きが入り割れることがある。

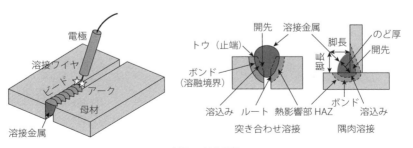

付図2　溶接用語

【付録 A】——用語解説

13	摩擦撹拌接合法	
—	—	イギリス溶接研究所（TWI）で 1991 年に開発された接合技術。金属製のツールを回転させながら、接合線に沿って進行させる。このときアルミ合金が摩擦熱で軟化し、ツールの回転に引きずられるように塑性流動（水あめをかき混ぜるような状態）が生じ、左右の部材が混じり合い接合する。接合部の温度が溶融温度（約 660℃）より低い 500℃程度で、接合部の歪が少ない。その他、溶接のように溶加材を加えないので接合部と部材の材質が均質であり、接合部の変色が少ないことや、火花や粉塵や有毒ガスを発生しないので、工場環境が改善されるなどの特徴がある。
14	機械的性質（付図 3）	
14-0	—	材料の強さなど、使用するに当たって基本となる機械的品質の特性値。それぞれの材料ごとに特性値（**降伏強さ、引張強さ、伸び、絞り**）の範囲が規格に定められている。
14-1	引張試験	機械的性質を求める基本的な試験法（JIS Z 2241）。定められた試験片を破断するまで引っ張り、付図 3 のような荷重（**応力**）と伸び（**ひずみ**）線図の特性値を求める。
14-2	応力	荷重表示は試験片の断面積によって変わるので、材料の特性値とするには、荷重を断面積で除して**応力**（表記：σ）とする。荷重（力）の単位は、重力の加速度を一定とみなして質量単位「kg」が長く用いられてきた。後に力（force）を質量と区別して「kgf」とした時代があり、1991 年に JIS が国際単位系（通称 SI 単位）を採用後、ニュートン「N」となる。応力もそれに合わせて、kg/mm^2、kgf/mm^2 から、現在は MPa（= N/mm^2）。1kgf/mm^2 ≒ 10 MPa で換算。ただし大正時代までは輸入材の影響で、噸（トン= 1000kg）／平方吋（インチ：in）を併用（Column B 参照）。米国では今でも Lb（ポンド）/in^2（psi）が使用されている。
14-3	ひずみ	応力の変化により生じた材料の長さ変化（変位という）を元の長さで除した比率。変形量を表す無次元化した指標（表記：ε）。応力 σ とひずみ ε が正比例するとき（**弾性変形**）、$\sigma = E\varepsilon$ の比例定数 E をヤング率（**弾性係数**）という。合金の場合は、主たる金属の原子結合力で決まるので、純鉄、炭素鋼、ステンレス鋼などではほぼ同じ値。ただし鋳鉄は鉄とグラファイトの複合構造なので鋼よりは小さくなる。
14-4	降伏点 降伏応力	付図 3 の直線（**弾性変形**）から曲線（**塑性変形**）に変化する A 点荷重を、試験前の断面積で除した応力値。**降伏強さ**ともいう。表記は σ_y、$\sigma_{0.2}$ など。実際は低炭素鋼以外は A 点は求めにくいので、JIS Z 2241（金属材料引張試験方法）では、「**耐力** $\sigma_{0.2}$」として求める方法が記載されている。新しい試験機はコンピュータが自動計算してくれる。構造設計の限界値として用いられる。
14-5	弾性限度	理論上は引張荷重と伸びの関係が直線である限界値。昔の**降伏点**の別名。現在の JIS にはない。
14-6	引張強さ	付図 3 の C 点の最大荷重を試験前の断面積で除した応力値（公称応力）、JIS 表記は σ_B。欧州では材料の抵抗（Resistance）を表現しており、和語で使用される「抗張力」がそれに相当する。Tensile strength の略で **TS** ということもある。材料強度の代表値として用いられる。鋼種によっては、最低引張強さを JIS 記号に組み込んでいる（例：SS400）。
14-7	伸び	試験前に試験片にマークした標点間の距離 L_0 と、試験片が破断したのちの標点間距離 L の差を、L_0 で除した%表示。すなわち、$\delta = ((L - L_0) / L_0) \times 100$。材料の延びやすさを表す（延性値）。
14-8	絞り	試験前の断面積 S_0 と、破断面の断面積 S の差を、S_0 で除した%表示。すなわち、$\phi = ((S_0 - S) / S_0) \times 100$。材料の延性値の 1 つであるが、脆化度をよく表す。

15	焼入性と溶接性	
15-1	焼入性	焼きの入りやすさ。数値的に表示するには、丸棒の鋼を加熱、円形の端面を水冷して、水冷端からの硬さ分布を測り、一定の硬さに達する深さなどで数値化する一端焼入方法（JIS G 0561）がある。焼入性のよい鋼は、水冷では割れる（**焼割れ**）ことがあり、油焼入れなど冷却速度の遅い方法がとられる。鋼の組成による焼入性は**炭素当量**で表す。焼入性を保証した構造用鋼材は H 鋼と呼ばれている。
15-2	溶接性	溶接は、局部加熱なので昇温も急速で、冷却も周りから熱を奪われるので急冷となる。この熱サイクルを受ける **HAZ** では、炭素量が多いほど焼きが入りやすくなるので、溶接性は悪くなる。つまり溶接性は**焼入性**と相反する。溶接構造用圧延鋼材（SM 材）は、溶接性を向上させるために炭素を低く抑え、強度が下がるのをマンガン（Mn）の増量で補う。SM 材が規格化された当初には、C や Mn に上限が定められていた。現行 JIS では、**炭素当量**という概念を用いて、合金元素の総和を規制している。これは SM 材だけでなく、600MPa 級以上の高張力鋼にも適用される。
16	炭素当量	
—	—	**焼入性**は、炭素が多いほど上がる。炭素以外の合金元素も焼入性を上げるものがあり、炭素を 1 としたときの寄与率を加算して炭素量に置き換えた数値を**炭素当量 C_{eq}** という。溶接用鋼の規格には溶接性を確保するために炭素当量の上限が定められる。
17	靭性（じんせい）	
—	—	金属分野では「ねばさ」ともいう。強度と延性を兼ね備えた性質のこと。「伸び」や「絞り」は**延性値**といわれるが、靭性は**付図 3** の曲線の破断までの面積に相当する値（エネルギー単位〔J〕）で表す。
18	シャルピー衝撃値（付図 4）	
—	—	靭性を数値化する試験方法として簡便なのがシャルピー衝撃試験（JIS Z 2242）。回転するハンマを一定の角度まで振り上げてロックし、ハンマ回転の最下点に切欠きのある試験片を置き、ロックを外しハンマが試験片を打撃・破断させて反対側に振り上がる角度を測定。ハンマの打撃前後の位置エネルギーの差がシャルピー衝撃値。これは、試験片の破壊エネルギーに相当するので、吸収エネルギーとも呼ばれる。試験時間が短く、試験片も小型なので、試験片を加熱あるいは冷却して、衝撃値と温度の関係が簡単に求められる。特にフェライト組織の多い低炭素鋼では、常温では大きな靭性を示しても、低温度で吸収エネルギーが急降下して脆い状態に移行する（付図 4）。この温度を延性・脆性遷移温度（T_{rE}）と呼び、特に溶接部では注意すべき項目である。

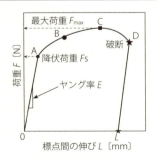

付図 3　引張試験の荷重・伸び線図

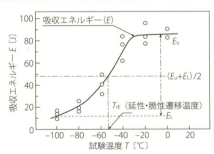

付図 4　延性・脆性遷移曲線

【付録A】——用語解説

19	脆性（ぜいせい）	
19-0	—	伸び、絞りが小さく、延性が極度に低下し、ほとんど変形せずに破壊する現象。この破壊形態を**脆性破壊**という。代表的な脆性体は陶磁器やガラス。一般に金属は脆性体ではないので特に脆性を示す現象に下記のような名前がある。
19-1	低温脆性	低温になると延性から脆性に遷移する特定の金属結晶に見られる脆化現象（付図4）。代表例は低炭素鋼。レールや車輪などの高炭素鋼でも生ずるが、炭素が多いほど脆くなるので、遷移温度の上下でのシャルピー衝撃値の落差が目立たなくなる。結晶構造が異なるオーステナイト・ステンレス鋼、アルミ合金、銅合金などにはこの現象はない。
19-2	水素脆性	鋼など、水素が内部に入ると脆くなる現象。水素脆化ともいう。電気めっきや酸で錆を落とす（酸洗）作業で水素が入る場合は、「めっき脆性」、「酸洗い脆性」の名がある。高強度鋼では極微量の水素でも破壊する**遅れ破壊**現象がある。
19-3	遅れ破壊	力が作用してから、数か月～数年後に脆性破壊する現象。高力ボルトの事例がよく知られる。使用環境での水の作用による腐食反応で入る微量水素が原因。鋼の高強度化の足かせになっている（11.2.2項参照）。
19-4	白点	高温で溶融している鋼には水素が溶け込みやすいが、冷却すると過飽和になり、水素はガスとなって非金属介在物周辺などに気泡やき裂を作る。これが起点となって、後に脆性破壊や疲労破壊を起こすと、破壊面の起点が白く見えるのでこの名がある。レールでは「シャッターき裂」（10.1.3項参照）と呼び、溶接部では「銀点」という。

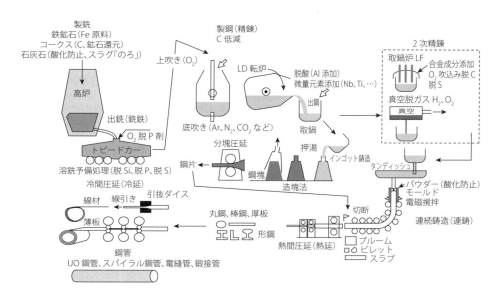

付図5 製鉄 ― 製鋼プロセス

20	製鉄と製鋼（付図5）	
20-1	錬鉄	1783年、イギリスのヘンリー・コートが発明。炭素が多く溶融温度が低い鉄を脱炭して、強度・靱性のバランスがよい鋼を造る方法。炭素の減少とともに溶融温度が上がり、当時の技術では溶融まで昇温できなかった。餅のように粘りのある半溶融鋼を棒で掻き回して（paddling）、空気に触れさせ炭素を酸化・脱炭させた。重労働を強いた。
20-2	高炉	鉄鉱石（酸化鉄）をコークスの燃焼でできる一酸化炭素で還元、同時に炭素が入り融点の低い**銑鉄**（せんてつ）にする炉。銑鉄は、溶融状態で**転炉**（平炉）の製鋼工程に供給（現在は輸送中にも予備製錬する）するほか、型に鋳込み**鋳鉄**の素材ともなる。
20-3	ベッセマー転炉 酸性転炉	1856年、イギリスのヘンリー・ベッセマーが発明。回転できる炉（転炉という）を用いて溶けた鉄に上から空気を吹き込み炭素の燃焼熱で昇温、脱炭する方法。初めての鋼量産プロセス。炉の耐火煉瓦が酸性で、有害なリンの除去ができず、リンの少ない鉱石に限定されるのが欠点。
20-4	トーマス転炉 塩基性転炉	1879年、イギリスのシドニイ・トーマスが発明。塩基性耐火煉瓦の使用で石灰石などリンを除去できる**スラグ**（低融点で軽く、溶鋼の上部に浮いて酸化防止や不純物除去反応を促進する補助剤。**鉱滓**ともいう）を使用。リンも燃料として昇温発熱に寄与するので、リンの多い鉄鉱石に限定される。
20-5	平炉	ドイツのジーメンス兄弟の発明したガラス溶解炉の蓄熱法を、1864年、フランスのピエール・マルタンが反射炉（高温に予熱した空気を平たい炉の天井に送り反射熱で鋼を溶かす）に応用。**ジーメンス・マルタン炉**ともいう。日本では**平炉**（Open Hearth Furnace、平らな火床炉、略して**OH**）という。炉材煉瓦には**酸性**も**塩基性**も適用可能、どちらの操業もあった。原料に制限がなく、スクラップなども投入できることから、1950年代まで製鋼法の主流。ただし製錬に6時間余りを要したので、1977（昭和52）年完全に姿を消し、現在は**LD転炉**が主流。
20-6	LD転炉 純酸素上吹転炉	従来の空気の代わりに、製造コストの安くなった酸素を吹き込む**純酸素上吹転炉**のこと。1952年、開発したオーストリアのリンツとドナウビッツ製鉄所 Linz と Donauwitz の頭文字をとって通称 **LD転炉**と呼ぶ（アメリカでは BO転炉：塩基性酸素 Basic Oxygen）。製錬時間が30分程度と平炉の1/10以下に短縮され、品質も向上。急速に世界中に普及。日本では1960年代後半（昭和40年代）以降、平炉を追い越し駆逐した。
20-7	電気炉	黒鉛電極を上蓋から炉中に挿入し、鋼原料（主にスクラップなど）との間に電圧をかけてアークを発生させ、その熱で溶解・製錬する炉。1900年、アルミの電解精錬法を開発したフランスのエルーが実用化に成功。**エルー式電気炉**ともいう。合金元素を含むスクラップの再生も可能なので、合金元素の多い特殊鋼製錬にも用いられる。
20-8	鋼塊 インゴット	溶かした鋼を鋳型に注入して凝固させたもの。鋳造でできる粗い結晶を砕いて細分する**分塊圧延**を経て**鋼塊**になる。この工程を**造塊法**という。
20-9	連続鋳造法	転炉から**鋼塊**に鋳造せず、いきなり連続的に凝固させて**鋼片**を製造する方法。鋳造機の上に取鍋（とりべ）からの溶鋼をプールするタンディッシュがあり、いくつかの堰（せき）を経て浮遊するスラグなどを除去。空気を遮断した管を介して底のない鋳型（最初だけはダミーバーという底がある）に鋳造。水冷して凝固させ、下方へローラを通して連続的に**鋼片**を製造する方法。凝固時に電磁撹拌を行い分塊圧延が不要になる。広い造塊場も不要。垂直に鋳込むので天井が高くなるが、熱いうちにローラで横に寝かせて移動、一定長さに切断し**鋼片**にする。

【付録A】——用語解説

20-10	鋼片	造塊法では分塊圧延後、連続鋳造法では凝固後できる中間製品を鋼片という。目的によって形状が異なり、鍛造品・条鋼・形鋼・線材なら角形断面で、小さいものはビレット、大きいものはブルーム、板向けには平べったいスラブ、ほかに鋼管向けなどがある。
20-11	リムド鋼	鋳型内で炭素と酸素が反応して一酸化炭素ガスが発生。溶鋼が沸騰するように撹拌されるリミングアクションを生じながら凝固した鋼。表面層は気泡があるが清浄で、最終凝固する中心部に非金属介在物を含む濃厚な偏析がある。
20-12	キルド鋼	ケイ素やアルミなど酸化しやすい脱酸剤を加えて、リミングアクションを抑え (kill)、凝固させた鋼。鋼塊では、最終凝固する中心が収縮するため上部に凹み（引け）が生じ、これを切り捨てるために歩留まり（鋼塊の使用可能割合）が悪くなる。「引け」を製品に残さないよう、鋼塊の上部に不足分の溶鋼を蓄える筒（押湯＝Hot Top）を設けるホットトップ法が工夫された。
20-13	セミキルド鋼	脱酸材を少なめにして、歩留まりを上げた半キルド鋼。
20-14	偏析	いくつかの元素からなる合金を溶解して製造すると、液体のときはすべてが同じ組成（元素比率）でも、凝固時に特定の組成をもつ結晶構造（相という）に分かれる。鋼中の炭素はセメンタイトという相になり、0.3%炭素鋼でも局部的には6.7%という高濃度になる。ただしこれを偏析とはいわない。しかしマンガンなどは少量の場合、凝固時に融点の高い鉄が凝固を始めると、残りの溶融鋼のマンガンの割合が高くなり、鋼塊中心部の最終凝固部分ではマンガンとともにリンや硫黄など不純物が多くなる。これを偏析という。圧延すると金太郎飴のように伸びるだけで偏析部は残り、熱処理などで消滅させることは困難である。
20-15	真空脱ガス処理	溶鋼中には、酸素、水素などガス成分が含まれており、酸素は凝固時に非金属介在物を生成、水素は脆化を引き起こす。これらの有害なガス成分を抜くために、取鍋（とりべ）の溶鋼を減圧した容器に吸い上げ、脱ガスする方法。2次精錬、取鍋精錬ともいわれた。日本では1960年代に導入。軸受鋼はこの処理法の採用により清浄度（27-2）が著しく向上し、軸受使用寿命の延伸に貢献した。
21	**鋳鉄** （付図6）	
21-0	—	炭素量2〜4%の鉄合金で融点が低いため古代から用いられてきた。鋼に比べて脆いのが欠点であるが、鋳造で複雑な形状の製品ができるのが特徴。ケイ素(Si)添加や冷却速度で母地の組織をフェライトやパーライトに調製する。種別の分類は主に黒鉛形状（付図6）による。**高炉**で造られる**銑鉄**を原料にして**キュポラ**と呼ばれる縦型炉で再溶解し精錬する。炭素量2%未満は、**鋳鋼**という。
21-1	片状黒鉛鋳鉄 ねずみ鋳鉄（JIS）	凝固時にできる黒鉛（グラファイト）の形状がバラの花びらのようになり、切断面で見ると片状に見える（付図6-I）。JIS G 5501では**ねずみ鋳鉄**（鋳造試験片を割った破面がねずみ色）と規定されている。強度の低いグレードは**普通鋳鉄**ともいうが、高強度になると高級鋳鉄になる。
21-2	球状黒鉛鋳鉄	バラの花を密にして玉葱のような球状に黒鉛を析出させた鋳鉄。き裂のような片状に比べて**応力集中**が小さく、靱性が向上する。**ダクタイル鋳鉄**ともいう（付図6-III）。
21-3	CV黒鉛鋳鉄	片状黒鉛が微細化するが球状までには至らない芋虫（Compacted Vermicular）状の鋳鉄（付図6-II）。
21-4	ミーハナイト鋳鉄	高級ねずみ鋳鉄の1つで、黒鉛の微細化、母地の改良などのミーハナイト製法により高強度・強靱化が達成される。1931年、米国のミーハンが最初の特許を得た。

21-5	白鋳鉄 チル	黒鉛ではなく**セメンタイト**が出たもので、鋳造試験片を割った破面が白く見えることからこう呼ばれる。ケイ素（Si）が少ない場合や、金型や薄肉部で急冷されると出やすい。本文 3.2.2 項に述べられているように、明治末期の車輪仕様書には、「チルド鋳物」車輪があり、摩耗部分を金型で急冷し白鋳鉄（**チル** -chill、冷やす）化して硬くする例もあった。**チル深さ**とは、白鋳鉄化した表層の深さをいう。硬く脆いので一般の製品には向かない。
22	鋼の熱処理	
22-1	焼入れ	炭素量に応じた焼入温度（オーステナイト相）から急冷（Quench）して、硬い**マルテンサイト**にする操作。結晶構造が変わるので**マルテンサイト変態**という。一般に、低炭素鋼では水冷、炭素が多くなると焼入性が高くなり、熱によるひずみで**焼割れ**を生じやすくなるので、冷却速度の遅い油冷が用いられる。
22-2	焼戻し	焼入れ後再加熱して、**マルテンサイト**から**フェライト**と**セメンタイト**の組織に焼き戻す操作（Temper）。**焼入焼戻し**は一連の熱処理で、**QT** と略される。焼戻温度が高いほど、強度は下がるが靱性は向上するので、目的に応じて焼戻温度を決定する。
22-3	スラッククエンチ	焼入れ方法の 1 つで、**マルテンサイト**を生成しないように冷却速度を抑制した操作。噴霧冷却、圧縮した空気を吹き付けるなどの方法がある。緩徐焼入れともいう (Slack Quench：略して SQ)。組織は細かい**パーライト**になる（図 10.11 参照）。
22-4	焼ならし	鋳造や高温での加工で生じた粗い結晶を、**オーステナイト**温度まで再加熱し、空冷して結晶を細かくし機械的性質を改善する処理。
22-5	焼なまし 焼鈍	目的により、いろいろな処理方法がある。たとえば、冷間加工で硬化した結晶を再加熱で軟化（再結晶）させる**軟化焼なまし**、溶接後の残留応力を低減する応力除去焼なまし（SR 処理：Stress Relieving）、**層状パーライト**を球状化する**球状化焼なまし**など。
22-6	球状化焼なまし	焼なましの 1 つ。**層状パーライト**の構成要素である**セメンタイト**は硬く脆い。セメンタイトを微細にして球状化すると強度と靱性がともに向上する。高炭素クロム軸受鋼材では、切削を容易にし、焼入焼戻し後に良好な耐疲労性を得るためにクロム炭化物の球状化焼きなましを施す。SUJ2 では、780～810℃に十分な時間保持したあと 600℃まで徐冷すると、クロム炭化物が平均直径 0.4～0.5 μm の球状になる。
22-7	水靱処理	マンガン・クロッシングに用いられる高マンガン鋳鋼（ハドフィールド鋼）はオーステナイト鋼の 1 つであるが、鋳造のままでは組織も組成も均一ではなく、再加熱して完全オーステナイトにしてから水冷すると、靱性が向上する。
22-8	オーステンパー	焼入れして**マルテンサイト**が生ずる温度（合金によって異なるが、**Ms 点**という）の直上で冷却を止め、その温度で一定に保つ処理。その温度で融解した鉛や塩類の浴に焼き入れる。**恒温変態**ともいう。焼戻しが不要で高強度・高靱性の**ベイナイト**が得られる。

Ⅰ

Ⅱ

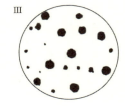
Ⅲ

付図 6　鋳鉄の黒鉛形状

【付録A】——用語解説

23	金属組織検査	(付図7)
23-1	顕微鏡組織	正確には、**光学顕微鏡組織**、**ミクロ（マイクロ）組織**、あるいは単に**組織**ともいう。試料は鏡のように磨いて（鏡面研磨）、合金に応じた腐食液で研磨面を腐食（エッチング）すると、結晶粒や相によって腐食の度合いが違い模様が見える。これを反射式顕微鏡で観察した組織。付図7（左）炭素鋼S40Cの組織：白がフェライト、黒がパーライト、付図7（右）はねずみ鋳鉄の組織：地はパーライト、線状に見えるのは片状黒鉛。
23-2	マクロ組織	鏡面研磨面を希塩酸などで腐食して、肉眼で見える模様。偏析、圧延で伸びた偏析帯や介在物、圧延、鍛造などの塑性変形の**流れ（フロー）**が見られる。図10.10はレール頭部の偏析、き裂の例。
23-3	サルファープリント	研磨面に希硫酸に浸した写真用印画紙を当てると、鋼中の不純物（FeS、MnSなど硫化物）と反応し、硫化水素が発生、印画紙の銀を硫化銀に変えて着色する。**マクロ組織**と異なり、硫黄Sの偏析、硫化物系介在物が判別できる。近年の国内の製鋼技術向上により脱硫が進歩し、この検査法を用いることは少なくなった。ただし輸入鋼材には**清浄度**のよくない例もある。
24	（相）変態	
—	—	相（phase）とは、組成や温度など一定の条件の下でエネルギー的に安定した状態をいう。大きくは気相、液相、固相がある。気相は温度だけでなく圧力が状態を変えるが金属ではその寄与は小さいので特例以外には扱わない。液相は合金元素が自由な比率で混じり合う。固相では自由組成は特例（金一銀など）を除いてなく、いくつかの相に分離する。母金属の結晶構造に合金元素がある場合の**固溶体**相、固溶体と化合物あるいは別々の固溶体同士が同時析出して安定化する**共晶**（液相→固相）・**共析**（固相→固相）、などがそれである。温度が変化して相が変化することを**相変態**、あるいは単に**変態**という。組成と温度で相の安定領域を示した図を相図（Phase diagram）あるいは**状態図**という。相の境界が変態点（組成と温度）である。付図8は鉄—炭素合金の状態図である。
25	鋼の組織	(付図8)
25-1	フェライト（相）	ほぼ純鉄でそれ自体単独では軟らかい。含有できる炭素量は極微で常温では0に近い。付図8では900℃以下で縦軸に沿ったわずかな領域。
25-2	セメンタイト（相）	鉄と炭素の化合物（Fe_3C）。鉄に対する炭素の質量比率は6.7％。付図8の右端(5%)より右外にある。非常に硬く脆い。
25-3	パーライト（相）	**フェライト＋セメンタイト**の混合組織。オーステナイトから冷却する場合、付図8に見られるように、炭素量は約0.8%、温度は約730℃と決まった点で両者が同時に析出するので、「共析相」として扱う。サンドイッチのように交互に重なった**層状パーライト**（図10.11はある断面で切ってみた写真、層間が狭い場合は微細パーライトという）となる。特殊な処理でセメンタイトが球状の場合は**球状パーライト**という。

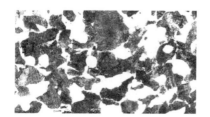 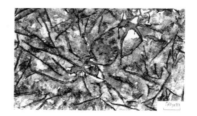

付図7　顕微鏡組織（左：炭素鋼S40C、右：ねずみ鋳鉄）

25-4	マルテンサイト（相）	フェライトに炭素を無理矢理詰め込んだような結晶。針状組織とか笹の葉のような組織といわれる。オーステナイトから急冷や応力誘起で生ずる。硬くて脆い。合金によって異なるが、一定の温度（Ms点という）以下に急冷すると生ずる。付図8はゆっくりと冷却して原子が安定に移動できる状態の平衡状態図で、急冷により生成するマルテンサイトのような無拡散変態相は示されない。
25-5	焼戻マルテンサイト	鋼の焼入焼戻組織。マルテンサイトから、過剰になった炭素が見かけはマルテンサイトの形態を残しながら鉄炭化物（最終的にはセメンタイトになる）になって析出した組織。焼戻温度が高くなるほど、焼入れのひずみが解消され、軟化する。軸受や歯車など硬さが必要な場合は、低い温度（120～200℃）での「低温焼戻し」、ばね、ボルト、車輪など強度部材では400～650℃の「高温焼戻し」を行う。
25-6	ベイナイト（相）	**オーステンパー**で生ずる組織。見かけはマルテンサイトのような針状組織であるが、**フェライト**と**セメンタイト**の混合で「中間組織」ともいわれる。強度もあり靭性もあり、焼戻処理は不要。ただし組織安定には長時間が必要で、肉の薄い形状でないと適用できない。恒温処理でなく、**スラッククエンチ**でも表面だけなら生成する。レール頭部や車輪踏面の摩擦面近傍だけをベイナイト化する方式が実用化されている。**オーステンパー鋳鉄**も摩耗部材に実用化されている。
25-7	オーステナイト（相）	オーステナイトは、鋼の結晶構造の1つで、付図8に示すように、炭素鋼では約730℃以上の高温で存在し、炭素2％付近まで固溶するが、フェライトには炭素がほとんど固溶せず、冷却すると炭素はセメンタイトになってフェライトと共存する共析相となる。CrやNiの多い高合金のステンレス鋼や分岐器のクロッシングに用いられる高マンガン鋼では常温でもオーステナイトで、焼入れてもマルテンサイトにはならないが、高マンガン鋼など応力（圧力）をかけるとマルテンサイトになる例もある。
25-8	残留オーステナイト	焼入れの際、マルテンサイトにならず、オーステナイトのまま残ったもの。特にMs点の低い高炭素鋼や合金鋼では残留しやすい。軟質の残留オーステナイトを残し応力集中を緩和する軸受の例もあるが、後に遅れてマルテンサイトに変態すると製品の狂いを生ずるので、精密部品などでは必要に応じて焼入れ後、ドライアイスなど冷媒を用いてさらに0℃以下の低温に冷却してマルテンサイトへの変態を促進する**サブゼロ処理**を行う。

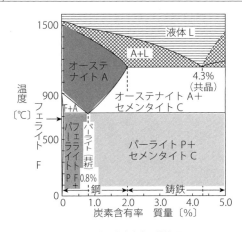

付図8　鉄—炭素合金の状態図

【付録 A】──用語解説

26	オーステナイト結晶粒	
—	—	高温のオーステナイト組織から焼き入れると、マルテンサイトはオーステナイト結晶粒の内部で生成するので、焼戻マルテンサイト組織には元のオーステナイト結晶粒の痕跡（旧オーステナイト結晶粒界という）が残る。元のオーステナイト結晶粒が小さいほど、焼戻マルテンサイト組織の靱性が向上する。
27	鋼材欠陥	
27-1	非金属介在物	**スラグ**（主成分 Ca）の残存物、浮上分離するスラグに捕獲されなかった脱酸生成物（MnS、SiO$_2$、Al$_2$O$_3$、TiO など、金属元素の酸化物、硫化物など、非金属的性質の化合物）が、金属組織の母地と強く結合せずに介在しているもの。単に「**介在物**」とも略される。
27-2	清浄度	鋼中に含まれる非金属介在物の度合い。顕微鏡で一定倍率視野に一定間隔の縦横の格子を設け、測定視野の格子点数に対して介在物に掛かっている格子点数の％で表す。
27-3	地きず	圧延鋼材の圧延方向切削断面に肉眼で観察できる細い線きずのこと。圧延方向に延ばされた気泡や大きな非金属介在物に起因している。
28	加工硬化	
—	—	金属を冷間加工すると硬くなること。付図 3 で、降伏点 A を過ぎて塑性変形領域 B になると、曲線が上昇するのは、金属の変形抵抗が増大（硬化）することを示している。
29	成形加工	
29-1	熱間加工	金属を高温で成形すること。正確には**再結晶温度**以上での圧延・鍛造などの加工をいう。
29-2	冷間加工	金属を加熱なしで成形すること。常温での加工でも発熱する場合は水冷しながら加工する。
29-3	圧延	ローラを通して断面を減少させる加工。ロール方向に延ばされ、幅方向には広がらない。平板なら平行なローラ、レールなど条鋼では、上下とも断面形状を少しずつ変えた溝のあるローラを何段階か通して製品にする（孔型圧延）。ねじ転造では、ねじピッチが 1/3 ずつずれた 3 つのローラの中心に丸棒を通す方式、ねじピッチ角に斜めの溝のある板に挟んでもみ上げる方式などがある。「塑性変形は体積が変わらない」という原則から、断面が 1/2 になると長さが 2 倍になる。多段式圧延機では、後段にいくほど速度が速くなる。
29-4	鍛造	空気圧や油圧のハンマで叩いて、素材の粗い組織を微細化しながら成形する。手作業で行う自由鍛造、量産向きには、所要の型（ダイス）に押し込み圧縮する「型鍛造」がある。
29-5	引抜	ダイスの出口が所定の断面形状の孔で、入口から入った材料を出口側から引き抜き成形する加工。線材の場合は、出口が狭い円すい孔のあるダイスを次第に小さくしながら何段階かで所定の径にする冷間加工（**線引き**という）。線径が細くなるほど加工硬化するので、途中で中間焼なましを行うこともある。一般に細い線材ほど強度が高い。そのほか、パイプ、型材なども引抜加工法がある。
29-6	押出	引抜と同様にダイスを通して加工するが、この場合は、加熱した素材を入口側からピストンで押し込み成形する加工法。アルミ合金のパイプ、型材（サッシなど）、車両構体など、中抜きのある複雑な断面形状の熱間成形に広く用いられている。中抜き形状は、入口でいくつかに分流させた素材を出口付近で圧接して合流させる複雑なダイスを用いて造る。

30	硬さ (付図9)	
30-1	—	硬さとは、塑性変形の抵抗を表す指標である。以下の各種硬さがあり、JISの表記は硬さの数値の後に種別記号を書く。最近はコンピュータ内蔵の自動式試験機となっている。
30-2	ショア硬さ HS	反発硬さ試験機の測定値。硬いハンマを垂直に自由落下させ、試料表面で反発し失ったエネルギーを硬さに換算する。古い試験器は垂直方向しか測定できないが、ばねで鋼球をはじき、反発前後の速度差から各種硬さ値に換算表示するポータブル試験器は、いろいろな姿勢での試験が可能で現場向き。ショア以外の硬さの換算表示もできる。
30-3	ブリネル硬さ HB	押込み硬さの1つ。5ないし10mm直径の鋼球あるいは超硬合金球の圧子を29.4MN（3トン）の荷重で供試体に押し込み、できた凹み（圧痕）の直径から硬さに換算する。荷重が大きいため凹みも大きく、グラインダ研磨面で測定できるため制動輪子など実体試料の定置式試験向き。
30-4	ロックウェル硬さ HR	押込み硬さの1つであるが、押し込み深さを硬さに換算する。圧子にダイヤモンド円すい、鋼球あるいは超硬合金球があり、対象材料により荷重との組合せ（スケール）が幾通りかある（付図9）。表記はスケールを明示する。数値が同じでもスケールが異なれば硬さは異なる。たとえば、Cスケールの最小値、20 HRCは、Bスケールでは約 98 HRB に相当する。HRC は鋼など硬い材料、HRB はアルミ合金など軟らかい材料に用いられる。
30-5	ビッカース硬さ HV	押込み硬さの1つ。鏡面研磨した試料面に正四角錐のダイヤモンド圧子を押し込み、顕微鏡で圧痕の対角線の平均値を求め硬さに換算する。数値はブリネルと同様に荷重を圧痕の表面積で割った値なので、両者は比較的近い数値である。試験力により圧痕の大きさが変えられるので、ロックウェルと違い、軟質から硬質材料まで広範囲に統一した数値で測定できる。旧来の試験機は、重錘（単位kg）により梃子を介して負荷したので、硬さのJIS表記には重錘の質量単位が残っている。たとえば、ビッカース硬さ 300 は、[300 HV5]、[300HV0.3] などと表記する。前者は重錘質量 5kg（試験力49N）、後者は 0.3kg（同 2.9N）である。重錘1kg未満は「マイクロビッカース硬さ Hv」と試験機が区別されたこともあったが、試験力で硬さ値が変わることはないので現在は HV で統一されている。0.1kg 以下になると、圧痕の大きさが結晶粒程度になり、パーライトやフェライトなど「相」特有の硬さが測定される。データのほとんどは試験力を示さずに、300HV や HV300（JIS表記に則らない）などと書かれている。

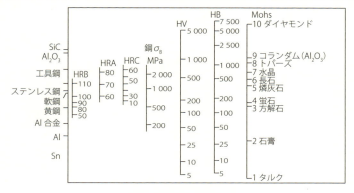

付図9　いろいろな硬さ値の比較

【付録A】──用語解説

31	ISO 規格	
—	—	国際標準化機構（International Standard Organization）規格のこと。工業分野の国際的な標準である国際規格を策定するための機関で、技術分野ごとに設けられた技術委員会（Technical Committee、TC）で国際標準の審議、策定を行う。車輪関係は TC17 のなかで行われ、該当する一体車輪の品質規格は ISO 1005-6。
32	粘着（車輪／レール）（付図10）	
32-1	接線力	車輪／レール間に働く摩擦力で、車輪とレールにはそれぞれ逆向きに作用する。付図10 に示すように、**力行**（車輪がモータなどで駆動されている状態）時に車輪では列車進行方向（これがトルクとしてけん引力となる）、制動時には逆向きに働いて制動力となる。
32-2	摩擦係数	付図10 で、上にある物体を動かす力（摩擦力）f の垂直力 N に対する比 μ、($\mu=f/N$) を摩擦係数という。すべり運動では**すべり摩擦係数**、転がり運動のときは**転がり摩擦係数**と呼ぶ。それぞれ静止状態から動き始めるときが大きく、動き出すと小さくなる。
32-3	粘着係数	鉄道では、車輪とレールの転がり摩擦力を**接線力**、転がり摩擦係数を**接線力係数**（接線力の輪重に対する比）という。けん引力（接線力）よりモータのトルクが過大になると空転を生じ、ブレーキが効き過ぎると滑走を起こすので、接線力には限界がある。空転や滑走を生ずる限界接線力係数を鉄道では**粘着係数**、このときの接線力を粘着力と呼ぶ。降雨などで水が介在すると粘着係数が低下し空転、滑走を起こす。
34	電気協会関西支部	
—	—	1921（大正10）年に、日本電気協会、中央電気協会および九州電気協会が聯合して、社団法人電気協会が設立された。それに伴い、それまでの中央電気協会が解散して新たに発足したのが、社団法人電気協会関西支部。そこには、主として関西の電力会社、電灯会社、鉄道会社などが参加し、1926年の電気大博覧会などのイベント開催、電気計器試験業務、電気機器試験業務、電気技術者養成事業、調査出版事業などを行った。鉄道会社が会員となったのは、当時、鉄道会社は多くの変電所と配電網を持って、電灯電力供給事業を行っていたため。第二次世界大戦が勃発すると活動は停滞し、1943年の支部総会を最後にほとんど立ち消えの状態となった。

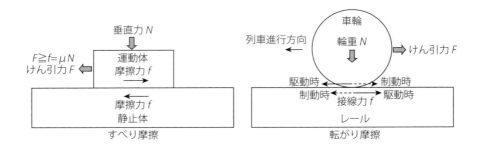

付図10　すべり摩擦と転がり摩擦

35	表面硬化	
35-0	—	金属は硬くなると（高強度になると）脆くなる性質がある。摩耗や疲労などの表面現象に対して、必要な表面部分を硬化し、内部は靱性のある状態に保つ処理。
35-1	高周波焼入れ	電磁誘導加熱（原理は電子レンジと同じ）による焼入れ。品物を高周波電流用のコイルで囲むか、あるいは近づけると、金属内に誘導電流（渦電流）が流れ発熱する。周波数が高いほど誘導電流は表層近くに流れる。表面焼入れでは部品の大きさ、焼入深さに応じて数 kHz 〜数 100kHz の周波数が選ばれる（4.2.2 項「高周波焼入車軸」、7.2 節「歯車」参照）。
35-2	浸炭焼入れ	浸炭とは、低炭素鋼の表面層の炭素量を増加させるため、浸炭剤中で加熱し炭素を内部に侵入させる操作のこと。浸炭剤の種類によって固体浸炭、液体浸炭およびガス浸炭に分けられる。軸受は一般的にガス浸炭。浸炭した鋼は焼入焼戻しを施すと、表層だけ硬さや疲労強度が向上し、内部は焼きが十分入らず靱性が保たれる。この処理を**肌焼き**ともいう。
35-3	有効硬化層深さ	JIS G 0557 で鋼の浸炭硬化層深さの測定法が決められており、焼入硬さが 550HV 以上の深さをいう。この深さは断面の深さ方向硬さ分布から読み取ることができる。
35-4	肌焼鋼	低炭素鋼および低炭素合金鋼で浸炭焼入れを目的とした鋼のこと。
36	非破壊検査	
36-0	—	製品検査、構造物検査など破壊検査ができない場合の検査法。簡単な目視検査、打音検査から応力測定、焼入深さなど、いろいろ応用はあるが、以下では欠陥検査（探傷法）を解説する。
36-1	超音波探傷	人の耳に聞こえない周波数20kHz以上の音域が超音波。指向性が強くエネルギーが集中したビームとなるので、金属内部に断続的パルスとして発信すると欠陥など異質な場所でエコーが返ってくる。試験体にグリース状の媒体あるいは水などを介して探触子（発信・受信のセンサ）を接触させ、動かしながら欠陥を探る。エコーの時間差で欠陥の深さ（位置）がわかる。鉄道ではレール（探傷車にも装備）や車軸の探傷などに普及している。医療でも副作用のないことから広く用いられている。
36-2	X線透過	レントゲンが発見したときは、まず医療分野の利用から始まったが、金属でも鋳造欠陥の検査などに用いられるようになった。医療と同様、CT画像（Computed Tomography）処理も可能。X線は波長が短いので回折現象（結晶構造による反射、屈折）を用いて結晶構造の解析、応力解析にも用いられるが、これは非破壊検査の範疇ではない。
36-3	渦電流探傷	金属表面に交流の電磁コイルを近づけると、金属にはコイルの磁束変化に抗するように誘導電流（渦電流）が発生し、その反発磁界でコイルのインピーダンスが変わる。これは表面での欠陥や材質変化（たとえば溶接金属）に敏感に応答が早い。レール探傷車での溶接部検知、欠陥検知などに用いられている。
36-4	磁粉探傷	鋼など磁性体の表面に開口した傷を挟んで磁石を当てると、きずから磁束が外に漏れ出す。ここに着色あるいは蛍光塗装した磁粉をアルコールなどに含ませて撒くと、きずの周りに磁粉が集まりきずが見えるようになる。蛍光磁粉では暗室で紫外線ランプを当てると発光する。
36-5	浸透探傷	現場向きの簡単な探傷法。検査部分をクリーナで脱脂・洗浄、赤い浸透液をスプレー、再度クリーナで表面の赤を拭き取る、最後に白い現像液を軽くスプレーすると、きずに浸透した赤が染み出してきずを示す。「レッドチェック」ともいわれる。

【付録 A】──用語解説

37	疲労強度、疲れ強さ	
37-0	—	車輪、レール、車軸など、変動荷重を受ける部材は、応力が降伏点以下でもダメージを受け、欠陥など応力集中の起きる場所から疲労き裂が発生する。実験室で 1 000 万回（10^7）繰り返して破壊しない**応力振幅**（最大応力と平均応力の差）を**疲労限度**と決め、**疲労強度**あるいは**疲れ強さ**とする。実際は応力波形が単純な正弦波ではなく、複雑波形で 10 億回（10^9：G）以上でも破壊することがあり、「ギガサイクル疲労」という。
37-1	S-N 線図	縦軸に応力振幅 S、横軸に対数目盛で繰返し数 N をとり、破壊した点を描いた図。鋼では、10^7 回以下で破壊しなくなる疲労限度が現れるので 10^7 回で試験を打ち切る。他の合金では疲労限度は現れないが、試験時間が長くなるので打ち切り、打切り応力の下限を**疲労強さ**とする。
37-2	転がり疲れ 転動疲労	軸受、歯車、車輪／レールなど転がり接触をする 2 物体の接触面に発生する表面の疲労はく離現象。転がり接触では、接触面下に最大のせん断応力が現れ、軸受をはじめ高強度材ではこの応力の繰り返しにより表面下に転がり疲れき裂が生じ表面のはく離に至ることがある。鋼中の非金属介在物は、転がり疲れき裂の発生を促す。一方、歯車などの軟質材では、接触による表面の塑性変形が転がり疲れき裂の起点になることがある。
37-3	衝撃疲労 衝撃疲れ	レール継目、車輪フラットなど打撃力の影響で発生する場合の疲労損傷。
38	フレッティング	
	—	機械的に接合した部分に微小なずれが繰り返し生ずる現象。微小な摩耗粉が発生して外気に触れると硬い酸化物になり、鋼の場合、赤さびとして見える。これを**フレッティング・コロージョン**という。この粒子が接触面を荒し、き裂が発生する場合が、**フレッティング疲労**または**フレッティング疲れ**（4.2.4 項参照）である。
39	肉盛、盛金	
	—	溶接の技法を使って、車輪やレールの空転傷など局部摩耗部に溶融金属を盛って補修したり、土木工具の摩耗対策に硬い金属を盛る（ハードフェシング）ことをいう。
40	ライニング	
	—	表面被覆の一種で、被膜厚さが 0.4mm 以上を総称していう。製法としては台座金属に、目的に応じた材料を肉盛り、溶射、クラッドなどで貼り付ける。溶射とは、合金粉やセラミックス粒子を溶融してジェットガンで吹き付け、表面で衝突し冷却され潰れた粒子が重なり層を形成する方法。クラッドは圧延などで圧着させる方法。ディスクブレーキの制輪子はこの製法を用いるので「ライニング」と呼ばれる。
41	銅合金鋳物（JIS H 5120）	
41-1	青銅	銅（Cu）と 2 〜 11％の錫（Sn）を基本成分にした合金。ブロンズともいう。鋳造性が良く、美しい鋳肌で被削性がよいので、屋外の銅像など美術品にも用いられる。錫の含有量によって耐圧性や耐食性、耐摩耗性など機械的な性質が変わるが、おおむね一般の機械部品として良好な性質を持つ。名の由来は表層の錆が青いある。これが内部への腐食を防止するため古代の鋳造品が今に残る。
41-2	黄銅	銅(Cu)と亜鉛(Zn)との合金で真鍮（Brass）ともいう。金属自体が黄金色で、金(Au)の模造装飾品などにも用いられる。一般機械部品には強度は低いが延性のある 30％Zn の 7-3 黄銅系（CAC202）、強度が高い 40％Zn の 6-4 黄銅系（CAC203）がある。高力黄銅（CAC301 〜 304）は、基本成分 22 〜 42％Zn に、マンガン（Mn）、鉄（Fe）、アルミニウム（Al）などを添加し強化、耐摩耗性が良好。軸受保持器をはじめ、耐摩耗性が必要な機械部品に使われる。

41-3	砲金	主な合金成分は、Sn 9 ～ 11% で青銅の一種。昔、大砲の鋳造に使われたのが由来。JIS にはこの名はないが、青銅鋳物 3 種（CAC403）が相当、鋳造性を改善するため 2% 内外の亜鉛が加えられている。靭性があり腐食し難く、船舶や機械部品に適している。
41-4	ベルメタル 鐘銅	主な合金成分は、Sn 18 ～ 23% で青銅の一種。ベルブロンズともいう。欧州の教会などの鐘に用いられたのでこの名がある。錫の含有量が多いため耐摩耗性は良好ではなく、摩擦材としては青銅には及ばない。
41-5	鉛青銅	Sn を 6% 以上含む青銅に鉛（Pb）を 4 ～ 22% と比較的多く加えた合金。衝撃や疲労強度、耐圧力、高温強度、相手材との耐焼付き性やなじみ性など良好。高荷重下の高速用滑り軸受に適してる。鉛青銅 4 種（CAC604）はホワイトメタルの軸受金に使われる。
42	**ショットブラスト**	
42-0	—	微細な研磨材を空気で金属表面に吹き付け、研磨・表面加工する処理の総称。
42-1	サンドブラスト	砂粒を圧縮空気で吹き付け、熱間圧延・鍛造、熱処理などの酸化皮膜を除去する方法。塗装、めっきなどの下地処理にも用いる。砂粒だけでなく、鋼の削りくず、ガラスビーズなども用いられる。
42-2	ショットピーニング	ピーニングとは叩くという意味。研磨というより表面加工の一種。微小な硬球（鋼やセラミックス）などを吹き付ける処理。表面を荒し塗装の付着性をよくする下地処理は、「ソフトショット」という。大きめの鋼球を強く高速で吹き付け、表面を加工硬化すると同時に、圧縮残留応力を与える処理を「ハードショット」という。浸炭硬化歯車の歯底などに応用されている。
43	**電食**	
43-1	軌道	直流区間の車両から変電所へ返る電流が、レールから外へ漏れて、線路付近の地下埋設金属管などを経由することがある。電流が漏れ出す場所は陽極となり、金属がイオンになって溶け出す。これを電気化学的腐食の意味の**電食**という。レールの裏のタイプレート接触部、レール足の締結部など減肉する。埋設管ではレールへ再び戻る箇所で腐食が起き、パイプに孔があきガスや水が漏れる危険性がある。特にトンネルなど湿潤な区間では、電流帰線を別に設けるなど対策されている。絶縁性のあるコンクリートまくらぎやタイパッドが普及して問題は低減した。
43-2	車両	帰電流だけでなく、モータから生ずる誘導電流がモータ軸から軸受や歯車の接触部を経由すると、潤滑油膜を通して小さなアークを生じ、接触面にあばた状の表面損傷を起こす現象。直流・交流の区別なく起きる。この対策として、主電動機の軸受にセラミックスを用いて絶縁したり、ギヤケースから車軸の摺動リングにブラシを介して電流をバイパスする接地装置が付けられている。
44	**交流き電方式**	
44-1	BT き電方式	交流は車両に変圧器を置けば高電圧き電が可能で、変電所間隔を長くしたりコスト面のメリットがあるが、通信障害を起こす問題がある。そこで、トロリ線と「き電線」（トロリ線と逆位相）を電柱の近くに平行させ対策とした、吸上変圧器（ブースタ・トランス、**BT**）を用いたき電方式。それは一定間隔でトロリ線を切り、電流は BT の 1 次コイルを通り隣の車両のある区間に接続される。ここを**ブースターセクション**という。車両からの帰電流はレールを通ってここで BT の 2 次コイルで「き電線」に吸い上げらる仕組み。しかし、このセクションでパンタグラフにアークが発生。車両側でパンタ間を接続することも適わなかった。

【付録 A】──用語解説

44-2	AT き電方式	トロリ線をセクションで切らないき電方式。1970 年代から新幹線（山陽、上越、東北など）にも導入。1 つのコイルで 1 次側と 2 次側を兼ねる単巻変圧器（オートトランス：AutoTransformer、auto は自動というよりは self の意味）の一端（1 次側）をトロリ線に、他端（2 次側）をき電線に接続し、コイルの中央タップをレール（アース）に結ぶ。車両がトロリ線から集電し、レールに流れると電流は 2 次側に吸い上げられ「き電線」に流れる仕組み。AT は 10km ごとに置かれ、トロリ線とレール間は 25kV、トロリ線とき電線間に 50kV の送電ができる。列車のない区間のレールには電流が流れない。
45	**摩耗**（付図 11）	
45-1	アブレシブ摩耗	接触 2 面の凹凸が互いに機械的に破壊し摩耗粉（切削粉）になるか、砂など外からの粒子が介在し研磨材となり摩耗する機構。潤滑はかえって摩耗を激しくすることがある。摩擦面温度が上がると凹凸が軟化するために摩擦係数が下がる。
45-2	凝着摩耗	接触 2 面の凹凸で互いに融着・合金化し、一方の側に移着したり、ちぎれて摩耗粉になる機構。同一金属同士（ともがね）は合金化しやすく摩耗が激しくなる。潤滑は融着を防ぎ、摩耗粉排出を促すので摩耗を低減する効果がある。
45-3	腐食摩耗	腐食環境では錆の生成とはく離（新生面接触）の繰り返しで摩耗が進行する。
45-4	アーク溶損	集電材料では、離線が起きるとアークが発生して激しい溶融が起きる。
46	**複合材料**	
—	—	軽量材料を強化するため、母地に高強度繊維あるいは織布を複合した材料。金属の強度は等方的であるのに対して、繊維方向には強いが、それと直角方向には母地の強度しかない異方性がある。
46-1	GFRP	Glass Fiber Reinforced Plastics：ガラス繊維で強化したプラスチックス。耐食性があり小型船体、車両前面など構造体にも多用されてきたが、廃却するときの処理が問題。
46-2	CFRP	Carbon Fiber Reinforced Plastics：炭素繊維で強化したプラスチックス。炭素繊維が高価な時代は航空機やレーシングカーなど用途が限られていたが、価格が市場に見合うようになって、構造体、機械部品（電車の自在継手など）にも適用が増えた。ガラスと違ってリサイクル処理が容易になった。
46-3	CC コンポジット	Carbon（fiber）—Carbon（matrix）Composit：炭素繊維で編んだプリフォーム（あらかじめ繊維で骨格を作る）にグラファイト粒子を含浸させて高温で加圧成型（ホットプレス）した複合材料。CFRP に比べて抜群の耐熱性がある。高価だったので宇宙船などと用途が限られていたが、近年廉価製品が出てきてグラファイトの潤滑性を生かしてパンタグラフすり板などに使用され始めた。
46-4	MMC （Metal Matrix Composit）	金属基複合材料。主に軽量なアルミ合金を、炭素、ボロン、炭化ケイ素 SiC、アルミナ Al_2O_3 の繊維で補強した構造材料、セラミックス粒子を分散させて耐摩耗性を向上させてる摩擦材料などがある。製法は、母材、強化材ともに粉末にしてホットプレスでビレットを造り押出しで製品にする方法、繊維のプリフォームに溶湯を含浸させてプレスする溶湯鍛造法などがある。
46-5	CMC（Ceramic Matrix Composit）	硬いが脆いセラミックスを短繊維セラミックスなどで補強したセラミックス基複合材料。

47	固有抵抗	
—	—	電気抵抗 (R) は、長さ (L) に比例し断面積 (S) に反比例するから、$R = \rho (L/S)$ と書ける。この常数 ρ は 1m 当たりの抵抗Ωで、金属に固有な抵抗。**比抵抗** ともいう。単位は $\mu\Omega \cdot cm$ がよく用いられる。1913 年に国際基準とされた純銅は $1.7241 \mu\Omega \cdot cm$。逆数 ($1/\rho$) を**導電率**という。
48	再結晶温度	
—	—	冷間加工で硬くなった線材、板材などは、温度を上げていくと硬さは次第に低下するが、ある温度以上で急な軟化が起きる。これは加工で延ばされていた結晶粒が多角形の大きな粒に成長するからで、この温度を再結晶温度という。アルミ合金では約 230℃、銅合金では約 300℃。
49	腐食	
49-0	—	水と酸素が腐食の主な要因。金属が水に濡れると表面原子が水分子に引っ張り出され金属イオン（＋）になる。金属には電子（—）が残され、イオンと引き合うからイオン離脱はそこで止まる。このとき、金属と周りのイオンの間の電位を**標準電位**という。しかし水中のイオンを金属から遠くへ引き離す電気力（電位勾配）があれば、金属イオン離脱はどんどん進行する。これが腐食である。
49-1	異種金属接触腐食	水中に 2 つの異種金属があり電線で結ぶと、イオンになりやすい（**イオン化傾向大＝標準電位低い**）金属のイオンだけがイオンとなり上記の電位勾配が生じ、腐食が進行する。鉄 Fe と亜鉛 Zn があると、Zn が Zn^{2+} として水中に溶け出し（**アノード極**という）、余った電子 (-) は電線を通って Fe を負（**カソード極**）にする。カソードでは、水が分解されて水素が発生、これが鋼中に入ると水素脆化を引き起こすことがある。Fe と Zn が接触すると Zn が腐食。Fe は防食される。これを**陰極防食**と呼び、Zn めっきはたとえきずがついても鋼を防食する。Fe と錫 (Sn) の組合せでは、Sn の標準電位が高く、錫めっきがきずつくと鋼は腐食する。腐食環境では金属の組合せに注意が必要。
49-2	孔食	耐食性のよくない炭素鋼などは、防食しなければ全面が腐食する。塗装された場合、塗装に欠陥やきずがある場所だけ孔を掘るように局部腐食する。これを孔食（こうしょく）という。ステンレス鋼でも、SUS304 などは、海水（塩素イオン）環境で孔食を生じ、動的部材ではこれが起点になって疲労き裂が発生することがある。SUS304 をベースにモリブデンを加えた SUS316 は耐海水性に優れている。

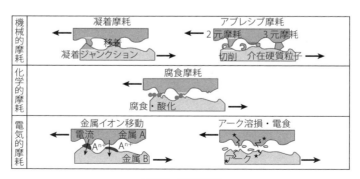

付図 11　摩耗の形態

【付録A】──用語解説

49-3	応力腐食割れ	腐食環境で引張応力の作用で破壊が起きる現象。全面腐食する材料より、むしろ耐食性のよいステンレス鋼などで起きる。粒界の局部腐食割れの形態が多い。
50	析出硬化	
―	―	母地に微細な析出物を分散させて硬化させること。方法としては、過飽和な固溶体を急冷して析出させるが、**マルテンサイト**のような無拡散変態ではないので、析出に時間がかかる（**時効**：aging）。**時効硬化**ともいう。アルミ合金のように変態の起きない場合の硬化法として利用される。代表的なのはジュラルミン。常温でも時効硬化は進むが遅いので、通常は200℃未満の温度で加熱する人工時効処理を行う。鋼でもこれを適用したマルエージング鋼、析出硬化型ステンレス鋼などがある。

(1550～1801)

【付録B】──鉄道材料技術史年表

西暦	和暦	鉄道・一般	金属製造	車両	軌道・構造物
1550～		●鉱石、石炭輸送(馬車軌道)		●木製車輪	●木製レール
1709	宝永6		●Abraham Darby I 世(英)高炉へのコークス使用成功、実用化はII世(1735年)	●初頭、英国Shropshire地方の鋳物工場で、木製レール用フランジ付き鋳鉄車輪製造	
1712	正徳2			●Thomas Newcomen(英)蒸気エンジン発明	
1738	元文3			●フランジ付き車輪／鋳鉄板張木材レール	●鋳鉄レール試作
1760	宝暦10				●CoalbrookdaleIron社(英)、鋳鉄板上張木製レール
1765	明和2			●James Watt(英)分離凝縮器付き蒸気エンジン考案	
1767	明和4				●CoalbrookdaleIron社(英)鋳鉄レール製造
1768	明和5			●James Watt(英)蒸気機関の特許	
1769	明和6			●Nicolas-Joseph Cugnot(仏)蒸気自動車	
1776	安永5			●平車輪(Plate Wheel)	●Benjamin Outram提案、内縁L型鋳鉄レール「プレートレール」
1779	安永8				●鋳鉄道路橋 The Iron Bridge(英)開通(1781年)
1783	天明3		●HenryCort(英)パドル法特許、1784年に圧延法特許、錬鉄の誕生		
1789	天明9 寛政1			●フランジ付き車輪	●William Jessop(英)鋳鉄レール(フランジがレールでなく車輪に設けられたエッジレール)
1794	寛政5				●William Jessop(英)鋳鉄レールを魚腹型に改良
1801	寛政13 享和1			●Richard Trevithick(英)路面蒸気車 Puffing Devil号(パイプをふかす悪魔)	

【付録B】──鉄道材料技術史年表

西暦	和暦	鉄道・一般	金属製造	車両	軌道・構造物
1803	享和3			●Richard Trevithick(英) Pen-y-Darren製鉄所のハンマ駆動蒸気エンジンを車に搭載し10tの鉄を16km運ぶがレールがもたなかった	
1804	享和4 文化1				●Richard Trevithick(英)錬鉄製レール使用
1808	文化5			●Richard Trevithick(英) Londonで新型「Catch me who can」号を公開走行	
1812	文化9			●John Blenkinsop(英)ラック・ピニオン・システムの機関車Salamanca号	●ラックレール
1814	文化11				●George Stephenson(英) Killingworth炭鉱で機関車Blücher号を試作走行(軌間4ft8.5in=1435mm採用)
1816	文化13				●George Stephenson、William Losh(英)頭部鋳鉄／脚部錬鉄(鋳いぐるみ)複合レール
1820	文政3				●John Birkinshaw(英)ロール圧延錬鉄レール特許(15ft=4.6m)13kg/m
1825	文政8	●George Stephenson(英) Stockton and Darlington鉄道開通(軌間1435mm)			
1827	文政10			●錬鉄製溶接タイヤ+木製輪心の車輪(英)	
1829	文政12			●Robert Stephensonロケット号コンテスト優勝	
1830	文政13 天保1	●Liverpool and Manchester鉄道開通、Rocket号初めての人身事故起きる			●Robert Livingston Stevens(米)、平底レール発明(英国で圧延)、まくらぎに犬くぎ固定と軌道簡便
1833	天保4			●George Stephenson(英)蒸気ブレーキ発明	
1835	天保6				●橋形錬鉄レール
1836	天保7				●Charles Blacker Vignoles(英)フランジ付きTレールをLondon and Croydon鉄道で使用(別名Vignoles Rail)

268

(1803〜1873)

西暦	和暦	鉄道・一般	金属製造	車両	軌道・構造物
1837	天保8				●London and Birmingham 鉄道(英)で 双頭レール使用
1839	天保10			●Isaac Babbitt(米)錫系軸受合金の車軸軸箱への適用特許	●London and Croydon 鉄道、Vignolレール敷設
1846	天保14	●英国議会ゲージ法(4ft8.5in＝1435mm決定、後に世界標準軌となる)		●手ブレーキ付き緩急車普及	
1849	嘉永2			●Germain Morel(仏)、錬鉄製一体タイヤ車輪の特許を取得	
1855	安政2	●2月、佐賀藩蒸気車模型製作		●W.Johnson2組ロールの環状タイヤ(ロール圧延)	
1856	安政3		●Henry Bessemer(英)酸性上吹転炉(ベッセマー法)		
1857	安政4		●H.Bessemer(英)連続鋳造の考案		
1860	安政7 万延1			●August Wöhler(独)車軸の疲労研究(S-N線図、小型疲労試験)	
1863	文久3	●ロンドン地下鉄運行開始		●1860年代、鋳鉄制輪子	
1864	文久4 元治1		●シーメンス・マルタン平炉 ●Henry Clifton Sorby(英)金属顕微鏡組織学		
1865	元治2 慶応1			●ベッセマー鋼製タイヤ(英)	
1869	明治2	●米大陸鉄道開通(5月10日) ●東京―横浜間乗合馬車開業		●George Westinghouse(米)空気ブレーキ発明、Westinghouse Air Brake Co.(NABCO)設立	
1870	明治3	●民部・大蔵省・鉄道掛→新設工部省に移管			●神奈川陸橋(鉄道橋梁の始まり)
1871	明治4			●新橋―横浜間官営鉄道用蒸気機関車10両をイギリスから輸入	●登山鉄道ラックピニオンレール(アプト)
1872	明治5	●新橋―横浜間官営鉄道開業10月14日(陰暦9月12日) ●太陽暦採用(12月3日を明治6年元日とした)	●Workington Haematite Iron Co.ベッセマー鋼レール製造	●George Westinghouse, Jr(米)補助タンク付3弁式自動空気ブレーキ開発	●錬鉄双頭レール輸入(Darlington Iron) 1870年製 60lb/yd(29.8kg/m)、側線(U形)、六郷橋梁(平底)
1873	明治6			●元刀鍛冶、鉄砲鍛冶、馬車用板ばね製造	

269

【付録B】――鉄道材料技術史年表

西暦	和暦	鉄道・一般	金属製造	車両	軌道・構造物
1874	明治7	●大阪―神戸間開業(5月11日)		●J. R. Smith(英)真空ブレーキによる貫通ブレーキ	●大阪―神戸間錬鉄双頭レール敷設 ●武庫川、下神崎川、下十三川、錬鉄トラス(輸入材、設計英人)
1875	明治8			●国産初の固定2軸客車(神戸車両工場)	
1876	明治9	●京都―大阪間開通			●京都―大阪間、錬鉄平底レール／木まくらぎ犬くぎ締結
1877	明治10	●工部省鉄道局設置初代局長井上勝			●六郷川橋梁(最初の鉄橋)
1878	明治11		●Adolf Martens(独)金属ミクロ組織体系化		
1879	明治12		●Sidney Gilchrist Thomas(英)塩基性底吹転炉(トーマス法)	●Werner von Siemens(独)初の電気機関車(DC150V、3HP、第3軌条)(ベルリン産業博覧会)	
1880	明治13	●手宮―札幌開業(米国からの技術導入、最初の北海道鉄道)		●Frank Julian Sprague(米)ポール式集電・架空トロリ線方式、吊り懸け式歯車駆動装置	●逢坂山トンネル(最初の鉄道トンネル)、敷設した双頭レールが最後、以後平底レール
1882	明治15	●東京馬車鉄道開業			
1883	明治16	●日本鉄道会社(最初の私鉄)上野―熊谷間開通		●蒸機機関車最大軸重8.8t	●30kg第1種レール(鋼製平底)(Barrow Steel)
1884	明治17				●東海道線鮎落川鋳鉄橋
1885	明治18	●鉄道局内閣直属			●神子畑鋳鉄橋
1886	明治19		●Paul Heroult(仏)とCharles Martin Hall(米)、同時期にアルミニウム電解精錬法を考案(Hall-Heroult法)		
1888	明治21	●Richard Francis Trevithick(トレヴィシックの孫)来日、神戸工場で国産初860形蒸気機関車製造を指導(1904年まで滞在)、兄Francis Henry Trevithickは1876年来日、新橋工場で指導、日本人と結婚、1897年帰国	●Robert Abott Hadfield(英)14%Mnオーステナイト鋼(通称ハドフィールド鋼)発明	●Richmond Union Passenger railway(米)、Spragueの考案した吊懸式電動機駆動装置採用	●天竜川錬鉄鋼混合橋(輸入材。設計はイギリス人)
1889	明治22	●東海道線全線開通	●エッフェル塔(錬鉄)		

270

(1874〜1906)

西暦	和暦	鉄道・一般	金属製造	車両	軌道・構造物
1890	明治23	●第3回内国勧業博覧会、米国製電車デモ ●鉄道局→内務省鉄道庁	●Paul Heroult(仏)アーク製鋼炉(エルー炉)	●米国製ポール登場(DC500V)	●鋼橋梁(英フォース橋)
1891	明治24	●日本鉄道、上野—青森全通		●初の真空ブレーキによる貫通ブレーキ採用(関西鉄道)	
1892	明治25	●鉄道敷設法公布(官営822km、私鉄1875km)			
1893	明治26	●鉄道庁→鉄道局		●日本初の国産蒸気機関車(860形:神戸鉄道工場) ●米安全装置条例で自動貫通ブレーキ、自動連結器の装備決定	●ラックレール(国鉄信越本線横川—軽井沢駅間アプト式開通)
1894	明治27	●大宮工場(日本鉄道)	●クルップ鋼(0.3C-3Ni-2Cr)		
1895	明治28	●京都電気鉄道、日本初の営業電車(トラム)		●鉄道車両製作所(現日本車輌製造)創業、名古屋	
1896	明治29			●汽車製造合資会社、設立者井上勝、大阪で創業(現川崎重工)	
1897	明治30		●Roberts Austen(英) Fe-C 状態図		●野洲川全鋼橋(輸入材、設計米人)
1898	明治31			●ホワイトメタル盛金平軸受搭載動輪の2120形蒸気機関車をイギリスから輸入開始	●30kg第2種レール制定, L型継目
1901	明治34	●鉄道建設規定公布	●官営八幡製鉄所操業、酸性転炉(ベッセマー法)		●活荷重軸重10t, 鋼製レール(≧22.3kg/m)
1902	明治35			●江ノ電・伊勢電鉄、ビューゲル装備(アルミすり板)車両輸入(ジーメンス)	
1903	明治36	●東京馬車鉄道→東京電車鉄道			
1904	明治37	●甲武鉄道(飯田町—中野)電化、汽車・電車併用運転	●民間初ばね会社(東京スプリング)創業	●ソリッドベアリング搭載動輪の2500形蒸気機関車をアメリカから輸入	
1905	明治38		●官営八幡製鉄所37レール製造開始		
1906	明治39	●米国ASCE標準 ●日本鉄道国有法公布(幹線の国有化始まる)	●Alfred Wilm(独)ジュラルミン発明(時効硬化)	●官営八幡製鉄所、イギリス製圧延機でタイヤの国内生産開始	●30kg 第3種 ASCE 導入(以後30レール), 37kg×10m (75lb/yd, ASCE) 東海道本線

271

【付録B】──鉄道材料技術史年表

西暦	和暦	鉄道・一般	金属製造	車両	軌道・構造物
1907	明治40	●帝国鉄道庁設置同庁鉄道調査所発足(鉄道総研前身)			●東京市電、溝付きレールにテルミット溶接施工(日本初のレール溶接)
1908	明治41	●帝国鉄道庁と鉄道局を統合、内閣直属鉄道院とする			
1909	明治42		●新橋鉄道工場、ばね焼戻法導入		
1910	明治43			●1910年代、ドイツ路面電車、自在継手を用いた直角カルダン駆動装置 ●固定2軸客車の製作中止、ボギー車を製作する方針決定(鉄道院)	●数十種の平底レール、30、37(10m)2種に整理
1911	明治44	●広軌鉄道改築準備委員会			
1912	明治45 大正1	●信越線碓井峠アプト式電化(第三軌条式)	●Crマルテンサイト系ステンレス鋼発明	●電気機関車輸入アルゲマイネ10000形(EC40)、碓氷峠アプト区間投入	●初代餘部橋梁(輸入鋼材):2010年PC橋に替わる
1913	大正2		●国産ばね鋼(八幡製鉄所)	●純国産蒸気機関車9600形量産開始	
1914	大正3	●東京駅開業、京浜線電化トラブル多発で5か月蒸気機関車で代行	●鉄道院鋼材仕様書制定	●純国産蒸気機関車8620形量産開始 ●京浜線電化(DC 200V)ローラー式パンタグラフ導入(GE社製)	
1915	大正4		●野呂景義、日本鉄鋼協会創立	●横浜線で広軌改築試験	
1918	大正7				●ラチス桁(鋼材不足)山口線・徳佐川橋梁
1919	大正8	●中央線・山手線、長編成化 ●鉄道院、電化大方針決定		●自動空気ブレーキの採用決定(鉄道院) ●自動連結器導入計画(6年間) ●住友製鋼所、米国製圧延機でタイヤ生産開始	
1920	大正9	●鉄道院を鉄道省に昇格		●中央線・山手線ポール→パンタ切替え(自動連結器への移行準備)1922年完了	●鉄筋コンクリート内房線・山生橋梁
1921	大正10	●商工省工業品規格統一調査会においてJES制定開始		●鋳鉄制機関車エアブレーキ改造、制輪子国産化 ●パンタ国産化(銅板すり板)阪神電鉄(東洋電機) ●日立、日本汽船より笠戸造船所を譲受、笠戸工場として鉄道車両製造	

(1907〜1933)

西暦	和暦	鉄道・一般	金属製造	車両	軌道・構造物
1922	大正11		●八幡製鉄所、塩基性平炉鋼レール製造開始		●50kg第1種甲レール(PS型10m)輸入敷設
1923	大正12	●関東大震災(9月1日)		●Faiveley社(仏)Z型パンタグラフ開発 ●鉄道省タイヤフランジ摩耗防止研究会(仮称) ●東洋電機パンタグラフ標準品指定(PS2)	●50kg第2種(RE型10m100lb AREA制定)輸入敷設(京浜線)、Mnクロッシング
1924	大正13		●William Hatfield(英)18Cr-8Niオーステナイト系ステンレス鋼特許	●民間初製造の電気機関車ED15(日立笠戸工場) ●トロリーポール・ビューゲル国産化(オハイオブラス社製模倣)	
1925	大正14			●自動連結器一斉取り替え(貨車)7月16日〜17日 ●車両用ばね鋼仮規格 ●主電動機大型化、集電電流増大、すり板4列化 ●タイヤ材とレール材の組合せ摩耗試験(鉄道大臣官房研究所)	●50kg第1種乙レール(PS型11.89m、米国標準変更による)輸入
1926	大正15 昭和1				●永代橋(道路)高張力鋼使用
1927	昭和2	●日本初の地下鉄開通(上野-浅草)	●酸性転炉製造中止	●地下鉄難燃性鋼製車体、機械式ATS	●レール溶接(アーク)試験
1928	昭和3		●国産レール自給自足 ●ばねにサンドブラスト導入	●幹線用電気機関車EF52、共同設計製作 ●客車の鋼製化(20m車長統一)本格化 ●パンタグラフ、ジュラルミン枠管、軽量化(電気機関車用PS10)	●50kg第3種レール(PS型12m)
1929	昭和4	●東京-下関、特急(富士、桜)			●建設規定、軌条仕様書制定
1930	昭和5	●東京-神戸、特急つばめ(9時間)	●ばね鋼硬引鋼線(ピアノ線)仕様書制定	●タイヤとレールの相互摩耗試験(住友製鋼所)	
1931	昭和6			●全鋼製構体技術を実現、国鉄スハ32系客車など ●全客車エアブレーキ装備	●東海道線源助架道橋、高張力鋼使用 ●清水トンネル完成(9月1日)
1932	昭和7	●マイルポスト→キロポスト		●JES 168号規格制定、摩耗対策のためタイヤ強度の向上 ●車軸軸受に開放式円すいころ軸受を採用(鉄道省ガソリン動車)	●37(25m)、50(24m)、30(20m)レール敷設試験
1933	昭和8		●37、50(25m)、30(20m)レール八幡量産開始	●ホワイトメタル盛金軸受とソリッドベアリングとの軸受性能比較の現車試験(鉄道省)	

【付録B】──鉄道材料技術史年表

西暦	和暦	鉄道・一般	金属製造	車両	軌道・構造物
1934	昭和9	●京都トロリバス運行 ●満鉄(大連―新京)、特急あじあ号			●横浜港瑞穂橋、アーク溶接使用 ●丹那トンネル完成(12月1日)
1935	昭和10			●欧州でディスクブレーキ実用化	●田端大橋、全溶接橋
1936	昭和11		●ばね鋼JES制定		
1937	昭和12				●仙山線仙山隧道開通、トンネル内はテルミット溶接によるロングレール採用
1939	昭和14	●臨時日本標準規格(臨JES、品質下げた戦時規格、1939～1945)			
1941	昭和16			●貨車担ばね、Si-Mn鋼、炭素鋼混用(戦時対策)により折損増加 ●米国、WN継手平行カルダン駆動装置実用化	
1942	昭和17	●大臣官房研究所→鉄道技術研究所		●戦時代替品時代：鉱滓制輪子、薬剤処理木製制輪子 ●Cu節約Cすり板使用	●関門トンネル化開通(7月1日)
1945	昭和20	●太平洋戦争終戦			
1946	昭和21	●工業品統一調査会→工業標準調査会(新JES)		●軍航空機の剰余品、ジュラルミンを63形電車(川崎車輌)、オロ40形客車(日本車両)の外板に適用	
1947	昭和22		●ばね軍用規格廃止、ばね技術研究会発足	●国鉄運転規則、非常ブレーキ距離600m以下規定	
1948	昭和23			●最後の新製蒸機機関車、E10 ●Cu系焼結合金すり板開発	
1949	昭和24	●日本工業標準調査会発足、新JES→JIS ●鉄道省→公共企業体日本国有鉄道(JNR)発足(6月1日)	●ばね引上焼入れ中止、すべてQTへ、プレステンパー導入	●車輌用コロ軸受研究会(鉄道省) ●電気車すり板改良研究会	●JES炭素鋼レール制定
1950	昭和25			●国鉄、湘南電車80系、中距離電車列車の登場 ●JIS G 4805(1950) 高炭素クロム軸受鋼鋼材規格の制定	

(1934〜1959)

西暦	和暦	鉄道・一般	金属製造	車両	軌道・構造物
1951	昭和26	●桜木町63形電車火災事故(4月24日)		●列車火災で非常コック、貫通ホロ、2段窓、難燃化など対策 ●貨車担ばね折損数ピーク、板ばね作業基準制定 ●小田急、直角カルダン駆動装置走行試験 ●リーレ軸受試験機を用いた実物平軸受の焼付き試験(鉄道技術研究所)	●JRS改正(高炭素鋼化)頭部焼入レールHH制定
1952	昭和27	●福島—米沢間、電力回生運転	●溶接構造用圧延鋼材JIS G 3106制定 ●連続鋳造法(欧州で確立) ●LD転炉実用化(オーストリア)	●一体圧延動輪の採用(国鉄70系、80系電動車) ●タイヤ割損調査(鉄道技研)	●HHレール普及、山陽線瀬野—八本松勾配区間に黒裂発生
1953	昭和28			●京阪1800形、WN・TD継手の2方式平行カルダン駆動装置、同一編成に搭載	●普通レールJIS制定
1954	昭和29			●靭性向上を目標に国鉄タイヤ仕様書SA218の改訂	●架設橋高力ボルト摩擦接合法 ●青函トンネル、ボーリング開始 ●HHレール量産開始(八幡、富士)
1955	昭和30		●連続鋳造操業開始(新日鉄)	●京阪1750形台車(KS50)軸ばねに空気ばね採用 ●試作軽量客車ナハ10形落成 ●Z型パンタグラフ(泰平電鉄機械)	
1956	昭和31		●レールブルーム ホットスカーフィング導入	●木製客車の鋼製構体化改造が完了	
1957	昭和32	●仙台—作並間、交流電化	●八幡製鉄所、50t純酸素転炉(LD)操業開始	●小田急ロマンスカー(3000系SE車)ディスクブレーキと中空軸平行カルダン駆動採用、国鉄モハ90形電車(国鉄101系電車)中空軸平行カルダン採用 ●小田急SE車による高速試験145km/h	●水素によるシャッターき裂多発
1958	昭和33	●東海道本線全線電化 ●特急「こだま」新設(10月1日) ●鉄道技研「東京—大阪3時間の可能性」講演会、東海道新幹線閣議了承		●一体圧延動輪の国鉄規格JRS 14203-1制定 ●踏面ブレーキに合成制輪子の採用(旧こだま形電車) ●セミステンレス鋼電車(東急電鉄5200系電車)、合成制輪子採用	●軌道防食研究会、敷設試験(10年)
1959	昭和34				●Pandrol社(英)パンドロール式レール締結装置開発 ●高張力鋼鉄道橋設計仕方書(案)

【付録B】——鉄道材料技術史年表

西暦	和暦	鉄道・一般	金属製造	車両	軌道・構造物
1960	昭和35	●クモヤ93、175km/h達成(狭軌日本最高速度)		●合金鋳鉄制輪子検討	●レール(材質改善)研究会 ●溶接鋼鉄道橋設計仕方書(案) ●レール徐冷処理(脱H)
1961	昭和36			●車輪研究会発足(国鉄)	●50N、40N、50T制定 ●北陸トンネル貫通(7月31日)、開通は1962年3月
1962	昭和37	●三河島列車衝突事故(5月3日) ●三河島事故以後、ATS-S形自動列車停止装置を試用		●オールステンレス鋼製電車(東急電鉄7000系電車) ●溶接・リベット併用構造アルミ合金製電車(山陽電鉄2000系電車) ●新幹線電車用車輪の現車試験(153系付随車)	●安全側線緊急防護装置 ●40N、50N、50T量産開始
1963	昭和38	●鶴見事故、競合脱線(11月9日)		●2軸貨車の2段リンク ●ジーメンス社チョッパ制御開発 ●JRS 14203-1改訂による一体圧延車輪の鋼質向上 ●全溶接構造アルミ合金製電車(北陸鉄道6010系)	●HHレール(QT)JIS制定 ●碓氷峠アプト式廃止、新線設置して粘着方式に切り替え ●EHレールSQ適用(第1高周波)
1964	昭和39	●東海道新幹線開業(10月1日)		●0系新幹線電車 ●新幹線用下枠交差形パンタ(鉄系焼結すり板)	●摩擦接合用高力ボルトJIS B 1186制定
1965	昭和40			●1965(昭和40)年以降、耐雪型合成制輪子、増粘着型合成制輪子実用化 ●寒冷地すり板(Cu系焼結合金)	●新幹線テルミット溶接部折損多発 ●端部熱処理レールEH試験敷設 ●高力ボルト遅れ壊発生(11T、13T)
1966	昭和41	●全列車・線区にATS設置完了		●車軸軸受に密封式円すいころ軸受を採用(トキ25000形貨車) ●降雪地走行国鉄電動車の一体車輪の割損	●LD転炉レール製造開始
1967	昭和42		●八幡製鉄所、連続鋳造機導入	●一体圧延車輪のJIS規格、JIS E 5402(1967)鉄道車両用炭素鋼一体圧延車輪の制定 ●狩勝実験線、貨車脱線実験	●山陽新幹線用60レールJRS制定、EHレールJRS制定
1968	昭和43	●脱線事故調査技術委員会		●波打車輪の使用開始	●60kgレール量産開始
1969	昭和44		●平炉→LD転炉全面移行 ●軽金属押出開発(株)設立、大型押出機設置	●2軸貨車の車輪、N踏面化	●脱線防止ガード増強

（1960〜1982）

西暦	和暦	鉄道・一般	金属製造	車両	軌道・構造物
1970	昭和45	●リニアモータ方式による東海道新幹線構想発表	●新日鐵誕生(八幡・富士合併)	●軸受鋼製造プロセスに真空脱ガス処理を適用したJIS G 4805の改訂	●富士鉄釜石レールは日本鋼管福山へ
1971	昭和46	●ABBがVVVFを開発、Henschel製DB車両搭載	●ユニバーサル圧延機導入、直送圧延中止再ヒート	●車両構体用押出アルミ合金6N01開発、大型押出機稼働	
1972	昭和47	●日本鉄道100年 ●超伝導磁気浮上式ML100公開(鉄道技術研究所)(7月26日) ●新幹線岡山開業(3月15日) ●北陸トンネル列車火災(11月6日)		●特急形の電車および気動車によるV2鋼車輪の現車試験(国鉄) ●耐火性Ag入Cuトロリ線開発	●60レール(50m)採用 ●青函トンネル本坑起工
1973	昭和48			●名古屋ー長野間、国鉄381系電車(振り子式車両) ●新交通システム3相AC小型パンタ	●新幹線、レールシェリング発生
1974	昭和49			●コイルばねSUP6廃止→SUP9	
1975	昭和50	●新幹線博多開業(3月10日) ●日本航空、Krauss-Maffei(独)より技術導入、HSST走行実験			●レール用耐食合金暴露試験開始(本四垂水、青函トンネル先進坑)
1976	昭和51			●動力近代化完了により蒸気機関車全廃	
1977	昭和52	●浮上式宮崎実験線完成			●耐シェリング合金鋼レール敷設試験 ●外国重荷重鉄道にNHHレール適用
1978	昭和53			●コイルばねSUP9→SUP9A	●50Nレール連続鋳造、JRS規格
1979	昭和54			●小山実験線、961系319km/h達成	
1980	昭和55				●耐候性鋼使用、第3大川橋梁 ●50Nレール連続鋳造化
1981	昭和56	●TGV(パリーリヨン)開業(9月27日)		●アルミ合金A6N01適用車両完成(山陽電鉄3050系電車)	●EHレールJIS制定
1982	昭和57	●東北・上越新幹線開業(6月23日:大宮ー盛岡、11月15日:大宮ー新潟)		●アルミ合金車体200系新幹線電車(東北・上越新幹線) ●国内初のVVVF電車(熊本市交通局8200形電車、インバータ装置および交流モータは三菱電機製造)	

【付録B】——鉄道材料技術史年表

西暦	和暦	鉄道・一般	金属製造	車両	軌道・構造物
1983	昭和58	●日本海中部地震(5月26日、M7.7)			●全レール連続鋳造化
1985	昭和60			●軽量ステンレス鋼製車両完成(国鉄205系電車) ●100系新幹線電車、付随車に渦電流ディスクブレーキ ●貨物列車の緩急車廃止 ●車輪・車軸鋼片の連続鋳造化(国鉄)	●トングレールのSQ処理 ●青函トンネル貫通
1986	昭和61			●国鉄車輪研究会、集電委員会など解散	●国鉄レール研究会解散
1987	昭和62	●国鉄分割民営化		●2軸貨車全廃	
1988	昭和63				●青函トンネル、本四瀬戸大橋(鉄道併用)開業
1989	昭和64 平成1			●TD継手にCFRP適用、軽量アルミ鋳物歯車箱(300系新幹線電車)	
1991	平成3	●DB(ドイツ国鉄)、ICE(Intercity-Express)運行開始		●東海道新幹線、き電方式改良BT→AT(パンタグラフ数低減)	
1992	平成4	●TGV(SNCF)南東線脱線事故		●東海道新幹線300系新幹線電車運用開始	
1994	平成6	●首都圏大雪、パンタグラフ着雪などで鉄道運休、道路も交通不能で大混乱(2月12日) ●英仏海峡トンネル開通(5月6日)、ユーロスター開業(11月14日)		●E1系新幹線電車(全車両2階建) ●JR東日本、新津車両製作所創立(元国鉄 新津工場) ●500系新幹線電車にフクロウの羽にヒントを得た翼型(T型)低騒音パンタグラフ採用	●HHレールJIS改訂、熱処理法変更QT→SQ
1995	平成7	●阪神淡路大震災(1月17日、M7.3)		●着雪対策：シングルアームパンタへ切替え検討	●高架橋被災、以後耐震補強工事波及
1996	平成8			●日本初のアルミハニカム製車両(500系新幹線電車、Alexander Neumeister(独)デザイン)完成	
1997	平成9	●長野、秋田新幹線開業 ●超伝導磁気浮上式山梨実験線、実用化実験		●500系新幹線電車営業運転開始(3月22日、JR西区間 最高速度300km/h) ●700系新幹線電車試作1編成試験開始(JR東海) ●長野新幹線用E2系新幹線電車(JR東日本) ●CSトロリ線実用化(長野新幹線)	

(1983～2015)

西暦	和暦	鉄道・一般	金属製造	車両	軌道・構造物
1998	平成10	●首都圏大雪大混乱(1月8日) ●ドイツ鉄道ICEエシェデ事故(原因:弾性タイヤ車輪の疲労)		●ISO規格対応のために一体車輪JIS規格の大幅改訂(鉄道車両用一体車輪 E 5402-1(1998))	
2001	平成13			●国内新造全車シングルアーム・パンタグラフ	
2002	平成14	●北越急行ほくほく線はくたか号(681系電車)160km/h運転			
2004	平成16	●新潟県中越地震(10月23日、M6.8)、上越新幹線200系新幹線電車脱線 ●九州新幹線部分開業(新八代―鹿児島中央間:3月13日)			
2005	平成17	●JR福知山線、曲線速度超過で脱線事故(4月25日)			
2007	平成19	●台湾高速鉄道(日本新幹線技術輸出)部分開業(1月5日)			
2011	平成23	●東北地方太平洋沖地震(3月11日、M9.0) 仙台以北三陸海岸沿い路線は津波被害、常磐線は福島第2原発事故による放射線汚染で不通 ●九州新幹線全線開業(博多―鹿児島中央:3月12日) ●中国温州市高速鉄道衝突脱線事故(7月23日:高架下へ落下した車両を埋めるという前代未聞の事故処理)		●E5系新幹線電車(3月5日)、300km/h運転、PS208形パンタグラフに多分割すり板使用(重いすり板を分割して、それぞれをばねで支持すると、ばね上質量を軽減でき、追随性が向上する)	
2012	平成24				●東京駅復元開業(10月1日、全面再開業)
2013	平成25	●サンティアゴ・デ・コンポステーラ列車、曲線速度超過で脱線事故(スペイン国鉄)		●E5系新幹線電車(3月16日、320km/h運転)	
2014	平成26	●首都圏大雪大混乱(2月9日、2月14日)		●北陸新幹線向けE7系新幹線電車先行投入	
2015	平成27	●北陸新幹線開業(3月14日) ●米アムトラック、フィラデルフィア近郊、曲線速度超過で脱線(5月12日)		●北陸新幹線W7系新幹線電車(JR西日本)	

279

索 引

用 語 索 引

■英数字

0系新幹線電車 …………… 54, 119, 157, 161, 172
10％寿命 …………………………………… 121
100系新幹線電車 ……………………… 122, 160
103系電車 ………………………………… 156
1067mm …………………………………… 193
1435mm …………………………………… 192
151系電車 ……………………… 53, 76, 135, 155
153系電車 ………………………………… 77
1パス ………………………………… 37, 249
200系新幹線電車 ……………… 55, 92, 119, 161
205系電車 …………………………………… 33
209系電車 …………………………………… 35
20系客車 ……………………………… 98, 156
20系電車（151系電車） …………………… 135
2120形蒸気機関車 ……………………… 61, 107
2120形平軸受 ……………………………… 108
2500形蒸気機関車 ………………………… 107
260形蒸気機関車 ………………………… 129
280形蒸気機関車 ………………………… 129
2軸客車 …………………………………… 3
2シート工法 ……………………………… 35
300系 ……………………………………… 159
300系新幹線電車 ……………………… 13, 25
500系新幹線電車 ……………………… 15, 36, 172
63形電車 ………………………………… 175
700系新幹線電車 ………………………… 26
70系電車 ……………………………… 49, 72
80系電車 ………………………………… 49
860形蒸気機関車 ………………………… 129
8620形蒸気機関車 ………………………… 86
9600形蒸気機関車 ……………………… 63, 87, 111
9900形蒸気機関車 ………………………… 130

ABS ……………………………………… 157
ATき電方式 ………………………… 177, 264
A形車輪 …………………………………… 74

BO転炉 …………………………………… 204
BTき電方式 ……………………………… 177, 263
B形車輪 …………………………………… 75

C51形蒸気機関車 ………………………… 239
CCコンポジット ………………………… 264
CFRP ……………………………… 7, 143, 264
CMC ……………………………………… 264
CORTEN ………………………………… 244
CSトロリ線 ……………………………… 184
CV黒鉛鋳鉄 ……………………………… 254
C形車輪 …………………………………… 75

D50形蒸気機関車 ………………………… 130
D51形蒸気機関車 ………………………… 111
D52形蒸気機関車 ………………………… 200
Deep Shell ……………………………… 208
DT10形台車 ……………………………… 47
DT16形台車 ……………………………… 49
DT17形台車 …………………………… 49, 72
DT200形台車 …………………………… 54
DT201形台車 …………………………… 55
DT23形台車 …………………………… 53

E5系新幹線電車 ………………………… 16
ED40形電気機関車 ……………………… 165
ED70形電気機関車 ……………………… 97
ED75形電気機関車 ……………………… 172
EF30形電気機関車 ……………………… 172
EH10形電気機関車 ……………………… 122
EHレール ……………………………… 207

FRP ……………………………………… 7

GFRP ………………………………… 7, 264
GTO ……………………………………… 248

hair crack ……………………………… 202
HAZ …………………………………… 249, 251

280

HB	259	U型レール	193
HHレール	205	V2鋼	78
hot top	203	——の化学成分	79
HR	259	VVVF制御装置	14, 248
HS	259		
HV	259	WN継手	142
ICE	177	X線透過	261
IGBT	248		
ISO規格	76, 260	Z型ビューゲル	169
JRS規格	72, 198	■ ア　行	
KS-76L形台車	48	亜鉛めっき鋼	181
LCA	16	明かり区間	186
LCC	16	アキシアル荷重	106
LCE	16	アーク溶接	213, 240
LD転炉	204, 253	アーク溶損	264
		アズロール車輪	73
Mansell Wheel	247	圧延	87, 258
MMC	264	圧縮残留応力	140
		圧接クロッシング	221
NCM鋳鉄	159	アノード極	265
NHHレール	208	アプト式	165
		アブレシブ摩耗	183, 264
OK-4形電動台車	51	余部橋梁(山陰本線)	238
		アルミ合金製車両	22
Pandrol	229	アルミニウム合金製構体	11
PCまくらぎ	227	安全性	17, 19
PS13形パンタグラフ	172	アンチクリーパ	228
PS2形パンタグラフ	171		
		イオン化傾向	265
RQ車輪	73	異形継目板	223
		異種金属接触腐食	183, 186, 265
SCM5車輪	77	板ばね	128
Shelling	210	板ばね締結	228
S-N線図	100, 262	一段焼入法	130
SQ車輪	73	移着	176
SR処理	214, 249	一体圧延車輪	61, 71
Stress Releasing	214	一体車輪	60, 63, 72
STY80車輪	77	——の形状	74
SVTY75-2R車輪	79	一体鋳鋼性台車枠	49
		一般構造用圧延鋼材	52
TGV	178	イニシャルコスト	18
TGV POS	16	犬くぎ	227
T型パンタグラフ	172		

281

索　引

伊予鉄道	38
伊予鉄道モハ50形	169
陰極防食	265
インゴット	253
インサートクロッシング	219
インダイレクトマウント方式	45
ウィスカー	161
ウイングレール	217
渦電流探傷	261
薄肉形材	19
営業運転最高速度	2
永代橋（東京都）	239
エッジウォーター式圧延機	63
エッジ・レール	192
エルー式電気炉	253
塩基性転炉	253
エンクローズアーク溶接	214
円形硬銅トロリ線	182
円すいころ軸受	116
延性値	251
鉛丹	115
エンドアプローチ	186
円筒ころ軸受	117
遠方信号機	148
鉛浴	132
横圧	74, 248
横断材	25
黄銅	110, 262
応力	250
応力集中	254
応力振幅	262
応力腐食割れ	35, 266
遅れ破壊	156, 242, 252
押上力	169
押出	258
押出加工材	186
押出技術	22
押出性	18
押湯	203
オーステナイト	255
オーステナイト系ステンレス鋼	35
オーステナイト結晶粒	258
オーステナイト（相）	257
オーステンパー	130, 255, 257

オーステンパー鋳鉄	257
小田急3000形SE車	149
オーバハング圧入	102
オールアルミ合金製構体	27
オールステンレス鋼製構体	27

■カ　行

開先	249
回生ブレーキ	150
快適性	17, 19
外部潤滑	179
火炎焼入法	140
過共析鋼	209
架空電線	165
拡大中空車軸	98
拡大中ぐり車軸	98
加工硬化	128, 258
加工性	18
加工誘起マルテンサイト	219
貨車車軸	113
荷重（垂直方向の──／レール横方向の──）	106
ガス圧接	214
架線断線地絡	19
カソード極	265
硬さ	259
硬さ回復熱処理	208
片開き分岐器	216
滑走きず	77
カテナリ	167
可動ノーズ	220
ガードレール	216
加熱硬化	224
カーボンすり板	177
ガラス繊維	264
カルダン駆動装置	138
カルバート	238
ガルバニ号	164
緩急車	2, 147
環境負荷の抑制	17
環境要素	17
緩衝器	2
緩衝器・リンク式（連結器）	5, 38, 171
緩衝桁	225
貫通ブレーキ	4, 148

索 引

機械的性質	51, 87, 129, 250
軌間	192
きしみ割れ	201
軌条	190
艤装	1
毀損	197
き電線	181
き電ちょう架方式	181
帰電流	139
軌道	263
軌道座屈	222
軌道部品	222
キハ01形	134
キハ10000形	133, 134
キハ183系	99
キハ36900形ガソリン動車	117
基本機能	17
木まくらぎ	226
ギヤ	138
客貨車車軸仕様書	87
客貨車の車軸	112
客車	2
ギヤケース	143
キュアリング	224
球状化焼なまし	119, 255
球状黒鉛鋳鉄	144, 254
球状パーライト	256
球山形鋼	48
キュポラ	254
狭軌	193
共晶	256
共析	256
凝着摩耗	264
強度	17
局部応力	19
魚腹レール	192
キルド鋼	72, 90, 120, 254
金属基複合材料	264
金属系すり板材料	176
金属組織検査	256
空気ばね	53, 135
空気ばね付き台車	12
空気ブレーキ	148
空気力学的問題	248
空力騒音	15
空力問題	15, 248

駆動装置	139
クモヤ93000形	51
グラインダ削正	210
クラッドディスク	160
グリース	179
グリース潤滑	122
クロッシング	216
経済性	17
傾斜生産方式	10
形状記憶合金ばね	144
形状変形の抑制	17
京阪電鉄1750型	135
軽量客車	10
ゲージ	192
ゲージコーナ摩耗	205
結晶	249
結晶粒界	35, 249
毛割れ	202
けん引定数	199
建築限界	247
顕微鏡組織	256
減摩剤	179
小石川通架道橋(中央本線)	238
コイル(高周波加熱)	94
コイルばね	128
硬アルミより線	181
恒温変態	255
鋼塊	90, 253
光学顕微鏡組織	120, 256
合金鋳鉄制輪子	152
硬鋼線材	128
高抗張力ステンレス鋼	31
鉱滓	253
鉱滓制輪子	152
鋼材欠陥	258
格子桁	241
高周波焼入れ	77, 94, 140, 261
高周波焼入車軸	90
孔食	265
鋼芯アルミより線	181
剛性	17
鋼製化	7
鋼製構体化改造	10
合成制輪子	78, 154, 156
合成電車線	177

283

鋼製丸屋根構造　8
高速化　17
構体　1
構体構造　17
構体材料　18
剛体電車線　185
高炭素クロム軸受鋼鋼材　119
高銅合金　183
硬鋼より線　181
後熱処理　225
降伏応力　250
降伏点　250
鋼片　90, 253, 254
光明丹　115
鋼木合造構体　7
鋼より線　181
交流き電方式　263
交流電動機　14
高炉　253, 254
高炉ガス炉加熱法　205
国鉄長距離バス「ドリーム号」　157
国鉄民営化　12
黒点き裂　199
黒裂　199
固形潤滑剤　179
固体浸炭法　140
こだま　12
固定2軸客車　4
固有抵抗　185, 265
固溶体　256
コルゲーション外板　35
転がり軸受　106, 116
転がり疲れ　77, 119, 262
転がり疲れはく離損傷　208
転がり摩擦係数　260

■サ　行

再結晶温度　258, 265
最硬鋼　64
材修場　213
桜木町電車火災事故　175
サードレール　164, 185
サブゼロ処理　257
サルファープリント　256
参宮急行電鉄2200系電車　48

散水（レール摩耗防止）　200
酸性転炉　253
酸性平炉　129
三動弁　148
サンドブラスト　263
山陽電鉄2000系電車　22
山陽電鉄3050系電車　25
残留応力　35, 54, 66, 97, 124, 133, 249
残留オーステナイト　119, 257

支圧接合　242
シェリング　201
シェリング損傷　209
地きず　258
軸受　106
軸重　194
軸箱　108
軸箱発熱　112
時効　266
時効硬化　266
自己焼戻し　130
自在継手　139
シーサス・クロッシング　216
下枠交差形（パンタグラフ）　172
自動空気ブレーキ　6, 148
自動接合　17
自動連結器　2, 149, 170
磁粉きず　102
磁粉探傷　261
絞り（引張試験）　69, 250
締めしろ　62, 66
ジーメンス　164
ジーメンス・マルタン炉　253
遮音性　19
車軸　89, 91, 94, 96, 99
車軸材料　86
車軸軸受　106
車体　1
車長　4
シャッターき裂　201
車両限界　6、17, 247, 248
車両用コロ軸受研究会　118
車両要素　17
車輪　60
車輪材料　63
シャルピー衝撃値　56, 251
縦通材　25

集電靴	165, 185
集電環	140
集電方式	164
ジュラルミン	21
ジュール熱	174
純酸素上吹転炉	253
ショア硬さ	93, 140, 259
蒸気機関車	2
——の車軸	107
蒸気ブレーキ	2
衝撃疲れ	77, 262
衝撃疲労	262
焼結合金	174
焼結合金制輪子	157
状態図	256, 257
鐘銅	263
焼鈍	255
湘南電車	10
小歯車	138
ショットピーニング	134, 263
ショットブラスト	263
徐冷処理	202
新JES	133
新幹線すり板	177
新幹線電車用車輪鋼	76
新幹線用レール	203
真空脱ガス処理	254
真空脱ガス法	120
真空ブレーキ	4, 6, 148
真空溶解法	121
シングルアーム形パンタグラフ	172
シングルスキン構造	19, 248
シングル・スリップ・スイッチ	216
伸縮継目	186
靱性	56, 56, 64, 96, 194, 251
浸炭鋼	122
浸炭軸受	121
浸炭焼入れ	121, 140, 261
浸透探傷	261
シンプルカテナリ架線	168
水靭処理	255
推進制御技術	12
水素脆性	252
スイングハンガー方式	43
ステンレス鋼製構体	11
ストライベック線図	115

すべり軸受	107
すべり摩擦係数	260
スポーク	4
隅肉アーク溶接	25
隅肉溶接	249
スラグ	253, 258
スラッククエンチ	140, 255, 257
スラッククエンチ車輪	73
スラブ軌道	227
すり板	173
成形加工	258
成形性	18
製鋼	253
清浄度	75, 120, 258
制振性	19
脆性	252
脆性破壊	252
製鉄	253
製鉄 - 製鋼プロセス	252
青銅	110, 262
制輪子	147, 151
世界最高速度	51
析出硬化	266
石炭産業	10
絶縁伸縮継目	225
接合性	18
接合線長	17
接触抵抗	174
接線力	60, 260
接線力係数	260
接着絶縁継目	224
セノハチ	199
セミキルド鋼	254
セミステンレス	29
セメンタイト	255
セメンタイト(相)	256
セラミックス基複合材料	264
セラミックス軸受	140
繊維強化プラスチック複合材	7
全鋼製構体	8
全体熱処理レール	206
全長頭部熱処理レール	205
銑鉄	254
線引き	258
相	256

騒音	248
造塊法	253
層状パーライト	255, 256
相当曲げ剛性値	23
双頭レール	193, 226
増粘着型合成制輪子	157
増粘着研磨子	150
相変態	256
側摩耗	205
組織	256
ソリッド材	19
ソリッドベアリング	111

■タ　行

第2保津川橋梁（嵯峨野観光鉄道）	244
耐アーク性	176
第一レール	201
台金	112
耐久性	18
耐高荷重レール	209
耐転がり疲れ性	119
第三軌条	164
台車枠	42
台車枠材料	47
耐食性	18
耐食レール	211
耐雪型合成制輪子	157
耐雪ブレーキ	78, 156
耐熱性	19
大歯車	138
タイプレート	227
耐摩耗性	18, 119
タイヤ	61, 62
タイヤ割損	66, 69
タイヤ規格	68
タイヤ車輪	61
タイヤ仕様書	70
タイヤ損傷	69
タイヤフランジ	65
タイヤ落重試験機	64
耐用年数	18
ダイレクトマウント方式	44
ダクタイル鋳鉄	254
竹の子ばね	129
多層盛り	249

脱酸剤	202
脱線係数	248
タフピッチ銅	182
ダブルスキン構造	19, 249
たわみ板継手	139, 143
弾機鋼	129
鍛鋼ディスク	159
炭車	146
弾性係数	23
弾性限度	89, 250
弾性締結	225, 228
鍛造	89, 258
炭素鋼外輪規格	68
炭素繊維	264
炭素当量	56, 251
端頭部熱処理レール	207
断熱性	19
着雪防止塗料	173
中空形材	20
中空軸方式	139
中空車軸	54
鋳鋼	62, 143, 219, 254
中硬鋼	64
鋳鋼品	49
中周波誘導加熱法	205
鋳造欠陥	220
鋳鉄	3, 49, 62, 254
鋳鉄製輪子	151
鋳鉄チェアー	216
鋳鉄レール	192
超音波探傷	99, 261
張殻構造	10, 247
ちょう架線	168, 180, 181
長尺ビード外板	32
調整冷却	73
朝鮮鉄道	71
直送圧延方式	201
直通ブレーキ	148
直角カルダン式	139
チル	63, 255
チル深さ	255
追随性	169, 170
通トン	195
疲れ強さ	262
突き合わせ	213

継目板	222	銅合金鋳物	110, 262
継目落ち	207, 222	導電率	182, 265
吊り懸け式駆動装置	138	踏面	61
		踏面ブレーキ	78, 150
低温脆性	252	動輪軸	87
低温焼戻マルテンサイト	119	トキ25000形貨車	122
締結装置	226	徳佐川橋梁（山口線）	241
低合金鋼	243	トーションバー	128
抵抗スポット溶接法	31, 37	特急こだま	12, 135, 149, 155
低周波震動	248	トピード車	230
低水素系低炭素鋼被覆棒	213	トーマス転炉	194, 253
ディスクブレーキ	149, 158	止め輪	61
低炭素鋼系被覆棒	212	ともがね	155, 174, 264
帝都高速度交通営団	46	塗油器	179
梃子押付方式	159	トラス橋	236
鉄垂木	7	トラム	165, 192
鉄道産業	10	トリミング	214
鉄道車両用一体車輪	76	ドリーム号	157
鉄道省車軸仕様書	89	トロリ	165
鉄道復興	10	トロリ線	168, 182
鉄まくらぎ	229	トロリ線材料	183
デハ6340形	170	トロリバス	168
テーパーコイルばね	134	トロリ・ホイール	168
手ブレーキ	2	トロリ・ポール	166
デュコール鋼	239	トングレール	216
デリーの腐らない鉄柱	243	トンネル内圧力	248
テルミット反応	225		
テルミット法	215	■ナ　行	
テルミット溶接	215		
電気協会関西支部	89, 131, 260	内装	1
電気炉	90, 253	内部潤滑	180
電空協調制御	157	中ぐり車軸	92, 98
電弧溶接	213, 240	なびき方向	166
電磁気シールド性	19	鉛青銅	111, 263
電車線用材料	181	鉛ライニング	112
電食	139, 263	南海電鉄6000系電車	32
テンション・バランサ	168, 180	軟化焼なまし	255
転動疲労	262	軟点	186
点熱急冷法	8, 247	肉盛	109, 262
		二段焼入法	130
東海道新幹線	12	担ばね	128
銅基複合材	183	日本国有鉄道規格	91
東急電鉄5200系電車	29	日本ベアリング工業会規格	118
東急電鉄6000系電車	29	日本溶接協会規格	242
東急電鉄7000系	32, 158, 159		
東急電鉄8000系電車	32		
東京地下鉄8000系電車	46		

ねじり軸	139	パーライト組織	206
ねずみ鋳鉄	254	ばり	214
ねずみ鋳鉄制輪子	151	ハンガイヤー	168, 180
熱影響部	54, 56, 249	半硬鋼	86
熱間加工	258	パンタグラフ	167, 170
熱き裂	69, 155, 159	パンドロール締結	228
熱硬化性樹脂	19		
熱サイクル	156	ピアノ線	131
熱処理	255	ピアノ線材	128
熱処理タイヤ	65	引上焼入れ	130
熱処理レール	205	微気圧波	15, 248
熱特性	19	引抜	258
熱変形	160	非金属介在物	119, 258
粘着	260	引け	203
粘着係数	77, 260	微細パーライト	73
粘着力	138	菱形パンタグラフ	170
		非磁性材	220
ノーザンブリアン号	146	非常ブレーキ距離	151
ノーズ可動クロッシング	220	ひずみ	250
ノーズレール	217	ビッカース硬さ	73, 92, 259
伸び	89, 250	引張試験	250
		引張強さ	51, 129, 250
		比抵抗	265
■ ハ　行		ビード	249
		ビード付き外板	35
パーライト	255	ピニオン	138
ハイブリッド構造	25, 249	ピーニング	263
白鋳鉄	255	非破壊検査	90, 261
白点	252	ビューゲル	167, 169
歯車	140	標準軌間	192
歯車式継手	142	標準電位	265
歯車箱	143	表面硬化	261
暴露腐食試験	212	平軸受	107, 111, 112
橋型レール	193	平底レール	192
肌焼鋼	123, 141, 261	疲労	100
破端	207, 223	疲労回復	134
バッド社	30	疲労回復法	211
波動伝播速度	182	疲労強度	42, 86, 262
ハドフィールド鋼	219, 255	疲労限度	262
ハードフェシング	262	広島電鉄500形	166
ばね	128	フェライト	255
ばね上質量	170	フェライト(相)	256
ばねくぎ	229	複合材料	264
ばね鋼	132, 135	ふく進	228
ばね座金	224	複炭	195
ばね下質量	14, 46, 92, 248	部材点数	17
パーライト(相)	256	腐食	265

腐食しろ	211	へたり(ばね)	132
腐食摩耗	264	ベッセマー鋼	62
ブースターセクション	263	ベッセマー転炉	194, 253
ブスバー	177	ヘッド・コンタクト型	223
ブス引通し	177	ヘッド・フリー型	223
普通鋼製構体	28	ベルメタル	263
普通鋳鉄	254	片状黒鉛鋳鉄	151, 254
浮動型キャリパ方式	159	偏析	66, 254
不燃性	19	変態	96, 256
フープテンション	122		
フラッシュバット溶接	213	砲金	111, 263
フラット	77	帽子型レール	217
フラット外板	35	防振パッド	228
フランジ	61, 65	ボギー車両	4, 247
フランジ給油器	65	ボギー台車	247
フランジ塗油器	65	補剛材	25
フランジ摩耗試験	77	母材	249
フランジ盛金	66	補修性	18
フランジ焼入れ	65	母線	177
ブリネル硬さ	259	坊っちゃん列車	38
ブレーキ	146	ホットスカーフ	205
ブレーキシステム	150	ポットスリーパー	227
ブレーキ装置	2	ホデ6110形	166, 170
ブレーキディスク材料	161	ポール集電器	168
ブレーキバーン	69, 70, 156	ボルスタ付き台車	42
プレスクエンチ	143	ボルスタレス台車	42
プレステンパー	133	ホロー材	20
フレッティング	100, 262	ホワイトメタル	109, 114
フレッティング・コロージョン	100, 262		
フレッティング疲れ	143, 262	■マ　行	
フレッティング疲労	262		
フレティング摩耗	223	マイクロ組織	256
プレートレール	192	マイル・トレイン	208
ブレンディング・ブレーキ	157	まくらぎ	190, 226
分塊圧延	253	マクロ組織	140, 256
分岐器	216	摩擦撹拌接合法	37, 250
分離事故	6	摩擦係数	152, 260
分離性	18	摩擦接合	242
		摩擦ブレーキ材料	150
平滑性	19	摩耗	264
平行カルダン式	139	摩耗試験	67
閉塞	6	摩耗防止	65
ベイナイト	214, 255	マルテンサイト	94, 266
ベイナイト(相)	257	マルテンサイト(相)	257
ベイナイト系レール	211	マルテンサイト変態	255
平炉	90, 253	マンガンクロッシング	219
へたり試験	129		

索 引

マンセルホイール･･････････････････ 3, 247
満鉄･････････････････････････････････ 71

ミクロ組織･･････････････････････････ 256
神子畑鋳鉄橋(兵庫県)･････････････ 236
瑞穂橋(横浜市)･････････････････････ 240
水間鉄道 1000 系････････････････････ 158
みぞ付き硬銅トロリ線･････････････ 182
密封式円すいころ軸受･････････････ 116
南満州鉄道･･････････････････････････ 71
ミーハナイト鋳鉄････････････････ 254

無酸素銅･･･････････････････････････ 184
メタライズド・カーボンすり板 ･･････ 178
メンテナンス性････････････････････ 18

木製構体･･････････････････････････････ 4
木製垂木･･････････････････････････････ 7
木製レール････････････････････････ 191
木造二重屋根構造･････････････････････ 7
モノコック････････････････････････ 247
モハ63形電車･････････････････････ 171
もみ抜き･･････････････････････････ 118
モヤ 4700 形････････････････････････ 51
盛金･････････････････････････････････ 262
盛金溶接････････････････････････････ 66

■ヤ　行

焼入れ･････････････････････････ 128, 255
焼入性･････････････････････････ 133, 251
焼入焼戻し･･････････････････････････ 255
焼付き･････････････････････ 112, 114, 152
焼なまし･･･････････････････････ 89, 255
焼ならし･･･････････････････････ 89, 255
焼ばめ･･････････････････････････････ 62
焼戻し･････････････････････････････ 255
焼戻マルテンサイト･･････････ 73, 205, 257
焼割れ･････････････････････････ 133, 251
山手線･････････････････････････････ 166

遊間････････････････････････････････ 6
有限要素法････････････････････････ 32
有効硬化層深さ････････････････ 92, 124, 261
有楽町駅･･････････････････････････ 170
湯浴潤滑･･････････････････････････ 122

揺れまくら吊り方式･･････････････ 43
溶射･････････････････････････････ 211
溶接･････････････････････････････ 249
溶接クロッシング･････････････････ 221
溶接構造用圧延鋼材････････････････ 55
溶接性･････････････････････ 25, 55, 251
溶接・接着クロッシング ････････････ 221
溶接部の落ち込み･････････････････ 210
溶銑･････････････････････････････ 230
揚力変動･･････････････････････････ 172
抑速ブレーキ･･････････････ 79, 154, 156
翼レール･･････････････････････････ 217

■ラ　行

ライニング･･････････････ 112, 158, 161, 262
ラジアル荷重･････････････････････ 106
ラチス桁･････････････････････････ 241
ラビリンス･･･････････････････････ 139
ランニングコスト･････････････････ 18

リサイクル性･･････････････････････ 18
離線･･････････････････････････ 167, 174, 182
力行･･････････････････････････ 106, 228, 260
立体交差････････････････････････････ 12
立体骨組継手･････････････････････ 32
リトリバー･･･････････････････････ 167
リードレール･････････････････････ 217
リブ付きソリッド材･･････････････ 36
リベット･････････････････････････ 242
リベット接合･････････････････････････ 8
リムクエンチ車輪･････････････････ 73
リムド鋼･････････････････････････ 254
粒界腐食割れ･････････････････････ 35
輪縁給油器･･･････････････････････ 65
リンク式･･････････････････････････ 5
輪重･････････････････････････ 66, 194, 248
輪重抜け･････････････････････ 135, 203
輪重変動･･････････････････････ 76, 248
輪心･･････････････････････････････ 2, 61

冷間加工･････････････････････････ 258
冷間引抜き･･･････････････････････ 128
レーザー溶接法････････････････････ 37
列車閉塞システム･････････････････････ 6
レッドチェック･･･････････････････ 261

レール	190
レール形状	197
レール鋼	197
レール削正車	211
レール端部熱処理	207
レール継目	222
レールバス	134
連続鋳造法	72, 253
錬鉄	4, 62, 253
ろう付けアルミハニカムパネル	36
六郷橋梁	194
ロケット号	146
ロコモーション号	192
ロックウェル硬さ	124, 259
ロックナットワッシャー	224
ローラ矯正機	203
ローラ式集電器	170

■ワ 行

ワフ 21000 形	147
ワンサイド工法	25
ワンハンドル・マスコン	157

車両索引（写真掲載）

●蒸気機関車

15 号機関車	2
18900 形（C51 形）	9
2120 形	61
2500 形	107
8620 形	86
9600 形	63
9900 形（D50 形）炭水車	131
C51 形	9, 239
D50 形（9900 形）炭水車	131
D51 形	111
D52 形	200

●電気機関車

ED70 形	97

●客車

10 系（ナハ 10 形）	11
20 系	98
2 軸客車	3
スハ 32800 形（スハ 32 形）	9
スハネ 30100 形（スハネ 31 形）	8

●貨車

トキ 25000 形	122
ワフ 21000 形	147

●気動車

キハ 10000 形（キハ 01 形）	134
キハ 183 系	99
キハ 36900 形	118

●電車

103 系	156
151 系	11, 53
205 系	33
209 系	34
70 系（モハ 70 形）	72
80 系	10
デハ 6340 形	170
ホデ 6110 形	166
モハ 63 形	172
モヤ 7000 形	51
伊予鉄道モハ 50 形	169
小田急 3000 形 SE 車	149

参宮急行電鉄 2200 系 …………………………… 48
山陽電鉄 2000 系 ……………………………… 22
山陽電鉄 3050 系 ……………………………… 24
東急電鉄 5200 系 ……………………………… 29
東急電鉄 6000 系 ……………………………… 29
東急電鉄 7000 系 ……………………………… 30
東急電鉄 8000 系 ……………………………… 31
東京地下鉄 8000 系 …………………………… 46
南海電鉄 6000 系 ……………………………… 30
広島電鉄 500 形 ……………………………… 166

● 新幹線電車

0 系 ……………………………………………… 54
100 系 …………………………………………… 123
200 系 …………………………………………… 55
300 系 …………………………………………… 14
500 系 …………………………………………… 14
700 系 …………………………………………… 27
E5 系 …………………………………………… 15

● バス

ドリーム号（747 形旅客自動車／日野 RA900-P）
　………………………………………………… 157

● 海外

ICE（ドイツ）………………………………… 13
TGV（フランス）……………………………… 13
TGV POS（フランス）………………………… 15
ジーメンスの電気機関車……………………… 164
炭車 …………………………………………… 146
ロコモーション号……………………………… 193

■写真提供協力（50音順・敬称略）

●団体・組織

曙ブレーキ工業株式会社／小田急電鉄株式会社／川崎重工業株式会社／近畿日本鉄道株式会社／株式会社グランプリ出版／株式会社交友社／株式会社ゴールドシュミット・テルミット ジャパン／新日鐵住金株式会社／株式会社総合車両製作所／鉄道博物館（公益財団法人東日本鉄道文化財団）／東京急行電鉄株式会社／東京地下鉄株式会社／東洋電機製造株式会社／株式会社毎日新聞社／水間鉄道株式会社／株式会社峰製作所

●個人

江崎 昭／榎本 衛／柿嶋 秀史／久須美 康博／坂本 東男／杉本 一朗／辻 精一／手塚 一之／三竿 喜正／三品 勝暉／半田 康紀／宮本 昌幸／村松 巧／与野 正樹

■執筆者一覧（50音順）　（　）内は、主たる執筆箇所。

● 石塚 弘道（2、4章）
1952年東京都生まれ。京都大学大学院工学研究科金属加工学専攻修了。1977年日本国有鉄道入社。郡山工場、鉄道技術研究所勤務を経て、1987年の分割民営化後は、公益財団法人鉄道総合技術研究所勤務となり現在に至る。

● 伊藤 篤（10.1節）
1927年三重県生まれ。東京大学第二工学部冶金科卒、1948年日本国有鉄道入社。鉄道技術研究所・金属材料研究室、レールの研究に従事、1972年日本鋼管（後にNKK）鉄鋼技術部においてレール製造、重荷重鉄道用レール開発、1993年退職、2012年没。

● 小野田 滋（11.1節）
1957年愛知県生まれ。日本大学文理学部応用地学科卒業。1979年日本国有鉄道入社。東京第二工事局、鉄道技術研究所勤務を経て、分割民営化後は、鉄道総合技術研究所、西日本旅客鉄道（出向）、海外鉄道技術協力協会（出向）などに勤務。現在、公益財団法人鉄道総合技術研究所勤務。工学博士。

● 木川 武彦（3、5章）
1941年神奈川県生まれ、早稲田大学大学院理工学研究科卒業、1968年日本国有鉄道入社、鉄道技術研究所を経て財団法人（現：公益財団法人）鉄道総合技術研究所において鉄道用車輪に関する研究、試験、調査等に従事ののち日本精工株式会社において鉄道用軸受の開発、試験ならびに品質対応業務に従事。工学博士。

● 栗原 利喜雄（10.2節、Column A、D、E、F）
1925年東京生まれ。1942年鉄道省入社、鉄道技術研究所第5部鉄鋼研究室（のち金属材料研究室）レール損傷の研究、1981年（株）峰製作所、1987年ゴルドシュミット・ジャパン、テルミット溶接技術導入・開発に従事、2007年退職。

● 服部 守成（1章）
1938年韓国生まれ。山口県立宇部工業高等学校電気科卒業。1956年株式会社日立製作所入社、笠戸工場勤務。同社日立茨城工業専門学院機械工学科卒業。同社笠戸工場に復職、同社副技師長、嘱託を経て2013年退職。

● 松山 晋作（6〜11章、Column A、B、C、E）
（編者略歴参照）

〈編者略歴〉

松山 晋作（まつやま　しんさく）

1937 年	東京生まれ
1961 年	東京工業大学金属工学課程卒業
1961〜1987 年	日本国有鉄道・鉄道技術研究所金属材料研究室主任研究員、主幹研究員
1971〜1972 年	フランス政府給費留学、Ecole Centrale des Arts et Manufactures（Paris）客員研究員
1987〜2002 年	東洋電機製造（株）　技師長
1987〜2007 年	神奈川工科大学機械工学科非常勤講師

工学博士

【主な著書】

『遅れ破壊』（日刊工業新聞社、1989）
『イントロ金属学』（オフィス HANS、2003）
『今昔メタリカ ―金属技術の歴史と科学―』（工業調査会、2010）
『新版 今昔メタリカ ―金属技術の歴史と科学―』（オフィス HANS、2011）

- 本書の内容に関する質問は，オーム社書籍編集局「（書名を明記）」係宛に，書状または FAX（03-3293-2824），E-mail（shoseki@ohmsha.co.jp）にてお願いします．お受けできる質問は本書で紹介した内容に限らせていただきます．なお，電話での質問にはお答えできませんので，あらかじめご了承ください．
- 万一，落丁・乱丁の場合は，送料当社負担でお取替えいたします．当社販売課宛にお送りください．
- 本書の一部の複写複製を希望される場合は，本書扉裏を参照してください．

JCOPY ＜（社）出版者著作権管理機構 委託出版物＞

鉄道の「鉄」学 ―車両と軌道を支える金属材料のお話―

平成 27 年 8 月 25 日　　第 1 版第 1 刷発行
平成 28 年 5 月 30 日　　第 1 版第 2 刷発行

編　　者　松山晋作
発行者　村上和夫
発行所　株式会社　オーム社
　　　　郵便番号　101-8460
　　　　東京都千代田区神田錦町 3-1
　　　　電話　03(3233)0641(代表)
　　　　URL　http://www.ohmsha.co.jp/

© 松山晋作 2015

組版　冨澤容子　印刷・製本　壮光舎印刷
ISBN978-4-274-21763-0　Printed in Japan

関連書籍のご案内

鉄道の**コアな部分**が理解できる!!

- ● 持永 芳文・望月 旭
  佐々木 敏明・水間 毅 監修
- ● A5判・468頁
- ● 定価(本体8,000円+税)

- ● 近藤 圭一郎 編
- ● A5判・288頁
- ● 定価(本体2,600円+税)

- ● 中村 英夫 編著
- ● A5判・148頁
- ● 定価(本体2,400円+税)

DCCで楽しむ!!
● 松本 典久 著

DCCとは　鉄道模型界で普及しつつある、DCC(Digital Command Control)。DCCによって、同一線路上で複数の車両を個別に制御できたり、警笛やエンジン音を発生させるなど、これまでの鉄道模型の常識を覆すさまざまな楽しみ方を実現することが可能です。

- ● B5変・228頁 ● 定価(本体2,600円+税)
- ● B5変・208頁 ● 定価(本体2,400円+税)

もっと詳しい情報をお届けできます.
○書店に商品がない場合または直接ご注文の場合も右記宛にご連絡ください.

ホームページ http://www.ohmsha.co.jp/
TEL/FAX TEL.03-3233-0643　FAX.03-3233-3440

(定価は変更される場合があります)